센서 네트워크 기술

유비쿼터스 정보환경의 구축을 향해

安藤 繁 · 田村陽介 · 戸辺義人 · 南 正輝 저
김종율 · 정완영 편역

홍릉과학출판사

Sensor Network Gijutsu

by shigeru ANDO

원저자 머리말

센서로부터 얻어진 물리적인 정보를 유무선 네트워크로 수집하여 다양한 분석이나 제어에 이용하는 것은 오래전부터 행하여져 왔다. 예를 들어 공장의 생산 현장은 센서가 가장 많이 사용되는 장소 중에 하나인데 그러한 장소에서는 FA(Factory Automation)라는 형태로 여러 개의 센서들이 협조적으로 동작을 하여 복잡한 공정을 제어하는 것이 일상적으로 수행되고 있다. 이러한 시스템을 지탱하기 위해서 계측/제어 기술 분야에서는 그 기본 과제로서 센싱과 지능, 센싱과 지식, 또는 센싱과 통신에 대해 다각적인 방면에서 계속적으로 연구가 진행되고 있다.

그런데 왜 요즘 센서 네트워크, 그중에서도 무선 센서 네트워크가 크게 관심을 받고 있는 것일까? 그 이유중에 하나로, 최근에 무선 통신 기능을 갖춘 정보 통신 단말의 소형화, 비용의 최소화가 비약적으로 발전해 온 것을 들 수 있다. 이러한 소형 정보 통신 단말기가 실세계와 컴퓨터 네트워크의 융합으로 인식될 수 있는 유비쿼터스 컴퓨팅의 실현을 위해 센싱 기능을 갖춰야 한다는 것은 매우 자연스러운 흐름일 것이다. 통신 노드는 동시에 센서가 되고 자신이 검출한 정보를 송신뿐만 아니라 다른 노드로부터 전달받은 정보를 중계하는 것을 통해 다수의 통신노드가 넓은 영역으로 펼쳐져서 센싱을 수행할 수 있다. 또한 기술의 발전으로 무선 센서 노드를 하나의 LSI로 만들 수 있는 것까지도 가능하게 되었다. 이러한 무선 센서 노드를 이용하면, 지금까지의 계측 시스템과는 비교할 수 없을 정도로 대규모이면서 고해상도의 분산 계측 시스템을 막대한 수의 저렴한 무선 센서 노드들로 구축할 수 있게 되고, 이를 통해 초고층 빌딩이나 대형 교량 등의 구조물의 모니터링, 도로나 철도 등의 교통망 감시 시스템, 도시 환경 제어 등의 실현을 기대할 수 있게 된다.

그런데 이와는 달리 오랜 시간동안 검토되어 온 계측 기술에 있어서는 이러한 센서 네트워크에 의해 종래에 불가능했었지만 이제는 어떤 센싱 기술이 새로이 출현하게 될 것인가, 그것을 실현하기 위한 본질적인 기술 과제는 무엇일 것인가에 대해 깊이 검토하는 것이 중요하다. 예를 들면 센서 네트워크가 가지고 있는 장점을 찾아내기 위한 기술적 포인트는 무엇인가, 또는 센서 네트워크를 활용한 구체적인 사례는 무엇인가 등을 알고 있는 것이 중요하다. 구체적으로는, 센서 네트워크에 있어서는 제약이 있는 자원 (전력 자원, 계산 자원, 통신 자원)을 어떻게 효율적으로 이용할 것인가가 제일 중요한 과제인데, 자원 이용의 효율을 최고 높게 실현하기 위해서는 계층화를 통해 시스템의 확장성에 대한 이점을 희생해서라도 어플리케이션을 중요시한 설계가 요구되는 경우가 있다. 또한, 센서 네트워크의 노드에 인터넷의 노드와 유사한 고유의 주소(address)를 할당할 필요가 있는지 없는지, 네트워크상의 중계노드에 의한 데이터 내부 처리 등, 종래의 네트워크 구조에서는 취급하지 않는 새로운 관점에서의 통신 시스템 설계가 필요로 하게 된다.

이 책은 이러한 관점에서 계측 자동 제어 학회 네트워크 센싱 시스템지부 운영위원회의 편저자들을 중심으로 전문 연구자들이 플랫폼, 프로토콜, 정보처리, 응용시스템의 현황을 총괄하여 앞으로의 발전에 길잡이로서 기술한 입문서이다. 독자들 모두가 이 책을 통해 센서 네트워크의 중요성을 이해하고 센서 네트워크를 이용한 구체적인 시스템 개발이나 새로운 어플리케이션의 개발에 일조할 수 있다면 저자들로서는 그이상의 기쁨이 없을 것이다.

마지막으로 정보를 제공해 준 니시노미야시 종합 기획국 정보 정책부 정보 시스템 그룹과장 구보다 구니오씨, 긴키 종합통신국 전파관리부 기획조정과 과장보좌 고쿠세이 가즈기요씨, (주)오에스테크롤로지 오자키 겐조우씨, 그림과 표를 수정하는데 협력해 준 동경 전기 대학의 마키무라 가즈노리군, 스스키 요우헤이군, 이 책의 출판하는 데에 기획 단계부터 도와준 동경 전기대학 출판국의 기구치 마사유키씨에 깊이 감사한다.

2005년 5월

안도 시게루, 타무라 요우스케, 토베 요시토, 미나미 마사데루

역자 머리말

최근 몇 년 간 국내에서도 유비쿼터스 컴퓨팅에 대한 관심이 크게 증가하고 특히 일반인들도 관심을 가지고 있는 u-시티 사업이 수도권 중심의 신도시와 기존의 대도시, 농업현장, 항만도시 등에서도 RFID와 USN을 중심으로 계획이 되고 있거나 서비스되고 있어서 이미 우리나라는 세계 최고수준의 USN 응용국가에 들어서고 있다고 생각된다.

그러나 유비쿼터스 컴퓨팅의 실현을 위해서는 그 무엇보다도 근간이 되는 센서 네트워크에 관한 우리말로 된 입문서 및 기술서가 있어야 하지만, 현재는 거의 전무한 상태이다. 이미 영어교재는 수년전부터 폭발적으로 출판되기 시작하였지만 국내에서는 일부 학부생 실습 위주의 USN 교재들이 나오고 있고, 무선 센서 네트워크 라우팅기술과 관련되는 몇권의 책이 소개되고 있을 뿐이다. 이는 국제적으로 그 유례가 드물게 USN 센서노드를 상용화한 센서노드 생산업체가 6개 이상이 되고, 가장 널리 사용되고 있는 센서노드 전용 OS인 TinyOS의 다운로드비율이 미국에 이어 세계2위인 11.2%에 이르는 유비쿼터스 센서 네트워크 개발 강국의 이미지와는 거리가 먼 것이다.

하지만 센서 네트워크 및 무선 센서 네트워크에 대한 증대되는 관심은 USN (Ubiquitous Sensor Network)이라는 새로운 용어를 탄생시키고 우리 정부에서는 u-IT 839정책에도 이 USN을 포함시켜 현장적용을 진행해 나가고 있다. 이러한 상황에서 대학의 학부생 및 대학원생들에게 센서 네트워크에 대한 개념을 분명히 이해시키고, 그것을 바탕으로 응용하여 자신만의 시스템을 구축할 수 있도록 방향을 제시하는 개론적인 전문서의 필요성이 절실하던 시점에 가까운 나라 일본에서 좋은 책이 나와 있음을 소개받게 되었고 이를 번역하기로 결정하였다.

하지만 책의 내용이 2005년도 이전에 대한 내용으로 최신의 내용을 반영하고 있지 못한 터라 이 책의 내용에 우리나라에서 수행되고 있는 무선 센서 네트워크에 대한 연구 및 적용 분야에 대한 내용과 우리나라 기술 발전 실정에 따른 미래 센서 네트워크의 과제 및 발전 방향에 대한 내용을 추가하여 편집하기에 이르렀다.

모쪼록 독자들이 이 책의 내용을 읽고 센서 네트워크에 대한 개념과 플랫폼, 프로토콜, 노드상에서의 정보처리 방법, 응용분야 등에 대한 제반 기술들을 손쉽게 접하여 자신이 적용하고자 하는 응용분야 및 연구분야에 적절한 안내서로서의 역할을 할 수 있는 책이 되기를 희망하고 있으며, 독자들이 하는 모든 일들이 다 잘되길 기원한다.

마지막으로 이 책을 편역하는 데 있어서 도움을 주신 홍릉과학출판사의 직원 여러분께도 감사의 말씀을 전한다.

2009년 여름

정완영, 김종율

01

네트워크 센싱의 배경

Sensor Network Technology

1.1 실세계/물리적 세계의 유비쿼터스 정보화

센서 네트워크, 특히 무선 센서 네트워크에 대한 연구가 급속하게 확대되고 있다. 센서는 동시에 통신 노드이기도 하고 자신이 검출한 정보를 전송하는 것뿐만 아니라 주위의 다른 센서의 정보를 중계하기도 한다. 이러한 많은 수의 통신 노드들이 자율적이면서도 협조적으로 동작하여 모든 공간에 걸친 통신환경을 실현한다. 또한, 이런 통신환경을 바탕으로 다수의 센서 정보를 어디에서든지 자유자재로 활용 가능하도록 하는 환경을 실현한다. 이것이 무선 센서 네트워크의 목표이다.

시스템과 네트워크와의 결합은 무선 센서 네트워크의 발전으로 완전히 다른 차원으로 발전을 하게 될 것이다. 하지만 거의 모든 기술자들에 있어서 문제는 여기서부터 시작된다. 센서의 네트워크화에 의해 도대체 어떠한 기능을 얻을 수가 있을 것인지, 어디에 응용하는 것이 적합한지, 어느 정도의 규모로 전개할 필요가 있는지, 비용은 어느 정도 필요로 하는지, 과연 그것에 걸 맞는 가치가 발생될 수 있는지 등과 같은 실제 학회나 기업의 협의체 등의 조사연구회 주최로 개최되는 많은 수의 강연회에 있어서 많은 수의 참가자들로부터 비슷한 질문들을 수없이 많이 받아 왔었다. 따라서 센서 네트워크의 기능면, 즉 응용 소프트웨어나 컨텐츠로부터의 개념 제시 및 문제 제기가 필요하다.

네트워크와 센싱 시스템의 결합은 근래에 와서 시작된 것은 아니다. 네트워크가 낮은 비용으로 자유롭게 이용할 수 있도록 되어서 시스템이 통신 기능을 가지는 것이 당연하게 받아들여지게 되었다. 측정기가 실험실에서 공장의 생산 라인으로 그 장소를 옮기고, 마이크로 센서로 대량 생산되어서 제품에 포함되어 가정이나 거주지, 병원, 자동차, 도로, 건축물 등에 질적으로나 공간적으로 매우 폭넓게 보급되고 있다. 10년 전에는 상상도 할 수 없는 매우 고성능의 정보 처리 수단을 저렴한 가격으로 대량 이용할 수 있게 되어 모든 시스템에 포함될 수 있게 되었다.

이러한 배경에서 네트워크 센싱을 실세계/물리적인 세계의 유비쿼터스 정보화라는 관점에서 통일성 있게 파악하는 것이 매우 중요하다 [1.1, 1.2, 1.3, 1.4, 1.5, 1.6].

본 장에서는 좁은 의미로서의 무선 네트워크에 얽매이지 않고 네트워크와 센싱의 결합 목적, 그 발전 방향을 예상할 수 있는 새로운 시점, 획득된 새로운 기능, 사용되는 기술 요소, 계속 나타나는 새로운 응용시스템의 발전 양상, 향후의 기술적인 과제 등을 개괄적으로 살펴보고 이 분야의 중요성을 명백하게 하여 독자들의 연구 참가와 발전을 유도하고자 한다.

1.2 네트워크 센싱의 배경과 목적

1.2.1 특정 환경의 센서에서 모든 환경을 위한 센서로

지금까지의 센서는 주로 공장의 기계에 포함되어 제어나 노동력의 절감, 품질관리를 수행하기 위한 센서, 또는 기계나 제품에 포함되어 자동화나 손쉬운 사용, 안전성의 향상을 가능하게 하기 위한 것들이었다. 이 모든 것이 2차 세계대전 이후의 공업 제품의 경쟁력 강화에 큰 공헌을 한 주요한 기술(Key Technology)이지만, 특정한 목적을 위해 설계되었고 제한된 환경에서만 유효한 것이었다.

앞으로의 센서는 사람이 가지고 걸어가거나 몸에 지니고 다니는 센서, 움직이는 기계와 함께하는 센서, 어디에든지 많이 분산 배치되는 센서, 필요에 따라 스스로 움직이는 센서와 같은 곳에 이용되는 등의 다양한 센서들의 시대가 될 것이고, 모든 환경에서 기능을 발휘하고 앞으로의 산업과 사회를 풍요롭게 하고 안정성과 쾌적성을 높이기 위한 주요한 기술이 될 것이다.

1.2.2 일차원 독립형 계측에서 다차원 융합형 계측으로

예를 들어 공업계측의 수요는 종래의 작업 환경의 안정화에서 품질의 정량화나 고도화 및 고객의 성능 요구에 대한 신속한 대응과 관련된 방향으로 변화하고 있다. 한편, 현대 시스템이 가지고 있는 고도의 기능은 단 하나의 파라미터로는 측정할 수 없다. 품질에 대한 것에도 감성과 연관된 것이 많이 있으며, 현상 자체가 복잡하고 물리량의 단순한 나열만으로는 표현되지 않는 것들도 많이 있다. 지금까지의 품질관리는 제조라인 상에서나 공장 내에서만 이루어졌지만, 앞으로는 제품을 사용 중인 경우에도 품질을 관리하고 품질 저하를 검출해 낼 수 있어야 한다.

이러한 정보들은 사용자나 공급자들에게 피드백(Feedback)되어 활용될 수 있다. 또한, 자원의 환원(재자원화)과 신뢰성 높은 재사용이나 리사이클을 위해서는 지속적으로 파악해 둔 사용 데이터나 이력 데이터가 필요하다. 이러한 것들은 종래의 일차원적인 독립형 계측 기술로는 해결할 수가 없으며 많은 센서 정보의 유통과 축적, 고도의 정보처리 능력과의 연계 등을 필요로 하게 된다.

1.2.3 실세계 정보화 진전의 2가지 형태와 그 통합

정보화는 2가지 대조적인 형태로 진전이 되어 왔다 [1.4, 1.5, 1.6]. 그 중 하나는 통신 매체의 발전이 선도하는 정보화이고, 또 다른 하나는 ID(사람이나 물건의 식별 번호) 할당의 광역화가 선도하는 정보화이다.

통신 매체로부터의 정보화에서는 우선 많은 사람들이나 대상물들을 네트워크에 물리적으로 접속시키는 것이 목표였다. 통신비용이 비쌌던 시대의 정보화는 대용량화와 고부가가치화로 특징지어질 수 있었다. 고비용을 유지하기 위해서는 사물에 대한 정보보다는 사람의 만족감에 더 치중할 수 밖에 없었기 때문이다. 하지만 통신 환경의 고밀도화와 저비용화가 급속하게 발전되어 온 지금은 사물을 포함하는 정보 환경의 구축에 기대가 더 고조되고 있다.

한편, ID 할당에 의한 정보화는 사람이나 사물을 정보처리의 대상으로 하는 것에서부터 시작하였다. 시스템이 대규모화 되고 유통이 빈번하게 일어나고 그에 따른 많은 시스템의 결합들이 반드시 필요하게 됨에 따라 전 세계적인 규모의 공통 ID가 필요하게 되었다. 하지만 ID가 계산기나 통신을 위한 것으로만 국한되면 그 효과에는 한계가 있다. 그래서 사물에서 ID를 자동적으로 읽어낼 수 있도록 바코드나 RFID(Radio Frequency Identification)가 개발되었다. ID 할당에 의한 정보화는 통신매체로부터의 정보화와 대조적인데 거의 ID 정보만을 전송 가능한 적은 용량의 통신에 대한 요구, 저렴한 ID의 첨부만으로 개시 가능한 적은 초기 투자, 관리가 힘든 실세계를 전제로 한 배치의 자유, 낮은 유지비용 등을 특징으로 가지고 있다.

이러한 2가지 형태의 정보화는 서로 통합하여 일체화하려는 방향으로 발전하고 있다. 전자에서는 사람의 주변 환경이나 사물의 정보도 포함하여 고부가가치 통신을 실현하고, 후자에서는 ID가 부여되어 있지 않은 비인공적인 사물들도 정보처리의 대상으로 하는 등의 방향으로 발전하고 있으며, 이러한 것들이 네트워크 센싱의 배경이 되고 있다.

1.2.4 실세계 객체 지향

객체 지향이란 매우 복잡한 소프트웨어를 기술하고 구현하는 방법론 중의 하나이다. 시스템의 기능을 객체(Object)로 불리는 단위(Unit)로 분해하여 그러한 단위들을 동적이면서 자율적으로 협조적인 동작을 하게 하여 시스템의 기능을 구현해 낸다. 모든 객체에는 ID가 부여되고 속성의 기술, 연관성의 기술, 동작의 기술 등을 정의하도록 되어 있으며, 처리 대상과 처리 실행 기능을 캡슐화한 것으로도 볼 수 있다 [1.2, 1.3, 1.4].

이에 비해 실세계의 객체라는 것은 무엇인가? 실세계, 특히 공학적으로 생성되는 인공물의 세계를 구성하는 것은 생산되는 공업 제품, 공장의 장치나 시스템, 교통이나 유통에서의 자동차 또는 운송 차량, 센서나 검사 장치, 연구개발 기기, 도로나 교량, 건물 등 실로 다방면에 걸쳐 있고 또한 사회의 구석구석에 널리 퍼져 있다. 사용자(User)나 생산자도 하나의 객체로 파악할 수 있다. 그 대다수는 움직이고 돌아다니는 객체이며 적극적으로 정보를 발신하지 않는 무언의 객체이다. 그러나 이러한 물리적인 세계의 객체를 설계, 제조하여 관리하는 수단이나 기술하는 것은 정보 세계에 해당한다. 이러한 것들과 물리적인 세계의 객체와의 관계는 실세계에 이러한 것들의 제품이 출하되는 순간에 끊어져 버리는 것이 현재의 상태이다. 사람에 의한 인식이나 사람의 손을 통해 처리, 조작하는 것을 동반하지 않는 한, 물리적인 세계의 객체는 고립된 존재로서 곳곳에서 처음 주어진 기능만을 수행해 나가는 것 뿐이다.

1960년대에 개발되어 광범위하게 보급된 바코드나 근래에 발전이 두드러지는 RFID 태그와 같은 자동인식 태그는 이러한 상황을 변화시켜 나가고 있다. 자동 인식 태그의 역할은 물리적인 세계에 있는 물건을 정보 세계에 있는 계산기나 네트워크에서 방대하게 생성되어 계속 축적되는 지식에 결합하는 것이다. 물리적인 세계에 있는 객체를 고립된 상태로부터 해방시켜 다시 계속적으로 정보 세계에 연결시키는 것이 자동인식 태그이다.

1.2.5 유비쿼터스 컴퓨팅

실세계 객체를 대상으로 하는 컴퓨팅을 1990년대 초반에 Mark Weiser는 "유비쿼터스 컴퓨팅 [1.7]"이라는 개념으로 정리하였다. Weiser는 다음과 같이 자신의 생각을 기술하였다.

"가장 본질적인 기술은 겉으로 드러나지 않으며 일상생활 중에 스며들어 일체화되고 우리들은 그 존재를 알아차리지 못하게 된다."

Weiser는 유비쿼터스 컴퓨팅의 본질을 "Calm Computing"이라는 용어로 나타내고 이에 대한 구현을 위해서는 사용자에 의한 명시적인 데이터 입출력을 요구하는, 지금까지 퍼스널 컴퓨터의 패러다임과는 다른, 새로운 시스템의 형태가 필요하다고 지적하였다. 구체적으로는 일상생활 환경에 존재하는 모든 인공물(Artifact)에 초소형 자율 입출력 장치와 프로세서를 함께 장착하여 상호 협조적으로 작동하게 하고 사용자에게는 "컴퓨터를 조작하고 있다"라는 인식을 주지 않으면서도 컴퓨터가 가진 본래의 기능들을 충분히 이용할 수 있게 한다는 것을 의미한다. 또한, 사카무라 켄은 TRON[1.8] 프로젝트의 일환으로서 모든 사물에 컴퓨터를 삽입시키고 네트워크로 연결하는 개념의 컴퓨팅에 대한 연구를 추진해 왔다. 유비쿼터스 컴퓨팅은 다른 말로 Proactive Computing [1.9], Invisible Computing [1.10], Sentient Computing [1.11] 등으로도 나타내기도 한다.

이러한 유비쿼터스 컴퓨팅의 아이디어도 마이크로프로세서의 발전에 따라 실현 가능해 지고 있다. 가전제품을 살펴보더라도 마이크로프로세서가 탑재되어 있지 않은 것을 찾기가 힘들 정도이다. 유비쿼터스 컴퓨팅은 실세계와의 상호작용(Interaction)을 특징으로 하고 있기 때문에 실세계로부터의 정보를 취득하는 센싱은 필수조건이다. 위치 취득은 그 전형적인 예이다. 켐브리지 대학의 Andy Hopper교수의 연구 그룹은 Active Badge [1.12], Active Bat [1.13] 등의 실내 위치 측정 시스템을 개발하여 위치에 의존한 컴퓨팅을 실현하고 있다. 유비쿼터스 컴퓨팅을 실제로 증명하는 실험적 연구로는 응접실(Living Room)의 지적 환경공간화를 시도한 마이크로소프트 연구소의 EasyLiving [1.14], 집 전체를 생활자들의 행동을 지원하는 장소로 만든 조지아 공과대학의 Aware Home [1.15], 게이오 대학 도쿠다 연구실의 Smart Space Laboratory [1.16, 1.17], 동경대학 아오야마/모리가와 연구실의 STONE 룸 [1.18] 등이 보고되고 있다.

그림 1.1 Smart Space Laboratory

그림 1.2 STONE 룸

1.2.6 웨어러블 컴퓨팅

최근에 유비쿼터스 컴퓨팅이라 총칭되는 많은 것들이 제안되고 있지만 이와 또 다른 각도에서는 사람에게 밀착된 센싱에 역점을 둔 형태의 연구도 중요시되고 있다.

유비쿼터스 컴퓨팅의 문자적인 의미는 활동하는 사람들이 정보 네트워크에 결합하고 정보 무장을 하는 형태를 따르게 되어 있는데 그것을 위해서 사람들에게 항상 장치기기를 가지고 다니게 하려는 것이 웨어러블 컴퓨팅의 아이디어이다. 단순한 휴대형 컴퓨터와 다른 점은 자유롭게 활동할 수 있는 환경에서 인간의 지적 활동이나 고도의 작업을 지원하는 것을 목적으로 한다는 점이다.

무선으로 네트워크에 접속 가능한 최초의 웨어러블 컴퓨터는 1990년에 콜롬비아 대학에 의해 개발되었다. 현재 웨어러블 컴퓨터의 주요한 개발 방향은 다음의 3가지로 진행되고 있다.

① 상황정보 서비스(Context Awareness)의 제공
② 사람과 사람간의 커뮤니케이션 지원
③ 사용자의 기억 보조

위의 3가지 모두 컴퓨터가 환경정보를 얼마나 정확하게 파악할 수 있는지의 중요한 포인트로 자리매김하고 있으며 이것은 정보 태그의 아이디어와 밀접한 관계가 있다.

①의 "상황정보 서비스의 제공"을 실현하는 연구로는 Sony CSL의 NaviCam [1.19]이 있다. 비디오카메라와 액정 디스플레이를 조합한 휴대기기를 이용한 시스템으로 비디오카메라가 촬영한 영상과 영상내의 대상물에 관한 정보를 합성하여 표시하는 시스템이다. 이외에도 조지아 공과대학의 Cyberguide [1.20], 콜롬비아 대학의 Touring Machine [1.21], ATR의 C-MAP(Context-aware Mobile Assistant Project) [1.22] 등이 있다.

②와 관련된 연구의 예로, Sony CSL의 Augmentable Reality는 장소나 사물을 사이에 끼워 넣어 간접적으로 메시지를 전달하는 시스템이다 [1.23]. 이와 같은 시스템에서는 웨어러블 컴퓨터가 적외선 센서나 이차원 바코드 등을 이용하여 소유자의 시야에 있는 사물들을 인식하도록 되어 있다. 사용자는 화상이나 음성으로 사물에 관련된 메시지를 입력함과 동시에 그것을 화면상에서 드래그 하는 등의 작업을 하고 메시지와 사물간의 관계를 지우게 한다. 관련된 메시지는 무선으로 공유 데이터베이스에 전송되고 다른 사용자로부터도 액세스가 가능하게 된다.

매사추세츠 공과대학(MIT)의 Wearable Remembrance Agent [1.24]는 ③의 연구 예인데 이 시스템의 기본적인 구조는 소유자의 과거 행동이력을 데이터베이스화해 두고 현재의 행동에 관련한 사건을 검색하여 표시하는 것이다.

사용자가 간단한 키보드 등을 사용하여 메모를 적으면 입력한 단어에 관련된 내용을 문서 타이틀 등으로 HMD(Head Mount Display)에 표시된다. 항공기나 자동차의 정비, 의료 등에서는 방대한 자료를 손을 사용하지 않고 열람하고 싶은 요구가 많다. 예를 들면 항공기의 정비에서는 상세한 매뉴얼, 변경 정보 등을 빠뜨리지 않고 작업을 진행해야만 한다. 장비 소유자에 의한 음성 인식 기능이나 컴퓨터 스스로 상황 인식 기능을 갖춘 웨어러블 컴퓨터라면 이러한 요구에 대응할 수 있다.

모든 물리적인 세계의 객체가 정보 세계로부터 파악될 수 있다면 그것을 이용하여 웨어러블 컴퓨터는 주위의 사물과 환경의 구성을 인식하고, 네트워크를 통해 관련된 정보를 취득하거나, 장치 소유자가 획득한 정보를 추가하여 보다 고도의 정보로 가공하거나, 가공한 정보를 네트워크로 내보내는 것도 가능하다. 웨어러블 컴퓨터는 네트워크 센싱의 고도화를 통해 비로소 본래의 역할을 발휘할 수 있게 된다.

1.3 정보화에 있어서 센싱의 역할

1.3.1 키워드는 Consistency

Consistency는 철학적이고도 추상적인 의미를 가진 용어로서 일관성, 정합성, 무모순성 등으로 번역될 수 있는 용어이다. 논리나 주장들이 많이 병존하고 있어도 그런 것들이 상호 모순성을 가지고 있지 않음을 의미한다. 하지만 여기서의 Consistency는 그 대상을 추상세계에서 현실세계로 확대하여 보다 광범위한 정보나 사물들이 보편적으로 모순 없는 관계를 가진다는 의미이다. 특히 정보와 사물을 가로지른 Consistency는 중요한 의미를 가진다 [1.4, 1.5, 1.6].

예전에는 Consistency를 가지기 위해서는 획일화가 필요하였다. 정보의 유통이 곤란하고 정보에 대한 대응력이 빈약하여서 상황의 차이나 객체 차이에 제대로 대응하지 못했었다. 획일적인 설계, 소량 품종의 대량생산, 소각이나 매설에 의한 의료 물품의 처리, 대량생산 방식의 교육, 매스미디어, 천편일률적인 방송 등 모든 방면에서 이러한 경향을 살펴볼 수 있다. 이에 비해 다양하고 신뢰성 높은 네트워크를 활용하여 풍부한 정보 유통과 정보처리 능력의 향상을 통해 상황의 차이나 객체의 상이점에 대한 대응력도 많이 발전되어 가고 있다. 개별적인 필요에 대응할 수 있는 유연한 설계, 다품종 소량생산, 필요 없는 물품의 재사용이나 리사이클 활용, 소수 인원에 대응하는 교육 시스템, 다채널 쌍방향 미디어 등, 모든 방면에서 이러한 측면으로서의 발전들을 살펴볼 수 있다.

1.3.2 Traceability(추적성)

Traceability의 개념은 물품의 유통과정을 포착 가능하게 한다는 의미로 최근 빈번하게 사용되고 있지만 원래대로 말하자면 계측 표준 분야에서 최초로 사용되었다. 계측 표준에 있어서 traceability의 개념은 consistency의 의미와 유지 체계의 구성 방식을 고려할 때에 매우 중요한 시사점을 준다.

양에 수치를 부여하는 기준이 "단위"이다. 단위는 국제표준단위(SI)에 의해 정해져 있으며 시간과 공간에 관계없이 동일한 단위가 구현될 수 있게 한 물리현상으로서의 보편성, 정밀도, 객관성, 재현성이 최대한으로 활용된다. 이러한 국제단위를 근간으로 사물의 크기와 수치 등이 consistency를 지속적으로 유지하는 것이 넓은 의미에서의 traceability이다. Traceability의 어원은 가까이에서 사용되는 측정기가 필요에 따라 언제든지 신뢰할 수 있는 수정의 연쇄 작용에 의해 기본 단위의 정의나 본래 기기에 도달하여 그 정밀도를 확인할 수 있다는 것이다. Traceability를 유지하기 위해서는 국가가 법률(계량법)을 정비하여 표준을 제정하는 기관과, 표준화 규정 시스템을 만들고 사업자들은 그것에 기반을 둔 검정을 받아 실제로 적용시켜 수치의 정밀도를 객관적으로 명확하게 만드는 것이 필요하다. Traceability는 단순히 노력해 달성해야 하는 목표로만 그치지 않고 계량법을 위반한 사업자에 대한 형사적인 처벌도 함께 수반하고 있다. 또한 계량법에서는 traceability에 권한과 책임을 가진 적절한 기술자에 대한 자격 인정 조건을 제시하고 있다. 국제단위계와 계량법이 목표로 하는 것은 양적인 단위에 있어서의 consistency의 유지 그 자체라는 것을 알 수 있을 것이다.

이것과 비교하여 보면, 물품의 유통에 있어서 최근에 이용되고 있는 traceability는 아직 빈약한 개념처럼 보인다. 태그 기술과 네트워크 기술이 물품의 흐름을 추적할 수 있도록 하고 있다. 하지만 traceability의 궁극적인 목표는 물품유통에 있어서의 정보와 물품과 일체화된 consistency를 유지하는 것에 있다. 양적인 단위에 있어서의 consistency가 계측 기술의 시작이었던 것처럼, 널리 실세계에 있어서의 모든 활동의 객관성과 consistency의 실현이 이제부터 계측 기술의 과제로 될 수밖에 없다. 물품의 유통에 있어서 consistency의 향상과 유지는 사회적인 공정함과 정의의 실현에도 밀접한 관계가 있다.

1.4 네트워크 센싱의 요소 기술

네트워크 센싱이란 앞서 말한 바와 같이 많은 자율적 센서들의 연계에 의해 가능하게 되는 실세계의 정보화 그 자체라고도 말할 수 있다. 센서들은 모든 공업제품, 장치나 설비, 도로, 건물, 교량이나 터널, 각 가정의 광열수도, 복지 기기 등에 내장되어 이들이 동작하는 모든 시간과 공간에 걸쳐서 이들 자신 및 이들의 주위에 대한 정보를 계속 센싱한다. 풍부하면서도 지속적으로 전달되는 정보가 필요한 시간과 장소에 적절히 전달되고 미리 축적된 지식베이스와 연계되어 고도로 처리되고 활용되는 체계를 구축할 때 수 많은 정보자원을 창조하고 높은 가치를 생성해 나가게 될 것이다.

1.4.1 무선 센서 네트워크

ARPA 네트워크로부터 시작된 인터넷은 점차 접속가능한 지역을 넓혀나가 미국뿐만 아니라 전 세계로 확대되어 왔다. 인터넷 초창기에는 전자 메일, 파일 송수신 등과 같은 간단한 텍스트에 기반을 둔 서비스에 불과하였지만 디지털 음성 및 화상 정보에 대한 표준화의 발전과 WWW(World Wide Web)의 등장으로 멀티미디어 데이터의 교환이 가능하게 되어 지금은 인터넷이 사회 인프라로 인식되어 생활에 꼭 필요한 수단이 되고 있다.

인터넷의 발전은 우리들의 의식을 바꾸고 있다. 전 세계 규모로 모든 컴퓨터가 네트워크에 연결되는 것이 이론상으로 가능하게 되었기 때문에 “연결되다”라는 것이 당연한 것으로 받아들여지고 있다. 예를 들어 인터넷이 등장

(출전 : http://www-bsac.eecs.berkeley.edu/archive/users/warneke-brett/SmartDust/index.html)

그림 1.3 쌍방향 MOTE의 칩 시제품 1)

하기 전에는 클릭하는 것만으로 미국의 소매점에 직접 상품을 주문하는 것은 상상도 할 수 없는 것이었다.

"연결되다"라는 것이 당연하게 받아들여짐에 따라 그 다음 순서로 물품과 물품 사이를 네트워크로 연결하는 것을 생각할 수 있다. 이러한 "서로 연결하기"를 위한 노드로 센서가 주목받는 것은 자연스러운 일이다. CO_2 센서에 의해 광범위한 데이터가 측정 가능하고, 일상 용품의 센서가 우리들의 생활을 지원하기 위한 네트워크를 구성하는 것도 생각할 수 있기 때문이다.

개별 기술을 살펴보면 두 가지의 네트워크 기술이 직접 센서 네트워크에 영향을 미치는데 그 첫 번째가 멀티캐스트 기술 [1.25]이다. 인터넷 세계에서는 일대일의 유니캐스트 통신과는 별도로 일대다, 다대다의 멀티캐스트 통신에 대해 오랜 기간에 걸쳐 연구가 이어져 오고 있다. 멀티캐스트 기술은 하나의 통신 노드로부터 복수개의 수신노드들에 대해 동일한 데이터를 한번만 전송하도록 하는 기술이다. 실제로는 송신 경로상의 분기점이 되는 라우터들이 수신한 데이터 패킷을 복제하여 다시 전송하는 방식이고 멀티캐스트는 원래 동화상 스트림의 전송을 염두에 두고 고안되었지만 다양한 콘텐츠의 전송, 파일 전송 등과 같이 그 응용 분야가 넓혀지고 있어서 규모의 확대성(scalability)까지 포함하여 현재 정력적으로 연구가 이어지고 있는 기술이다. 현재는 멀티

1) 1-1 통신용 CCR(Corner Cube Retro-Reflector), 제어용 ASI, Mn-Ti-Li 버튼 전지로 구성되어 있다. 포토다이오드로 수신한 광신호의 패턴에 따라 동기화하여 CCR을 움직이게 하고 외부로 신호를 송신한다.

캐스트 전송 경로를 관리하는 멀티캐스트 라우팅 프로토콜에 대한 연구가 활발히 진행되고 있으며, 이 멀티캐스트 기술을 이용하게 되면 한 장소에서 취득한 센싱 정보를 복수의 데이터 보관 장소로 전송하는 것이 가능하다. 멀티캐스트 기술을 적용한 일례로서, 센싱한 데이터를 네트워크의 곳곳에 전송해 두는 dissemination [1.26]이라는 방법이 제안되고 있다.

두 번째 기술은 무선 모바일 애드혹(MANET: Mobile Ad Hoc Networks, 애드혹 네트워크라고도 함) 기술이다. 무선 모바일 애드혹 네트워크는 통신 인프라 구조가 없어도 이동하는 통신 단말 상호간에 동적으로 네트워크를 구축하여 멀티 홉으로 전송하는 것을 특징으로 하며, 화재가 발생한 곳 등과 같이 통신 인프라를 이용할 수 없는 상황에도 통신을 계속할 수 있게 하기 위한 구조로 고안된 네트워크이다.

이러한 멀티캐스트와 멀티 홉 전송 기술이 밑바탕 되어 센싱해 취득한 데이터를 멀티 홉 무선 센서 네트워크에 연결하는 기술들이 개발되고 있다.

또한, 최근의 무선 통신 기술의 발전은 센서 네트워크를 위한 밑바탕으로 생각할 수 있으며, 무선 통신 장치의 소형화, 경량화, 저전력, 고성능화도 진행되고 있으며 특히 소형화는 눈에 띄게 발전하고 있고 다양한 물품들이 무선 통신 기능을 갖추게 되어 소형 무선 통신 기술이 유비쿼터스 컴퓨팅을 지탱하는 기반 기술로서 기대되고 있다. 센서 네트워크에 반드시 무선 통신이 필요한 것은 아니지만 무선 인터페이스를 간단하게 갖출 수 있게 된 것도 연구 개발을 촉진하고 있는 요인이 되고 있다.

1.4.2 RFID 태그

RFID는 기억 기능과 연산 기능을 가진 최소형 무선 노드이다. 특히 물품에 부착되어 데이터를 운반하는 운반체라는 의미로 데이터 캐리어(data carrier)라고도 일컫는다. 데이터의 수정 기능이 시스템에 매우 많은 융통성을 가져다 주는 것이 사실이지만 RFID의 본질은 역시 유니크한 ID에 있다. 이러한 의미에서 일본에서 개발된 신기술인 "뮤칩(μ-chip)" [1.27]은 많은 주목을 받고 있다(그림 1.5).

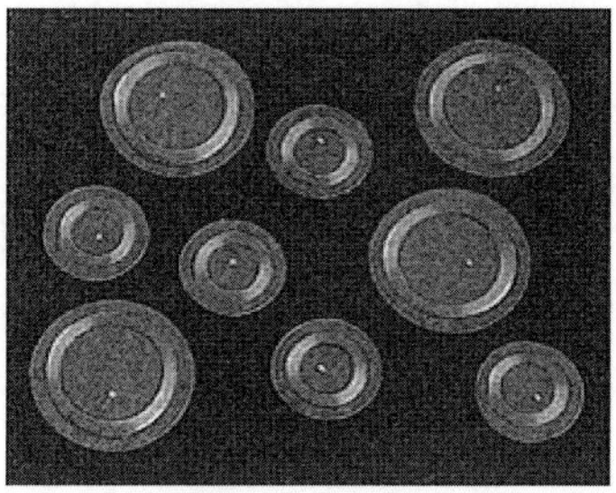

(a) IC 카드용 E-UNIT 박판(laminate) 가공 태그

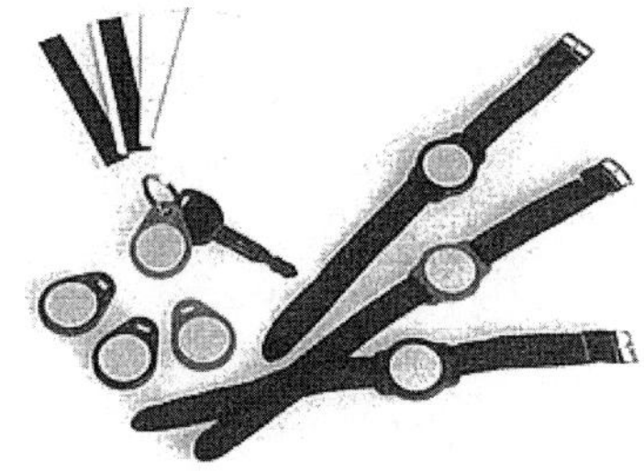

(b) 개인 ID 관리용 태그-밴드 타입 태그

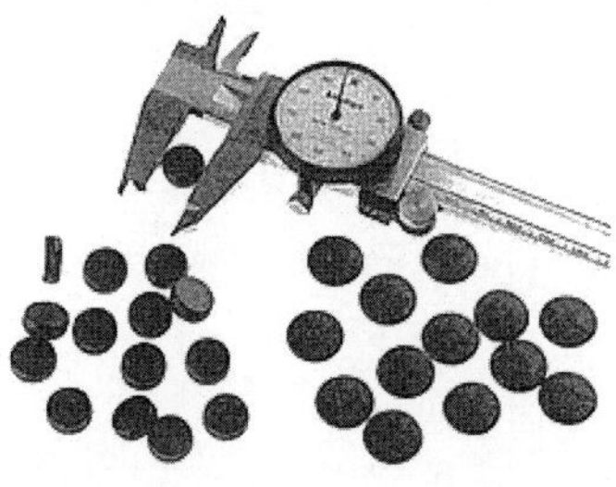

(c) 클리닝용 소형 금속면용 LOGI 태그

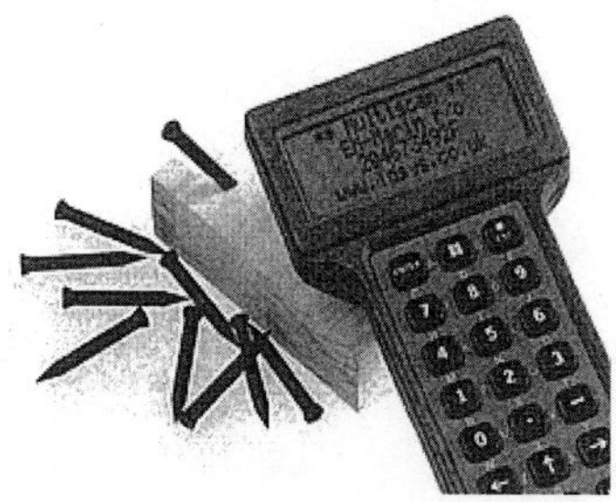

(d) 수목관리, 목공제품 관리용 못 NAIL 태그

(출전 : http://www.hanex-grp.co.jp/sougo/johou/sidtag.html)

그림 1.4 여러 가지 RFID 태그 2)

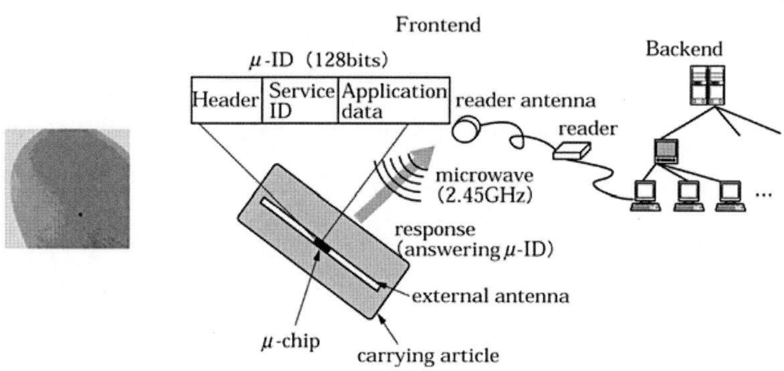

(뮤칩 사진의 출전 : http://www.hitachi-pavilion.com/jp/gaiyou/muchip.html)

그림 1.5 뮤칩과 그 시스템의 개요 3)

---

2) 1-2 Seal 형태로 만들어 붙이거나, 옷에 꿰매어 넣거나, 사용자 몸에 부착시키거나, 목재에 박아 넣어 두거나, 책에 붙여두거나 해서 그 응용에 따라 다양한 형태와 성능의 TAG가 개발되어 있다.

3) 1-3 칩마다 유일무이한 ID를 읽어낼 수 있는 기능을 특화해 둔 초소형 RFID. 지폐를 만들거나 옷을 만들 때 다른 재료와 함께 첨가해서 사용 가능하다.

뮤칩은 칩마다 부여되는 유니크한 ID를 읽어내는 기능을 특화한 RFID이다. 데이터 캐리어로서의 부대기능은 풍부한 통신환경에 의해 간단하게 대신할 수 있다는 점에 착안하여, 본질적인 기능만을 초소형과 저비용으로 구현한 것이 뮤칩이다.

1.4.3 센서 융합(Sensor Fusion)

다수의 센서들이 다양한 네트워크 환경을 바탕으로 하고 동시에 병렬적으로 동작하게 되어있다. 이러한 것들의 정보는 간단하게 필요한 곳에서 수집되며 통합 및 고도화 되어 필요한 정보로 가공된다. 이때 필요하게 되는 정보처리, 신호처리의 기술 시스템을 센서 융합(Sensor Fasion)이라고 한다.

(1) 생체 감각 정보처리와 센서 융합

생체 감각 정보처리는 계층적 병렬분산 구조로 되어 있다고 알려져 있다. 센서 정보나 구동기(actuator)로부터의 정보는 각각의 계층에 대응하는 정보 표현 방식에 따라 처리됨과 동시에 전체적인 통합과정에 기여하게 된다. 인식과 행동은 일괄적으로 처리됨과 동시에 다른 종류의 감각정보들 사이에서나 감각정보와 운동정보 사이에서도 어떠한 관련성이 존재한다. 이러한 구조는 센서 네트워크에 있어서의 이종 센서 노드들로 구성된 구조가 계층적 병렬 분산 구조임을 강하게 나타내고 있는 것이다. 각각의 센서 노드들은 센서나 처리의 목적, 계층 레벨의 차이에 따라 다양한 처리 형태를 취할 수 있다. 상위의 계층에서는 서로 다른 센서 정보들 간의 통융합적 처리를, 하위의 계층에서는 균일한 센서 정보들에 대한 병렬 연산 처리를 수행하도록 하는 것이 가능하다.

(2) 합성개구(Synthetic Aperture)와 파원 추정

같은 종류의 센서 정보들을 통합하여 필요한 정보로 가공하는 고전적이고도 가장 확립된 기술은 합성개구 기술일 것이다. 합성개구 기술이란 여러 종류의 파동장(wavefield)에 대한 렌즈 기능을 다수의 센서와 전자적인 수단을 이용하여 구현해 내는 것을 말한다. 이것을 위해서는 그림 1.6에 나타낸 것과 같이 규칙적인 어레이(Array)와 착안점에서 발생한 파동이 같은 시각에 중첩될 수 있도록 조정하는 지연 기기가 이용된다. 이러한 기능은 어레이가 규칙

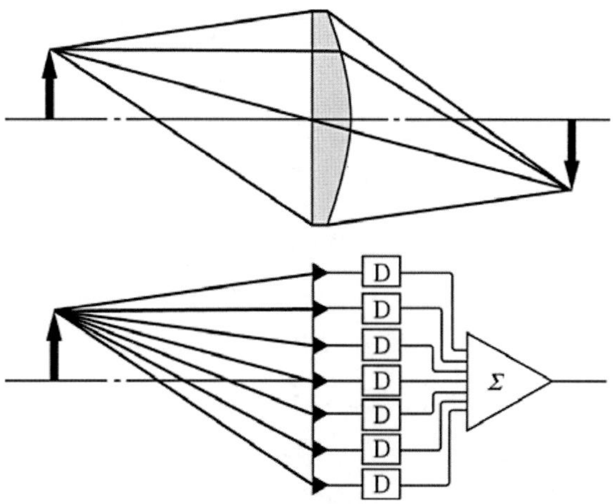

그림 1.6 개구합성의 원리 4)

적이지 않아도 비교적 단순한 이득의 조정을 추가한것 만으로도 불규칙적으로 배치된 센서 군으로부터의 센서 정보들을 처리 가능하게 한다. 즉, 분산 배치된 많은 수의 센서는 수신파형에 수신시각 타임스탬프를 부가하여 중앙의 합성개구 처리 시스템으로 보내고, 합성개구 처리 시스템은 이것들을 적절하게 지연시키고 가산해 파원의 공간 분포를 2차원적으로 재구성한다.

이들 상황과 유사한 문제로서 전자파 도착 방향 추정, 지진의 진원 추정, 소음이나 진동원 추정 등을 들 수 있다.

(3) 음원정위와 청각정경 해석

사람의 청각적인 특징은 "칵테일파티 효과"라는 말로 단적으로 나타낼 수 있다. 서서 음식을 먹도록 하는 칵테일파티장에서와 같이 큰 방에 많은 수의 사람들이 돌아다니면서 수다를 떠는 상황을 가정하자. 주인공은 많은 수의 사람들과 걷잡을 수 없는 이야기들을 하면서도 자신의 상사가 어떤 사람들과 무엇에 관한 이야기를 하고 있는지에 신경을 쓰고 있을 것이다. 이러한 상황에서의 소리 환경은 일반적으로,

① 흡수성을 가지고 있지만 반사를 무시할 수 없는 천정이나 벽

4) 1-4 모든 경로의 파동들이 동일 시각에 중첩되도록 하는 것처럼 렌즈에 의한 영상 촬영 프로세스를 다수의 파동 센서, 지연 소자, 가산기를 이용하여 전자적으로 실현한다.

② 반복적으로 반사가 일어날 수 있거나 특수한 주파수 특성을 가진 모가난 실내 형태
③ 외부와 소리를 소통시키거나 집 밖의 소음을 통과시키는 창문
④ 밴드의 연주나 안내방송 등과 같은 실내에서의 매우 큰 환경음

등과 같이 구성되어 있다. 열거한 상황은 매우 복잡한 것처럼 보이지만 실세계의 환경을 고려하면 이러한 소리 환경이 당연하다고 말할 수 있다. 칵테일파티 효과라는 것은, 즉 이전 상황에서의 주인공처럼 인간은 매우 쉽게 이러한 소리환경을 파악할 수 있고 더욱이 듣고자 하는 소리만을 선택적으로 청취할 수 있다는 것이다.

칵테일파티 효과는 센서 레벨에서는 복수음원의 동시정위 문제로 볼 수 있고 이러한 분산형 센싱은 네트워크 센싱이 가장 잘 기능한다고 볼 수 있다. 이러한 복잡한 소리환경 인식이 자유자재로 가능하게 되면 그 응용 분야는 매우 폭넓게 나타날 것이다. 왜냐하면 앞서 언급한 환경은 밴드 연주나 실내 안내방송을 광고 음악이나 혼잡한 도로나 자동차의 소음으로 바꿔버리면 거리에서의 소리환경으로, 카스테레오나 엔진음으로 바꿔서 생각하면 자동자 내부의 소리환경으로, 사이렌 소리, 경보음, 불타오르는 연소음으로 바꾸면 화재현장의 소리환경으로 그대로 바꿔서 생각할 수 있기 때문이다. 이러한 칵테일파티 효과를 실제로 구현하기 위한 연구들을 청각정경해석이라고도 한다.

(4) 분산 시각 시스템

앞에서 설명한 바와 같이 복잡한 소리환경의 이해에 관한 연구는 본래 컴퓨터 비전에 있어서의 경치(정경) 분석에 대한 연구에서 비롯되었다. 네트워크 센싱의 시대가 되어 이러한 연구들은 다수의 카메라 네트워크와 화상 처리 기술을 조합하여 시각적으로 환경을 파악하는 분산 시각 시스템으로 발전하였다. 그림 1.7은 이러한 연구 예로 다수의 카메라를 연계시켜 카메라에 찍히는 사람이나 차량의 동일성을 인식하여 추적하는 시스템을 나타낸다.

(5) 분포형 감각 시스템

사람에게 있어서, 분산 배치된 수용기에 의해 감각 능력을 가지는 대표적인 감각은 촉각이며, 많은 저자들과 연구자들이 이것을 공학적으로 실현하기 위해서 다양한 연구를 수행하고 있다 [1.28, 1.29, 1.30, 1.31]. 촉각의 수용기는

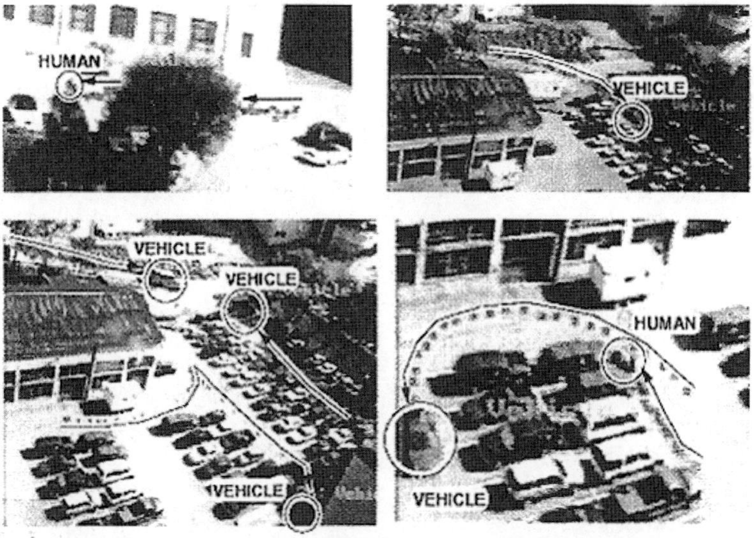

그림 1.7 분산 시각 시스템에 의한 자동차나 사람의 움직임 추적5)

의외로 드문드문하게 존재한다. 손가락 끝이라도 기껏해야 1평방 센티미터에 1000개 정도의 밀도로 촉각의 수용기가 존재하지만 수 미크론의 차이나 질감의 차이도 쉽게 식별할 수 있다. 이것은 촉각 수용기의 고도한 센싱 능력[1.28, 1.29]과 여러 군데에서의 신호를 통합하는 능력[1.30]에 비밀이 있다고 여겨진다. 그림 1.8은 마이크론 촉각 센서를 유연한 점성과 탄력성을 가진 물질에 섞어서 로봇의 표면에 엷게 발라 분포형 촉각을 가진 인공 피부를 만드는 과정을 나타내고 있다 [1.31]. 이러한 시스템은 배선의 복잡화를 피하기 위해 무선으로 연결하는 시스템을 개발하는 방향으로 발전하고 있다 [1.35].

인간에게 후각은 분산 배치된 센서 시스템이 아니지만 코를 가까이 하거나, 바람을 일으켜 냄새를 불러들이거나, 바람의 방향을 판단하여 냄새의 발생지를 찾아내거나 하는 등의 행동을 통해 분산 감각 시스템과 동일한 범위를 가지는 센싱 기능을 구현하고 있다. 공학적으로도 가스의 누수 측정이나 냄새의 발생원인 추정에는 분산 배치된 센서와 이동 가능한 센서를 네트워크에서 연계시키는 것이 매우 중요하다.

5) 1-5 이동 중인 대상물을 지속적으로 파악하기 위해 다수의 카메라와 화상 인식 시스템을 연계시킨다. 하지만 현재 화상에 의한 인식 능력은 충분하지 않기 때문에 여러 종류, 여러 모양으로 시시각각 변화하는 환경에서 높은 신뢰도를 얻어 내는 것은 쉽지 않다.

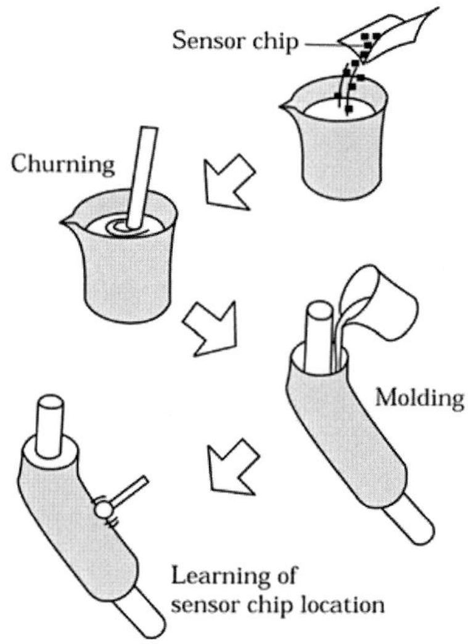

그림 1.8 텔레메트릭 스킨(Telemetric Skin)[6)]

1.4.4 지능화 센서

센서들의 고도화 작업은 이전보다 지능화된 센서들에 의해 광범위하게 진행되고 있다. 지능화 센서는 센서와 전자 회로나 프로세서가 일체화된 구조를 가진 지능화된 센서를 총칭하는 것으로 스마트 센서(Smart Sensor), 컴퓨테이셔널 센서(Computational Sensor), 퍼지 센서(Fuzzy Sensor) 등으로도 불린다. 일반적인 센서는 그 장소에서의 물리량(온도, 압력, 왜곡, 자장, 성분, 농도, …)을 전기 신호로 변환하는 기능을 하는 것이며, 지능화 센서는 여러 센서들의 정보를 전자 회로나 프로세서로 처리하여 학습에 의해 획득한 지식을 활용하여 전기 신호로 변환하는 기능을 가진다. 초기의 대표적인 것들로는 선형화, 자기교정, 보정 등의 기능을 펌웨어에 구현해 넣은 프로세서용 센서가 있으며, 요소 기술이 고도화되고 소형화됨에 따라 생체 매립형의 의료용 원격 측정기나 심장 박동 조절장치(pacemaker), 복잡한 시스템의 내부 상태를 파악하기 위한 자동차 엔진 노크(engine knock) 센서나 프로세스 모니터,

6) 1-6 미리 마이크로 센서를 혼합한 유연한 성질의 탄성체를 피부 형태로 정형하여, 전자기 결합이나 무선을 통해, 유연성을 손상시키는 금속 배선 없이 분포형 촉각 정보를 얻어낸다.

고도의 정보처리 능력과의 일체화가 반드시 필요한 CT나 MRI, PET, 그리고 운동 기구와 일체화된 액티브 센서, 여러 개의 음원을 분리하여 정위(定位)할 수 있는 청각 센서, 접촉의 위치와 강도에 그치지 않고 대상 표면의 질감까지 유추할 수 있는 촉각센서, 인간의 기호에 적합한 정량적인 정보를 획득할 수 있는 후각 센서나 미각 센서 등 그 시도되는 분야뿐만 아니라 사용되고 있는 분야에 있어서도 매우 폭 넓게 적용되고 있다.

지능화 센서와 센서 정보를 계산 처리하는 시스템과의 차이점은 센서와 전자회로와 프로세서의 일체적 구조의 필연성 유무에 있다. 이러한 일체적인 구조에는 차동(差動) 구조나 그 일반화, 피드백(feedback), 영위법, 액티브 센싱, 자려진동, PLL, 여러 모드를 가진 공명형 센싱, 패턴 인식, 뉴럴 네트워크, 퍼지 이론, 유전 알고리즘, 적응 필터나 칼만 필터, 간접 계측과 그 반대 문제나 초해상도 등이 있다. 네트워크 센싱에 있어서 현재의 과제는 다양한 네트워크를 통하여 보다 광범위한 센서 정보와 지식 베이스의 활용에 있다.

1.4.5 교정과 동기화

연계된 계측 행위들이 성공적으로 이루어지기 위해서는 센서와 센서사이, 센서와 측정대상의 사이, 측정대상과 측정대상 사이에서의 측정치에 모순이 없도록 하는 것, 즉 센서마다 측정 기준이 일치하도록 하는 것이 본질적으로 중요한 사항이다. 측정 기준에는 시각기준뿐만 아니라 센서 자신의 위치도 함께 포함시키는 것이 주의해야 할 부분이다. 이러한 것들이 센서 네트워크가 만족시켜야 되는 일관성(consistency)이라고도 할 수 있다. 이러한 2종류의 기준에 맞추는 교정을 정확하게 수행하는 것은 어렵지만 중요하게 다루어야 하는 이유는, 사람이 중간에 개입하는 것을 전제로 한 종래의 고정된 측정기와 이동 가능하면서도 자율적으로 동작 가능한 센서 네트워크에서의 센서와의 두드러지는 차이점에 있다고 할 수 있다.

(1) 시간의 교정

시간의 교정에는 2종류가 있다. 그 첫 번째로는 시간 스케줄의 교정으로, 그 역수인 주파수를 교정하는 것과 같은 의미를 갖는 교정이 있다. 이는 매우 정확한 물리 표준을 비교적 간단하게 얻어낼 수 있는 것 외에, 통신에 의해서도 가능하다는 특징이 있다. 즉 송신측의 통신 주파수를 수신측의 주파수 기준으로 측정하는 것으로 상호간의 주파수 차이를 알아낼 수 있다. 또 다른 하나는 시각 기준의 교정으로 동기화라 한다(3.1.1 참조). 시각은 일종의 약속으로 물리적인 표준은 아니지만 측정 데이터에 정확한 타임스탬프를 넣어서 센서들에서의 데이터 통합과 원인 분석을 손쉽게 할 수 있도록 하는 것이다. 이때 요구되는 것은 통신에 의한 동기화가 Jitter에 의해 불가능하므로 개구합성 등의 파동 센싱 기법에서 필요로 하는 마이크로초로부터 피코초의 영역에서의 동기화를 의미한다.

(2) 측정 기준의 교정

센서의 본래 역할인 측정은 측정 대상을 자신의 내부에 가지고 있는 기준치와 비교하는 동작을 의미하며 기준치에 대한 오차는 측정 대상이나 물리적인 공간에 관하여 우리들이 얻을 수 있는 정보의 consistency를 그만큼 저하시킨다. 이에 대해 이전부터 측정기의 표시를 본래의 값에 가깝게 하기 위해서 기준치를 수정하는 교정동작을 일상적으로 수행해야만 했었다. 센서 네트워크에 요구되는 것은 이러한 일상적인 교정 동작을 랜덤하게 무수히 분산 배치된 자율적인 센서들에 의해 사람의 손을 거치지 않고 수행할 수 있어야 한다는 것이다.

1.4.6 위치검출

공간에 배치된 다수의 센서 정보들을 수집하여 통합적으로 처리하는 경우, 대상물 또는 센서들의 정확한 위치 정보는 필수이다. 여기서 요구되는 위치 정보는 광범위한 위치에서 협소한 위치까지 그 목적에 따라 다양하게 존재한다. GPS(Global Positioning System)는 단독으로 위치를 측정하여 10m 정도의 오차 범위까지 가능하며, 전파의 위상정보와 함께 이용하는 간접위치측정을 기반으로 하는 측정법으로는 정밀도 수mm까지도 가능하고, 전리층이나 대기권에서 굴절의 영향을 감소시키는 準天頂 위성(준 정지위성)을 이용하여 수십cm의 정밀도를 측정할 수 있는 개발도 진행되고 있다. 실내에서는 사람이 활동하는 것을 보조하기 위해 초음파 전송 시간 방식이 개발되어 정밀도 수cm의 위치가 검출 가능하게 되었다.

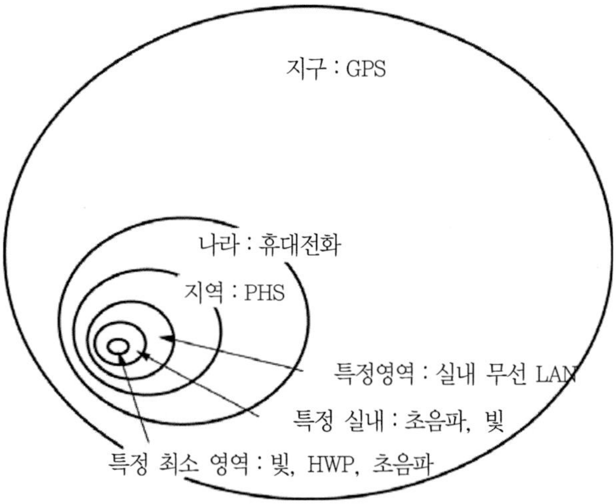

그림 1.9 위치 검출 시스템의 대응 범위7)

1.4.7 저소비 전력과 전력공급

센서를 장기간 독립적으로 배치하여 사용하기 위해서는 그 사용시간 동안 전원이 확보될 수 있도록 해야 한다. 전원을 확보하지 못해서 배치 가능 장소가 한정되어 버리거나 배터리의 교환이나 충전에 너무 많은 노력을 들여야 한다면 그 이용에 있어서의 쾌적성을 잃어버리게 되고 그 이용가치를 상실하게 된다. 사용되는 LSI나 센서의 저소비 전력화는 필수적이고 센서의 설치환경과 특성을 활용하여 배터리 없이 시스템을 구축하는 것도 매우 중요한 방법이 될 수 있다. 그림 1.10은 어떤 새시 제조사가 발표한 방범 시스템을 나타낸다 [1.35]. 이 시스템은 창문의 잠금장치에 발전 장치를 장착하여 잠금장치나 창문을 열고 닫는 움직임으로부터 전기를 발생시켜 무선으로 신호를 전송하는 시스템이다.

7) 1-7 전 지구 규모의 위치 정보에서부터, 실내 위치 정보, 장치나 인체 내, 식재료 내부의 원자 레벨의 위치 정보까지, 광범위하게 다양한 형태로 요구되고 있다.

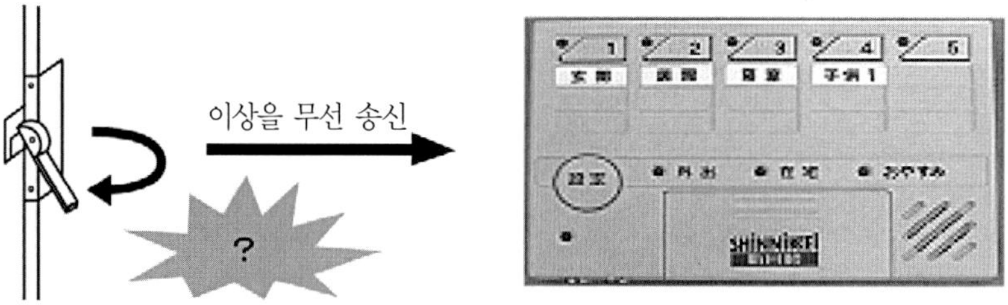

(출전 : http://www.shinnikkei.co.jp/company/news/2003/029.html)

그림 1.10 발전 기능을 내장한 센서 예 8)

1.4.8 바이오 매트릭스 개인인증

네트워크상에서 정보유통과 가치유통을 안전하게 수행하기 위해서는 서로 상대방을 확실히 식별하는 기술이 필요하다. 그 중에서도 장비나 장치가 개인을 확실하게 인식하기 위하여 적용되는 기술이 바이오 매트릭스, 즉 지문, 얼굴, 사인, DNA 등과 같은 사람 개개인에 있어서 고유한 정보를 당사자로 인식하고 이용하는 기술이다. 바이오 매트릭스를 위한 정보는 개인 ID와 연관 지어져서 네트워크상이나 IC카드 등에 저장해 두고 당사자가 그 ID로 액세스하는 경우에 해당 단말기에서는 ID에 대응하는 바이오 매트릭스 정보를 호출해 와서 액세스한 이용자가 그 ID의 본래 소유자인가를 인증한다. 센서 네트워크에

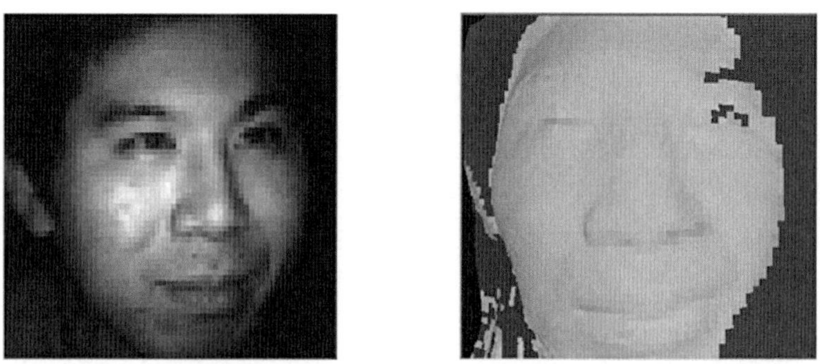

(a) (b)

그림 1.11 3차원 얼굴 인식 9)

8) 1-8 새시의 손잡이를 여는 동작으로 발전하고 창문의 개폐 상황을 무선으로 통지한다.

9) 1-9(a)와 같이 비스듬하게 촬영된 얼굴이라도 똑바른 3차원 정보를 구해 낼 수 있고 정면 얼굴로의 회전도 가능하다.

있어서도 제시한 ID가 정당한 것인가 아닌가를 판단하는 방법은 장래에 반드시 필요하게 될 것이다. 또한, 인증 장비도 독립적으로 동작하는 것이 아니라 네트워크를 전제로 하여 그림 1.11에 나타낸 것과 같이 3차원 형상 등을 포함한 최신 인증 정보를 지속적으로 교환하여 동작하는 시스템으로 구현되어야 한다 [1.36, 1.37, 1.39].

1.4.9 화상검색

정보가 디지털화 되어있어도 그 정보가 자유로운 액세스가 가능하다고 말할 수 없다. 내용에 근거하여 정보에 "태그"를 붙여야만 비로소 "객체"로서 정보 네트워크 세계에서 인식되고 가치와 유동성을 가질 수 있다. "태그"를 잃어버린 데이터는 이미 디스크의 쓰레기일 뿐이다. 이러한 디지털 데이터에 태그를 부여하는 기술은 문서 데이터에 있어서는 색인 부착(indexing)과 검색(retrieval) 기술로서 널리 알려져 있다. 문서가 디지털화되어 있어도 그것은 단순한 글자 자체의 디지털화에 지나지 않으며 그 내용에 관한 디지털화는 색인부착 및 검색기술로 파악할 수 있다. 현재는 아날로그 특성이 한층 강화된 데이터로서 거대한 정보의 축적이 시작된 화상 데이터에 대한 색인 부착과 검색 기술에 대한 관심이 높아지고 있다.

현재, 연구가 진행되고 있는 모델이나 구체적인 방법에는 종양에 대한 의료용 화상 데이터베이스로부터 "Morphological Distance"를 이용하여 지정된 크기나 형상 등에 있어서 가장 가까운 종양으로 분류해내는 시스템, 형상 유사성에 근거한 FIBSSR(Feature-Index-Based Similar Shape Retrieval)이나 SQUARE(Shape's Qualitative Appearance based Retrieval) 등의 검색 기술, 색채각(color angle)이나 색채 텍스쳐 분포각(color texture distribution angle)으로 불리는 조명과 인쇄조건에 영향 받지 않는 색인부착, 형상요소의 공간적 배치에 대한 기술언어를 이용한 방법 등의 예가 있다. 또한, 일본 내에서는 전체의 분위기나 찍혀있는 것들의 모양이나 색을 근거로 해서 관련 화상을 검색하며, 이외에도 지정한 부분에 유사한 부분을 가진 화상을 검출하는 화상 부분 검색, 종선(縱線)을 지정하여 빌딩의 배경을 추출해 내는 등의 형상지정 검색 시스템 [1.40] 등의 연구가 진행되고 있다.

검색은 네트워크 세계의 언어로 되어 있기 때문에 화상에 있는 객체와 관계를 텍스트화하는 것은 색인부착 문제라고 할 수 있다. 이러한 문제에서의 어려움은 텍스트와 화상의 질적 상이함, 즉 전자의 1차원성이나 이산성과 후자의 2차원성이나 연속성, 문법적 구조의 유무, 인공적인 물체와 자연물의 상이함 등에 있다 [1.41]. 이미 축적된 화상 데이터에 대한 색인부착도 절실하게 필요하지만 그보다 더 중요한 것은 지금부터 막대하게 축적되는 화상 데이터를 장래의 디스크 쓰레기로 만들지 않게 하는 체계를 구축하는 것이다. 이를 위해서는 화상 데이터를 획득하는 단계에서부터 관련된 정보를 놓치지 않도록 하는 것과, 대상이 되는 화상 데이터를 축적할 때는 미리 상정해 둔 모델 등에 기반을 두고 그 화상 데이터에 대한 특징을 유출하여 보편성을 높여서 첨부하는 것이 중요하다. 다시 말하자면, 화상을 획득하는 이미지 센서가 정보태그 센서를 보조하는 기능을 하도록 하는 것이다. 사람이 중간에 개입하는 경우에는 사람이 태그 부착을 할 때 보조 도구가 되는 자동화 도구가 유효할 것이다 [1.41]. 그 외에도 화상 검색에 있어서 임시 대응 단계는 텍스트나 수치를 이용하여 검색 조건이 설정될 수 있기 때문에 지식이나 경험 등을 적절하게 도입하여 화상과 텍스트간의 "Semantic Gap"을 해소하는 것이 열쇠가 된다. 매칭 단계에서는 적절한 유효성에 대한 정의나 거리척도 "Visual Similarity"의 정의 등이 중요하다.

1.5 정보에 착안한 센싱원리

센싱의 대상이 되는 것들은 시대에 따라 크게 변해 왔다. 프로세스 산업에 있어서의 센싱, 오토메이션에 있어서의 센싱, 나노/바이오에 있어서의 센싱, 그리고 이제 시작 단계인 유비쿼터스 정보화 시대에 MEMS(Micro Electro Mechanical System), 지능 로봇, 고도 교통 시스템 등과 같은 인식과 동작을 일체화한 자율 능동형 시스템을 위한 센싱 기술이 가장 필요하게 될 것이다. 센싱 기술자에게 있어 이러한 기술의 발전 방향을 그 원리에 한발 더 앞선 차원에서부터 파악하여 천차만별인 센싱 기술을 조직적이고 체계적으로 이해하고 그 이해를 바탕으로 현재와 장래의 연구 개발에 활용해 나가는 것이 매우 중요하다. 그러면 이제부터는 원리에 한발 앞선 새로운 시점이란 어떤 것인가에 대해 거의 추상적인 설명이 되겠지만 가능한 예를 들어가면서 기술할 것이다.

1.5.1 정보의 흐름에 주목하기

예를 들면 입체 표면에 대한 센싱을 살펴보자. 입체 표면의 도형이나 텍스처는 명암분포 그 자체를 포함하는 정보이기 때문에 파형정보라고도 할 수 있다. 그러나 입체표면의 울퉁불퉁함이나 광택에 대한 정보는 다르다. 그림 1.12와 같은 양안 스테레오 시스템에서의 이러한 것들은 두 눈의 위치 차이 Δ와 두 눈의 강도차 ξ를 발생시켜 그림 1.13에 나타난 흐름에 따라 양안합 이미지 f_+와 그 시차 방향 미분 f_x를 캐리어로서 변조하고 양안차 이미지 f_-에 혼합되어 전달된다 [1.42] (두 개의 캐리어가 서로 상관없는 직교 캐리어를 이루고 있는 점에 주의[10]). 이러한 의미에서 울퉁불퉁함이나 광택은 변조 정보라고 할 수 있으며 또한 그러한 것들이 서로 독립적인 정보 채널에 의해 전달된다.

이러한 정보의 흐름에 착안한 시스템의 유용성은 역문제에 기반을 둔 간접계측 방법이나 CT, MRI, SAR 등의 많은 화상 시스템에서 매우 강하게 인식되고 있다. 최근에 개발에 진전을 보이고 있는 델타 시그마 변조형 센서 등도 정보의 흐름에 착안한 아이디어가 없었다면 개발되지 못하였을 것이다.

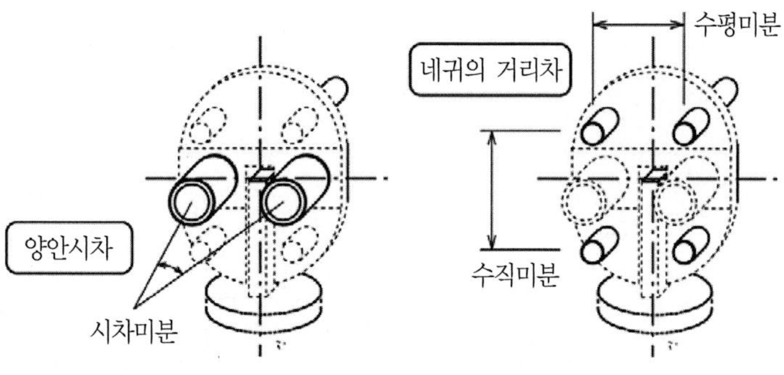

그림 1.12 양쪽 눈과 4개의 귀를 가진 사람 머리형 센서 시스템[11]

10) 1-10 저항값과 리액턴스(reactance)값을 따로 측정하는 교류 브리지(bridge)의 사인파와 코사인파와 같은 관계

11) 1-11 시각/청각 정보 추출에 최고로 적합한 센싱 구조와 자율적인 센싱 동작을 특징으로 한다.

1.5.2 장소와 센서를 일체화하기

정보의 흐름에서 착안한 방법은 물리적인 장소에 센서를 일체화시키려는 생각과도 관련있다. 그림 1.12에도 나타나 있는 네 개의 귀 역할을 하는 음원 정위 센서 [1.43]를 고려해 보자. 소리가 공간에 구면파로서 전달되는 성질을 가지고 있기 때문에 파형에 의해 전달되는 의미를 가진 정보와는 독립적이고 음원의 위치 정보는 파면의 법선 방향과 곡률에 의해 전달된다. 따라서 그림 1.14와 같이 근접한 4개의 센서를 이용하여 소리공간의 시공간 구배를 관측하고 파면의 법선 방향을 검출하면 음원의 방위(방향의 맞고 틀림을 뺀)를 알 수 있고 법선 방향에서의 음파의 진폭 감쇠율을 검출하는 것으로 음원까지의 거리를 알 수 있다. 이러한 측정은 매우 짧은 순간으로도 가능하기 때문에 주의해야 한다.

음의 전송은 파동 방정식에 의해 표현되고 어느 공간과 장소에서도 그 변수는 파동 방정식에 따라 변동한다. 그리고 시공간 구배를 측정하는 것은 이러한 모든 변수치를 공간의 한곳에서 구해 낸 것과 동일하다. 이러한 마이크로 크기의 장소와 센서의 일체화는 계산기 상에서의 파동장에 대한 동시 병렬 시뮬레이션을 가능하게 하고 음원의 정확한 위치도 쉽게 알 수 있다. 일정한 음속과 직선적으로 전파되는 음의 매크로적인 성질에 입각한 종래의 음원 방위 검출방법과의 차이점은 명료하게 나타난다.

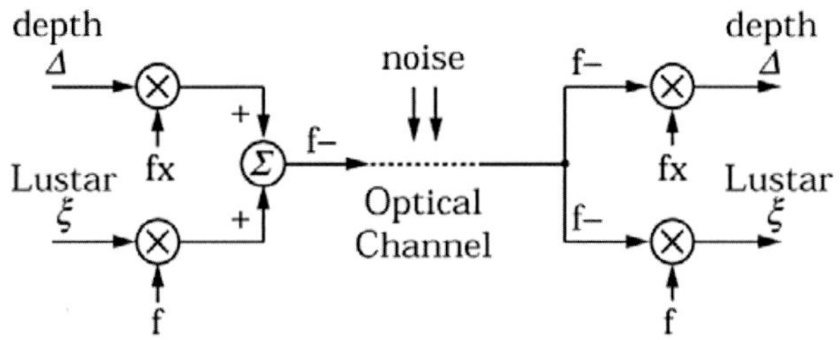

그림 1.13 양안 스테레오에서의 정보 전달 변조 구조12)

12) 1-12 광택 정보 ξ와 굴곡 정보 Δ가 각각 양안합 이미지 f_+와 그 시차 방향 미분 f_x를 캐리어로 변조되어 양안차 이미지 f_-로 관측된다. 캐리어 f_+, f_-에는 통계적인 의미에서의 직교성이 있다.

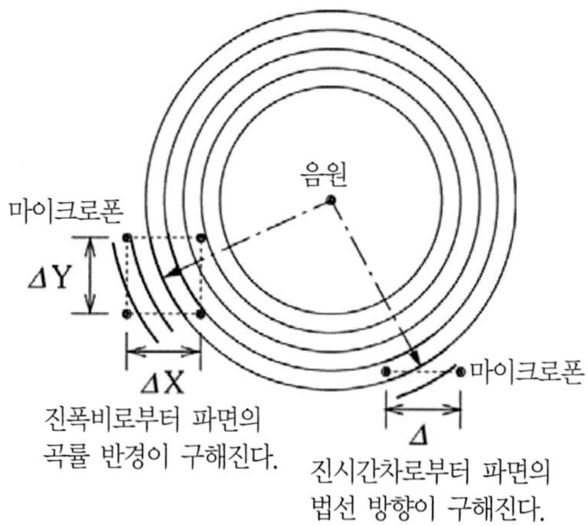

그림 1.14 시공간 구배법에 의한 3차원 음원 위치 측정의 원리13)

1.5.3 서로 겹친 요인을 분리해 통합하기

패턴 정보는 매우 높은 자유도를 가지고 나타나기 때문에 무엇이 본질적인 정보인지를 판별하는 것이 어렵다. 정보의 획득 방법이 잘못된 경우에 함께 들어 있는 불필요한 정보에 의한 오류는 센서 잡음에 의한 오류에 비할 바가 아닐 만큼 그 영향력은 크다. 청각을 예로 들어 생각해 보자. 그림 1.15는 소리의 변화를 3가지 요소(음량, 음정, 음색)로 분해하여 출력하는 청각 센서[1.44]의 분리와 통합의 원리를 나타내고 있다. 소리는 일단, 웨이블렛 변환(Wavelet Transform)에 의해 시간 주파수 영역으로 분해된다. 계속해서 시간 주파수 영역에서의 변화 패턴을 대수적인 주파수 방향으로의 가간섭성 시프트(coherent shift, 음정 변화)와 진폭방향으로의 가간섭성 증대(음량 변화)의 합으로 분해한다. 이러한 것들로 표현되지 않는 변화 패턴들은 음색의 변화라고 보면 된다.

이 분리 통합의 원리는 소리에 대한 순간순간의 변화에 작용하여 예리한 특징 유출 능력과 시간 분해 능력을 실현해 낸다(그림 1.15). 또, 소리에 대한

13) 1-13 구면파로서 전파되는 음파를 근접한 4곳에서 관측하면 파면의 법선 방향으로 음원의 방향이, 법선 방향에서의 진폭의 감쇠율을 통해 음원까지의 거리가 계산될 수 있다. 복수개의 음원이라 하여도 2개의 음원까지이라면 동일한 측정 방법으로 측정할 수 있다. 파동장에 대한 직교화 계측으로서의 해석이 가능하다.

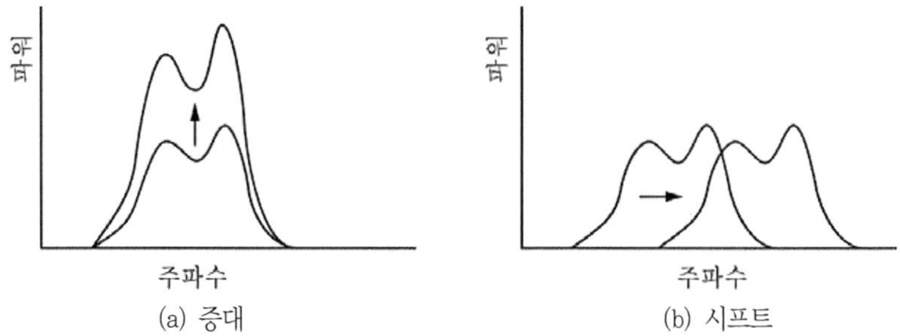

그림 1.15 시간-대수 주파수 영역에서의 음악/음성의 표현[14)]

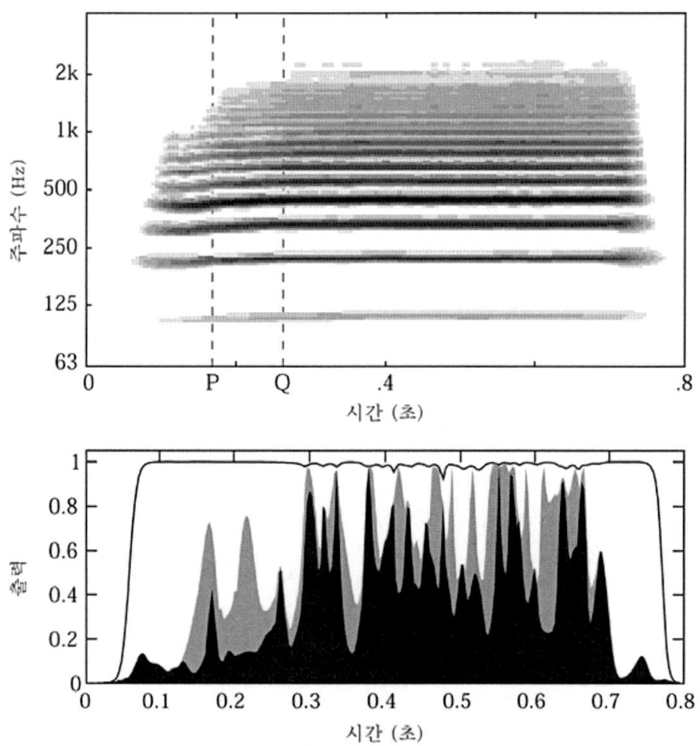

그림 1.16 음의 3요소 분해법에 대한 음악에의 적용례[15)]

---

14) 1-14 음정의 변화가 가간섭성의 대수 주파수 방향으로의 시프트로, 음량의 변화가 가간섭성의 진폭방향으로의 증대로 나타난다. 이러한 정보들을 이용하여 음정/음량/음질의 3가지 성분으로 분해가능하다.

15) 1-15 호른의 소리가 시작됨에 있어서 음색의 변화(고차배음이 저차배음보다 늦게 시작됨)나 음정의 변화가 3가지 요소의 에너지 비율로서 검출되고 있다.

모든 정보를 동일하게 이용함으로써 부분적인 잡음 혼입에 대해서도 영향을 받지 않는 강건성(robustness)을 가질 수 있다 [1.45, 1.46]. 특정 주파수의 진폭이나 포먼트(formant) 등과 같이 분해 후의 부분적인 소리 특징에 입각한 방법으로는 이와 같은 성질을 기대하기 힘들다. 인식 시스템의 센싱에서 요구되는 것들은 통합될 것을 전제로 하는 분해 방식에 대한 것과 정보를 포함하고 있는 쪽에 가장 적합한 측정 공간의 구성에 관한 것이다.

1.6 연구사례 소개

유비쿼터스 네트워크, 센싱 기술, RFID 태그의 보급을 전제로 하는 최신의 시스템 구성에 관한 방법론이 많이 제안되고 있다.

1.6.1 RFID 태그에 기반을 둔 지식공유 시각 시스템

이러한 시스템은 CCD 카메라와 화상인식 시스템, 객체들(공업 제품 등의 인공적인 물품을 가정한다)에 숨겨져 있는 RFID 태그, CCD 카메라와 일체화되어 설치된 비교적 가까운 거리(예를 들어 카메라 시야내의 1~2m)내에서 인식이 가능한 RF 태그 리더, 네트워크상의 어딘가에 존재하는 물체의 3차원 모델, 인식 결과를 바탕으로 핸들링을 하는 등 객체를 움직이게 하는 제어 시스템으로 구성되고 [1.47] 다음과 같은 일련의 동작을 기반으로 기능한다.

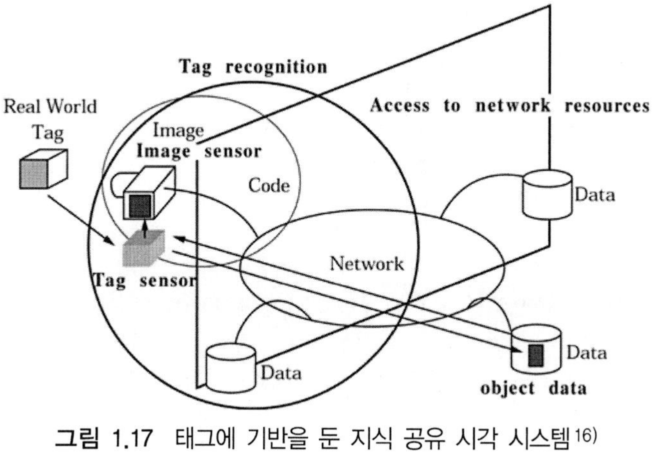

그림 1.17 태그에 기반을 둔 지식 공유 시각 시스템16)

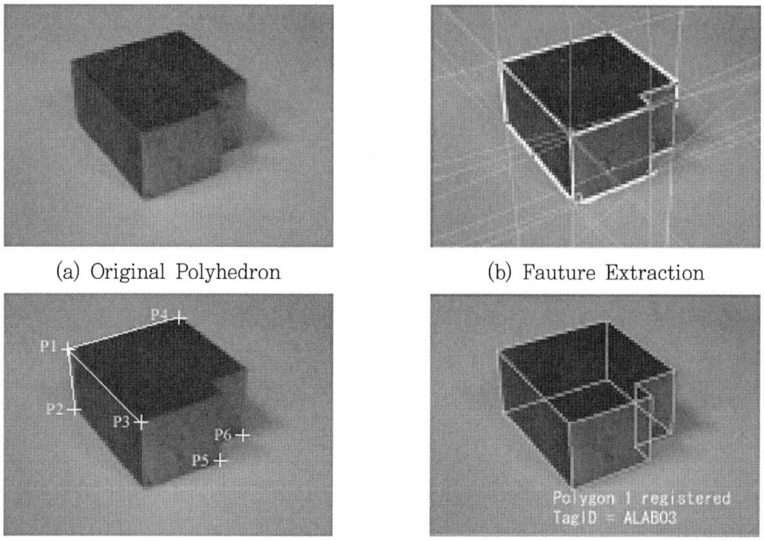

(a) Original Polyhedron (b) Fauture Extraction

(c) Extration Of 6-point Subset (d) Object Model Registered

그림 1.18 지식 공유 시각 시스템에 의한 화상 인식 예[17]

① CCD 카메라가 객체를 시야에서 포착함과 동시에 태그리더는 객체에 대한 ID 정보를 읽어낸다.

② 태그 리더는 획득한 ID 정보를 검색하기 위하여 네트워크상으로 그 객체의 3차원 정보 제공을 요청한다.

③ 다운로드된 객체의 3차원 모델은 화상 인식 장치에 보내지고, 화상 인식 장치는 3차원 모델에 따른 효율적이면서 높은 신뢰도를 가진 인식 순서에 따라 CCD 카메라 화상에 있어서의 그 객체에 대한 위치와 자세를 추정하여 본래의 3차원 모델과 현재 이미지상의 객체 모양과 상이점 등을 판정한다.

---

16) 1-16 객체가 태그 리더의 감도 범위내에 있다면 객체의 ID 정보가 우선 자동적으로 읽혀진다. 이 ID 정보를 검색키로 하여 객체의 3차원 모델을 네트워크로부터 다운로드하고, 이것을 이용하여 CCD 카메라와 인식 시스템은 객체를 시각적으로 발견하여 위치와 자세를 알아낸다. 구해낸 정보들은 시스템의 기능수행과 객체에 관한 공유지식 베이스의 변경을 위해 이용된다.

17) 1-17 카메라 앞에 있는 객체가 무엇인지 미리 알고 있는 단계에서 시작된다는 점이 이 시각 시스템의 최대 특징이다. 미리 무엇인지 알고 있다고 해도 정확하게 어디에 있는지 어떠한 자세로 있는지는 텔레비전 카메라에 의해서만 알 수 있다. 인식시스템은 다운로드된 3차원 정보로부터 객체의 3차원 불변량을 산출해 내고 화상이미지로부터 얻어낼 수 있는 2차원 불변량과의 일치 정도를 이용하여 상기의 위치와 자세 정보를 구해낼 수 있다.

④ 그 결과는 핸들링 등을 위한 정보로서 시스템에 전달되는 것 이외에 네트워크상의 지식 데이터베이스나 3차원 정보의 제공 시스템에 반환되어 그 객체의 데이터를 최신의 상태로 변경하기 위해 사용된다.

이 시스템의 키포인트는 태그에 의해 가능하게 되는 물리세계와 정보세계의 1-대-1 대응과 태그에 기재된 유니크한 ID 정보를 검색키로 이용하는 지식의 공유 및 자유로운 이동 가능성에 있다. 공유해야 하는 3차원 정보는 그 객체를 제조한 기업이나 공장 등이 소유하고 있으면서 정당한 사유로 필요하다고 여겨지는 경우에 3차원 정보가 공개될 수 있다면 귀중하고 거대한 정보자원이 될 수 있다. 다만 그렇게 하기 위해서는 정보 유통을 위한 합의와 보안(security)이 필수적이고 별도로 적절한 시스템의 구현이 요구된다.

1.6.2 정보택배

센서에는 가정용 가스 미터기와 같이 기껏해야 한 달에 한번정도의 출력만으로도 충분한 것들과, 구조물 보전 센서처럼 지금까지의 최대 부하를 필요할 때마다 읽어 들일 수만 있으면 되는 것들 등의 정보 채널의 폭 너비와 실시간성은 필요로 하지 않는 것들도 많다. 센서의 유비쿼터스화에서 키포인트는 응용에 적절한 비용으로 필요한 정보 채널을 어떻게 정비할 것인가에 있다.
그에 대한 한 가지 방법론이 "정보 택배"이고 다음과 같은 것이다.

① 여기저기에 분산 배치된 저속 소용량 정보 채널만을 필요로 하는 무선 기능 탑재 센서
② 자동 응답 가능한 무선 통신/정보 축적 장치를 장착한 택배 차량과 같은 정기 순회 차량

을 구성요소로 한다.
정기 순회 차량은 업무와는 별도로 항상 센서로 호출(call) 신호를 발신하며 마침 센서 근처를 지나는 동안에 센서로부터 요구가 있다면 센서로부터의 요구를 인식하게 된다. 그때 센서는 정보를 요구하는 곳으로 전달해야 하는 데이터를 차량의 정보축적 장치에 저장하고, 또 그 센서에서 전달받아야 하는 정보를 차량이 가지고 있다면 그것을 센서로 전달한다. 그런 뒤 네트워크 환경에서 차량이 돌아오면 각각의 데이터를 요구하는 곳으로 데이터를 전송한다.

보다 가까운 배달 수단을 이용한 같은 형태의 방법론도 고려 될 수 있는데, 예를 들면 "정보 운송 쟁반(tray)", "정보순시원", "정보 샌들 슬리퍼(sandal slipper)" 등이 있다. 이들 모두다 공장 안이나 부지 내, 집안을 빈번하게 돌아다니는 장치나 사람이 인식하지 못하는 형태로 탑재되어, 돌아다니면서 센서 데이터를 수집하거나 필요한 정보나 에너지를 보급해 주는 역할을 한다.

1.6.3 이웃 센서의 중복측정에 의한 최적의 동기화

교정과 동기화는 2개 이상의 센서가 동일한 대상을 측정하여 각각의 결과에 대한 차이를 인식하고 수정함으로써 비로소 가능하게 된다. 그러나 이러한 매핑은 대개의 경우 국소적으로 발생하기 때문에 모든 센서들이 동시에 검출하여 동시에 수정하는 것은 사실상 불가능하다. 교정과 동기화를 가능하게 하는 이러한 매핑에는, 동일 신호를 각각의 센서 내부의 타이머를 이용한 타임스탬프와 함께 기록하는 방식, 각각의 센서가 각각의 측정기준에 의해서 동일한 물리량을 측정하는 방식, 2개의 센서가 우연히 만나 동일한 장소와 시각을 공유하는 방식 등이 있다. 그러면 이러한 지역적인 수정에서 센서 네트워크 전체의 일관성 있는 교정과 동기화를 안정하게 실현하기 위해서는 어떻게 하는 것이 좋은가? 이미 서로 정합되어 센서 네트워크를 이루고 있는 센서들의 일부에서 수정이 가해진 경우 그 수정은 센서 네트워크 전체에 어떻게 전송되는 것이 좋은가?

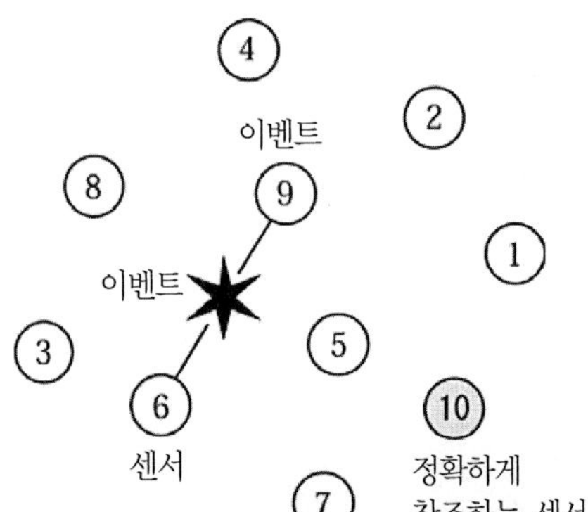

그림 1.19 이웃 센서의 1대 중복 측정에 기반을 둔 순차적 동기 문제 설정의 모식도

이러한 질문들에 대해, 베이즈 추정(Bayes Estimation)에 기반을 둔 최적의 동기화 순서가(순서 결정 방법이) 있다 [1.50]. 이 기법은 센서 주위의 여러 곳에서 발생하는 사건(예를 들어 전파 잡음의 발생)이 동기화의 실마리가 되도록 이웃한 센서들이 자율적으로 동기 그룹을 형성하고, 이것들이 합병하면서 단일 시각으로 최단 시간 내에 수렴해 가도록 제안되어 있다.

(1) 리얼 타임 청각 센싱

판단을 하거나 행동을 하는데 있어서 부분적이라도 지능과 자율성이 부여된 시스템을 자율 시스템이라고 한다. 3차원 환경의 자율 시스템에서는 음향 신호로부터 음원의 위치를 파악하여 즉시 대응하기, 호출한 사람의 위치를 알고 시각 센서에 시선을 맞추기, 이상한 소리와 그렇지 않은 소리를 구별하여 장해를 미연에 방지하기, 소리와 음원의 방향이나 음질에 따라 구분하여 쉽게 인식하기 등이 매우 중요한 의미를 가진다.

표 1.1 실시간 음향 센싱의 요소 기술

대상 음원	정보 종류	요소 기술		이용되는 요소기술의 예
		대분류	소분류	
미지 음원	변조 정보	음원 방향	정적 음원 정위	고유 구조법, MUSIC계산법, 개구 합성, Phase Door Layer Antenna 등
			동적 음원 정위	시공간 구배법
		음원 거리	전송 시간 계측	Echo Location
			전송 감쇠 계측	시공간 구배법
	파형 정보	소리 성질	주파수 영역	단시간 스펙트럼, 웨이블릿 분석
			시간파형 영역	자기 상관, 소리의 높낮이(pitch) 유출, 선형 예측 분석, 에너지 연산자, 음향 강도(intensity)
		소리 의미	불특정 화자 음성 인식	소리의 높낮이(pitch) 유출, 선형 예측, 음소 분석, 은닉 마르코프 모델, DP 정합, 지식처리
			이상음 검출	웨이블릿 분석, 고차 스펙트럼, 소리의 3요소 분해, 불쾌음 모델
기지 음원	독립 정보	소리 성질	이상진단	단시간 스펙터, 웨이블릿 분석, 음원 모델
		소리 의미	특정화자 음성인식	단시간 스펙터, 음소 검출, 은닉 마르코프 모델, 뉴럴 네트워크
	연합 정보	다른 정보와의 융합	특징레벨	적응 알고리즘, 칼만 필터
			인식레벨	은닉 마르코프 모델, 뉴럴 네트워크

표 1.1은 이러한 실시간 청각 센싱의 요소 기술들을 일괄적으로 표시한 것이다. 표에서 살펴볼 수 있듯이 현재 가장 부족한 기술로는 돌발적인 음원을 위치 인식하여 대상 물체에 대해 주목하게 하는 센싱 능력, 예측할 수 없는 신호의 분석 기술, 청각 및 시각과 같은 성질이 다른 정보들에 대한 융합 기술 등이 있다. 이러한 것들은 아래에 기술하는 인간머리모양의 시각/청각 융합 센서의 목적이 된다.

(2) 시각청각 융합 센서 “SmartHead”

이 센서 시스템은 평상시에는 시각센서와 청각센서 모두다 일종의 조기 경계 시스템으로 작동하여 시각적으로 시야내의 움직임의 발생이나 새로운 대상 물체의 출현과 청각적으로 정위 가능한 명확한 소리의 접근 등을 항상 센싱하고 있다. 만약 어떠한 사물이나 소리의 변화가 발견되면 머리모양의 장치와 시야를 확보하기 위한 고속 이동 장치가 움직이고, 시각 센서의 시야가 사물 또는 소리의 변화가 일어난 방향으로 이동될 수 있도록 하며, 계속해서 시선의 추적과 응시 시스템이 호출되어 움직임이나 명암 패턴의 차이에 따른 시야에 있어서 제일 중요한 부분을 판단하고 그 부분을 시야 중심으로 하여 대상

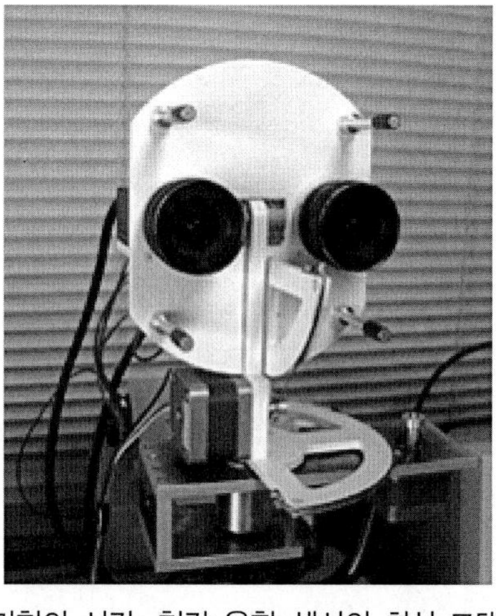

그림 1.20 사람 머리형의 시각, 청각 융합 센서의 최신 모델: SmartHead Boy[18)]

18) 1-18 4이식(耳式) 음원정위 센서와 동작 특징 추출형 양안 시각 시스템 및 주의를 향하게 하기 위해 머리 부분을 회전시키는 2축, 시선 이동과 폭주를 위한 안구 2축의 운동 기능을 이용하여 이러한 것들을 자율 통합적으로 동작시킨다.

물체가 전후좌우로 이동하여도 그것을 추적할 수 있는 응시 기능을 개시한다. 안정적인 추적 응시 기능을 확립하게 되면 시각 센서는 고정시 미동을 이용하는 고속 미분 양안 스테레오 센서로서 작동할 수 있어 대상 물체의 상세한 3차원 형상과 그 변화를 동적으로 계측할 수 있고 동시에 각종 농도의 특징량이나 광택감, 옵티칼 플로(Optical Flow) 운동 경계선이나 입체 경계선 등을 실시간으로 추출하여 상위의 인식 장치에 수치 데이터 배열의 형식으로 제공한다.

(3) 기생파리 모방형 마이크로 음원 정위 센서

이번 장의 처음 부분에서 음원의 定位에는 음압의 공간 勾配(Gradient)가 측정 가능한 정도의 극히 적은 크기와 순간이라고 말할 수 있을 정도의 시간만이 필요하다는 것을 설명하였다. 그러나 원래부터 존재한 마이크로폰을 사용한 시스템은 그렇게 되어 있지 않았다. 원리에 더욱 충실하면서도 시간 분해 능력이 높고 작은 센서는 만들지 못하는 것인가? 특히 반도체 칩을 미크론 크기로 만들 수 있다면, 공기중에 널리 퍼뜨려 놓고 무선으로 연결하여 3차원 소리의 환경을 모니터링 하는 등 최신 센서의 네트워크적인 응용도 가능할 것이다.

따라서 이를 위해 생물 시스템에서 배우는 접근법을 생각해 내지 않을 수 없다. 예를 들면 기생파리는 매우 작은 몸길이이면서 자신의 신장에 비해 몇 백배 긴 파장의 음파에 대해 민감한 방향 지각 능력을 가지고 있다. 알을 낳는 귀뚜라미나 나방을 음원 정위하기 위해서 높은 방향 지각능력을 가지고 있는

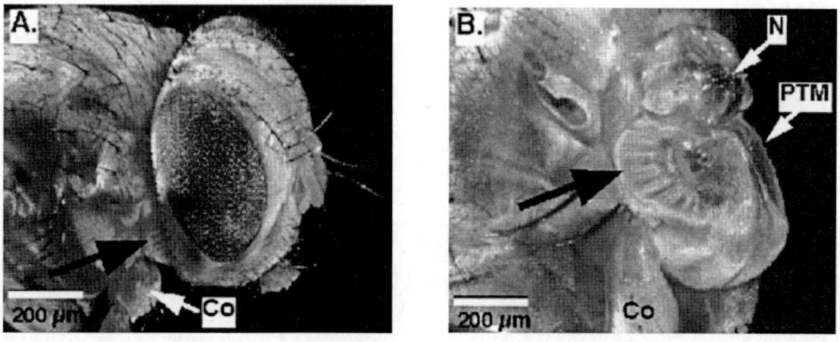

그림 1.21 기생파리와 그 청각기관의 외관도 19)

19) 1-19 머리의 뒷부분에 있는 좌우 진동판의 1체 구조와 중앙지지 구조를 특징으로 한다.

것이다. 기생파리의 청각 기관을 미세하게 관찰하면 그림 1.22와 같이 중앙에 지지된 진동판이 음압의 勾配에 따라 발생하는 짝힘(偶力, 역상 성분)을 검출할 수 있는 최적의 구조와 중앙의 지지체에서 동상(同相)의 음압에 대한 감도를 느끼고 역상성분의 검출을 방해하지 않는 구조를 가지고 있는 것을 알 수 있다.

그러므로 이러한 구조를 모방한 마이크로 음원 정위 센서의 개발을 다방면에서 시도하고 있다 [1.51, 1.52]. 미소한 진동판에 반응하는 음압은

① 진동판에서 같은 모양으로 움직이는 동상 구동력 성분
② 진동판을 회전시키려고 하는 역상 구동력 성분(짝힘)

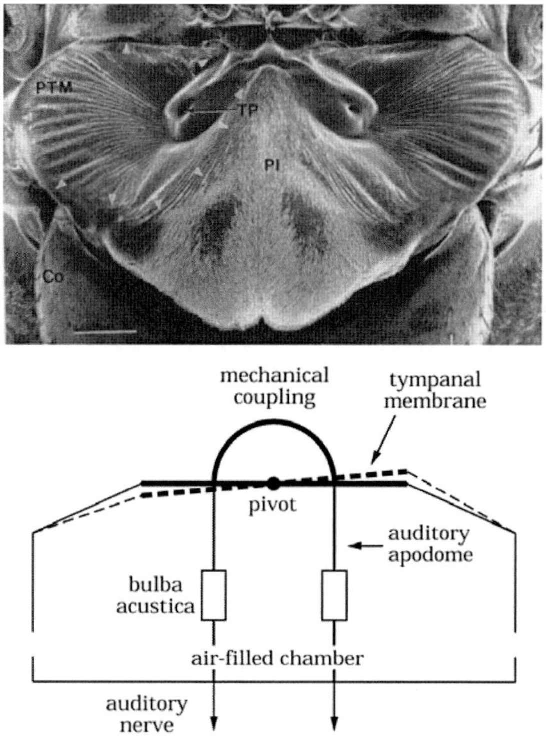

그림 1.22 기생파리 청각 기관의 정면도와 구조도[20)]

20) 1-20 중앙의 지지대는 진동하지 않고 진동의 중심축으로서 기능한다. 좌우의 진동판은 원호 모양의 축을 이용해 일체적으로 진동할 수 있도록 보강되어 있으며 이 진동은 신경 펄스로 변환된다.

으로 분해 가능하다. 후자가 음원 방향의 정보를 포함한 음압의 공간 구배에 해당한다. 하지만 일반적인 마이크로폰으로는 동상성분만 검출할 수 있고, 역상성분은 복수개의 마이크로폰을 이용한 차분에 의해서만 구할 수 있기 때문에 넓은 면적이 필요하며 더욱이 정밀도의 저하를 피할 수가 없도록 되어 있다. 중앙에 심벌즈와 같은 지지 구조를 도입한 압전형 센서(그림 1.23(a))에서는 넓은 주파수 범위와 높은 역상성분의 감도를 가지고 있다는 것이 확인되었다. 그림 1.23(b)에 나타낸 것과 같이 실리콘 미세 가공 기술에 의한 마이크로화도 발전하고 있다.

(a)

(b)

그림 1.23 기생파리 모방형 센서[21]

1.7 집중해야 하는 연구분야

네트워크 센싱 시스템의 구축에는 디바이스 기술, 시스템 구성 기술, 정보기술 등이 밀접하게 연계되어 발전해야 할 필요가 있다. 즉 디바이스 기술로서는 마이크로 센서, 분포형 센서, 어레이 센서, RFID, 마이크로 머신, 마이크로 통신 모듈의 초저소비 전력, 고신뢰, 긴 수명, 지능재료 등등에 대한 연구개발이 요구되고, 시스템 기술로서는 유연한 네트워크, 원격측정법(telemetry), 표준화, 지능화, 액티브 센서(active sensor), 환경 보전, 복지/의료, 고도화

21) 1-21 짐벌(gimbal) 기기의 원형 진동판이 음압의 2차원 공간 구배를 진동판의 진동으로 변환하고 동상(同相)진동을 이용해 상관 검출함으로써 음원 소리의 검출과 정위를 수행한다.

교통시스템, 유통시스템, 생산시스템 등등의 연구개발이 필요할 것이며, 소프트웨어 기술 및 소프트웨어 기술의 새로운 가능성 제시와 체계적인 기초로서 자율 분산, 센서 퓨전(sensor fusion), 신호 처리 등의 기초이론, 그룹지능, 에이전트, 지식공유, 데이터베이스 등의 연구개발이 요구된다. 바로 현대의 최첨단 종합기술들이 필요하다.

[참고문헌]

[1.1] 日本電子工業振興協会「ネットワーク社会におけるヒューマンインターフェース調査専門委員会報告 I, II」平成11年3月, 平成12年3月

[1.2] 電子情報技術産業協会「資源循環社会におけるネットワークセンシング技術調査専門委員会報告 I, II」平成13年3月, 平成14年3月

[1.3] 安藤繁「資源循環社会実現のためのネットワークセンシング技術」計測と制御, Vol.40, No.1, pp.43-49, 2001

[1.4] 電子情報技術産業協会「ユビキタス情報循環におけるセンシング技術調査研究報告書 I, II」平成15年3月, 平成16年3月

[1.5] 安藤繁「ユビキタス情報環境におけるセンシング技術：個別の知能化からネットワーク化と知識共有のセンシング技術へ」電気学会センサ · マイクロマシン準部門誌, Vol.123-E, No.8, pp.263-270, 2003

[1.6] 安藤繁 「ネットワークセンシングの現状と展望第1回：センサのネットワーク化の目的 · 技術要素 · 発展方向 · 研究課題」計測と制御, Vol.43, No.7, 2004

[1.7] M. Weiser, "Computer of the 21st Century", Scientific American, Vol.265, 2001.

[1.8] 坂村健『TRONからの発想』岩波書店, 1987

[1.9] D. Tennenhouse, "Proactive Computing", Communications of the ACM, Vol.43, No.5, pp.43-50, 2000

[1.10] D.A. Norman, "The Invisible Computer", MIT Press, 1998

[1.11] A. Hopper, "Sentient Computing", Royal Society, The Royal Society Clifford Paterson Lecture 1999, Vol.358, pp.2349-2358, 2000

[1.12] R. Want, A. Hopper, V. Falcao, and J. Gibbons, "The Active Badge Location System", Trans. on Information Systems, Vol.10, No.5, pp.42-47, 1992

[1.13] A. Ward, A. Jones, and A. Hopper, "A New Location Technique for the Active Office", IEEE Personal Comm., Vol.4, No.5, 1997

[1.14] B. Brumitt, B. Meyers, J. Krumm, A. Kern, and S. Shafer, "Easy Living: Technologies for Intelligent Environments", Proc. of the 2nd

International Symposium on Handheld and Ubiquitous Computing (HUC2000), pp.12-29, 2000

[1.15] C.D. Kidd, R. Orr, G.D. Abowd, C.G. Atkeson, I.A. Essa, B. MacIntyre, E. Mynatt, T.E. Starner, and W. Newstetter, "The Aware Home: A Living Laboratory for Ubiquitous Computing Research", Proc. of the 2nd International Workshop on Cooperative Buildings (CoBuild'99), pp.190-197, 1999

[1.16] T. Okoshi, S. Wakayama, Y. Sugita, T. Iwamoto, J. Nakazawa, T. Nagata, D. Furusaka, M. Iwai, A. Kusumoto, N. Harashima, J. Yura, N. Nishio, Y. Tobe, Y. Ikeda, and H. Tokuda, "Smart Space Laboratory Project: Toward the Next Generation Computing Environment", IEEE International Workshop on Networked Appliances (IWNA 2001), 2001

[1.17] 徳田英幸, 中澤仁, 岩井将行, 由良淳一, 村瀬正名「ユビキタス空間を融合するネットワーク技術への課題」 情報処理, Vol.43, No.6, pp.623-630, 2002

[1.18] 森川 博之, 南 正輝, 青山 友紀「STONE: 環境適応型ネットワークサービスアーキテクチャ」電子情報通信学会技報, IN2001-12, 2001

[1.19] http://www.csl.sony.co.jp/person/rekimoto/navi.html

[1.20] http://www.cs.gatech.edu/fce/archives/cyberguide/index.html

[1.21] http://www.computer.org/conferen/proceed/8192/pdf/81920074.pdf

[1.22] http://www.mic.atr.co.jp/dept2/c-map/index-jp.html

[1.23] http://www.csl.sony.co.jp/person/rekimoto/papers/iswc98.pdf

[1.24] http://www.media.mit.edu/people/rhodes/papes/weara-personaltech/index.html

[1.25] S. Deering, "Host Extensions for IP Multicasting", IETF RFC 1112, 1989

[1.26] W.R. Heinzelman, J. Kulik, and H. Balakrishnan, "Adaptive Protocols for Information Dissemination in Wireless Sensor Networks", Proc. of ACM/IEEE Int. Conf. on Mobile Computing and Networking (Mobicom'99), pp.174-185, 1999

[1.27] 宇佐美光雄, 井村亮「ミューチップ：ユビキタスネットワークの世界を広げる砂粒チップ」電子情報通信学会技報, Vol.87, No.1, pp.4-9, 2004

[1.28] H. Shinoda and S. Ando, "A Tactile Sensing Algorithm Based on Elastic Transfer Function of Surface Deformation", Proc. IEEE ICASSP'92, San Francisco, pp.589-592, 1992

[1.29] H. Shinoda, M. Uehara, and S. Ando, "A Tactile Sensor Using Three-Dimensional Structure", Proc. 1993 IEEE Int. Conf. Robotics and Automation, Atlanta, 1993

[1.30] S. Ando and H. Shinoda, "Ultrasonic Emission. Tactile Sensing", IEEE Control Systems, Vo1.15, No.1, pp.61-69, 1995

[1.31] S. Ando, H. Shinoda, A. Yonenaga, J. Terao, "Ultrasonic Six Axis Deformation Sensing", IEEE Trans. Ultrasonics, Ferroelectrics and Frequency Control, Vol.48, No.4, pp.1031-1045, 2001

[1.32] H. Shinoda and S. Ando, "On Intelligent Architecture for Tactile Sensor", Sensors and Materials, Vol.7, No.4, pp.301-310, 1995

[1.33] M. Hakozaki, H. Oasa, and H. Shinoda, "Telemetric Robot Skin", Proc. 1999 IEEE Int. Conf. on Robotics and Automation, pp. 957-961, 1999

[1.34] H. Shinoda, N. Asamura, M. Hakozaki, and X. Wang, "Two-dimensional signal transmission technology for robotics", Proc. 2003 IEEE Int. Conf. on Robotics and Automation, pp.3207-3212, 2003

[1.35] http://www.shinnikkei.co.jp/company/news/2003/

[1.36] S. Ando, "Image Field Categorization and Edge/Corner Detection from Gradient Covariance", IEEE Trans. Pattern Anal. Machine Intell., Vol.22, No.2, pp.179-190, 2000

[1.37] S. Ando, "Consistent Gradient Operators", IEEE Trans. on Pattern Anal. and Machine Intell., Vol.22, No.3, pp.252-265, 2000

[1.38] T. Kurihara, N. Ono, and S. Ando, "Surface orientation imager using three-phase illumination and three-phase correlation image sensor", Proc. SPIE, vol.5013, pp.95-102, 2003

[1.39] H. Itai, N. Ono, and S. Ando, "A network-oriented facial authentication system with improved performance and security", Proc. SICE Annual Conference, pp.2760-2763, Fukui, 2003

[1.40] http://www-db.isl.ntt.co.jp/~exdemo/

[1.41] Enrico Viccario (ed.), "Image Description and Retrieval" Prenum Press, New York, 1998

[1.42] S. Ando, "An Autonomous Three-Dimensional Vision Sensor with Ears", Proc. Int. Workshop Machine Vision Applications, Kawasaki, Japan, pp.417-422, 1994

[1.43] 安藤, 篠田, 小川, 光山「時空間勾配法に基づく3次元音源定位センサシステム」計測自動制御学会論文集, Vol. 29, No. 5, pp.520-528, 1993

[1.44] M. Abe and S. Ando, "Nonlinear Time-Frequency Domain Operators for Decomposing Sound into Pitch, Loudness, and Timbre", Proc. Int. Conf. Acoust. Speech Sig. Proc., Detroit, 1995

[1.45] 安部素嗣, 安藤 繁「共有FM-AMの時間周波数統合に基づく聴覚情景解析 (I) Lagrange微分特徴量とその周波数軸統合」電子情報通信学会論文誌, Vol.J83-D-II, No.2, pp.458-467, 2000

[1.46] 安部素嗣, 安藤 繁「共有FM-AMの時間周波数統合に基づく聴覚情景解析 (II) 最適な時間軸統合とストリーム音の再合成」電子情報通信学会論文誌, Vol.J83-D-II, No.2, pp.468-477, 2000

[1.47] S. Ando and H. Hontani, "Automatic Visual Searching and Reading of Barcodes in 3D Scene", Proc. IEEE Int. Vehicle Electronics Conf. 2001, Tottori, pp.49-54, 2001

[1.48] B. Mustapha and S. Ando, "A computer vision system for knowledge-based 3D scene analysis using radio-frequency tags", Proc. Int. Conf. Multimedia and Expo, Lausanne, 2002

[1.49] B. Mustapha and S. Ando, "Tag-Based Vision: Assisting 3D Scene Analysis with Radio-Frequency Tags", Proc. Int. Conf. Image Processing, Rochester, 2002

[1.50] S. Ando and N. Ono, "A Bayesian theory of cooperative calibration and synchronization in sensor networks", Proc. Int. Conf. Networked Sensing Systems, Tokyo, 2004

[1.51] N. Ono, A. Saito, and S. Ando, "Bio-mimicry Sound Source Localization with Gimbal Diaphragm", Trans. IEEJ, Vol.123-E, No.3, pp.92-97, 2003

[1.52] N. Ono, A. Saito, and S. Ando, "Design and Experiments of Bio-mimicry Sound Source Localization Sensor with Gimbal-Supported Circular Diaphragm", Proc. 12th Int. Conf. Solid State Sensors and Actuators, pp.939-942, Boston, 2003

02
센서 네트워크의 플랫폼

센서 네트워크에서 뿐만 아니라 하나의 시스템은 어플리케이션의 요청에 따라 설계되는 것이 일반적이다. 예를 들어 현재 인터넷의 원형이 된 ARPANet은 하나의 통신 거점이 파손되어도 나머지 통신 거점들 사이에서의 통신이 가능하고 견고한 군사용 통신 시스템이 필요하다는 요청에 라우터에 의하여 IP 패킷을 중계하는 패킷 교환형 시스템으로 디자인되었다. 일반적으로 시스템 설계에 있어서는 어플리케이션으로부터의 요청이 그 디자인을 지배한다고 해도 과언이 아니며 반대로 말하자면 어플리케이션을 의식하지 않는 설계는 있을 수 없다는 것이다.

센서 네트워크에 있어서는 이러한 경향이 특히나 두드러지게 나타나고 있다. 예를 들면 센서 네트워크를 이용하여 농지에 뿌려놓은 농약이나 비료의 농도를 알아내는 어플리케이션이라면 측정치는 수십 분에서 수 시간에 1회 정도 알아내면 충분할 것이다. 또한 그 측정치는 반드시 실시간으로 알아내어야 할 필요가 없을 지도 모르고, 경우에 따라서는 측정 결과가 하나 또는 두개 정도 누락하여도 문제가 되지 않는 경우도 있을 것이다. 하지만 그와 달리 농지와 같은 옥외 환경에서는 센서의 전원을 위해 배터리를 이용할 수밖에 없기 때문에 가능한 배터리의 수명을 연장할 수 있는 구조로 되어야 한다. 이에 비해 침입자 감시 등 어떠한 이상 사태를 감지하는 어플리케이션에서는 이상 사태를 감지한 센서로부터의 데이터는 가능한 빨리 그리고 확실하게 목적지에 전달할 수 있어야 한다. 또한, 센서 네트워크를 공장 등에 적용한 경우에는 데이터 누락이 중대한 사고와 연결되는 가능성이 있기 때문에 높은 신뢰성, 견고성, 실시간성 등이 요구된다.

즉 센서 네트워크에서 필요로 하는 하드웨어, 소프트웨어 또는 통신 프로토콜 등에 관한 기능/성능 조건은 센서 네트워크를 어떠한 분야에 적용하는가에 따라 전혀 다르게 나타난다. 센서 네트워크에 관련된 기술은 아직 연구가 진행 중인 것들이 많고 본격적인 센서 네트워크 기술을 적용한 응용 사례도 많지는 않다. 그렇기 때문에 구체적으로 어떠한 어플리케이션의 경우에 어떻게 설계를 해야 하는지에 대한 일반적인 논의는 매우 어려운 실정이다. 그렇지만 현재까지 몇몇의 센서 네트워크 시스템들이 시판되고 있는 상황 이외에도 연구차원에서 다양한 실험과 구현에 대한 시도가 활발하게 수행되고 있으며, 이러한 사례를 살펴봄으로써 센서 네트워크 시스템에 대한 디자인의 아이디어도 도출해 낼 수 있을 것이다.

이러한 관점으로 이번 장에서는 센서 네트워크의 요소기술 중에서 특히 하드웨어 주변기술을 중점적으로 그 설계 방법들에 대해 살펴볼 것이다. 그리고 센서 네트워크의 중요한 요소기술 중의 하나인 통신 프로토콜에 대해서는 제3장에서 별도로 자세하게 설명할 것이다.

2.1 플랫폼 개발의 역사

센서 네트워크라는 용어가 연구원들에게 주목 받게 된 것은 미국 국방성 고등 연구 계획국(DAPRA: Defense Advanced Research Project Agency)의 마이크로 전자 기계 시스템(MEMS: Micro Electro Mechanical System) 관련 연구 프로젝트로 제안된 “스마트 더스트(Smart Dust)” [2.1])에 의해 시작되었다. 그림 2.1에 나타낸 것 같이 스마트 더스트 프로젝트는 체적 1.5mm^3 이하, 무게 5mg 이하의 크기로 연산처리기능, 센싱기능, 통신기능 및 전원 기능까지도 구비한 초소형 센서 네트워크 장치를 MEMS기술을 이용하여 개발하고자 하는 매우 도전적인 프로젝트였다. 또한, 그러한 장치를 이용한 어플리케이션들도 많이 제안되었다. 원래 스마트 더스트 프로젝트의 스폰서가 국방성이었기 때문에 스마트 더스트 어플리케이션은 전장에서의 상황 파악

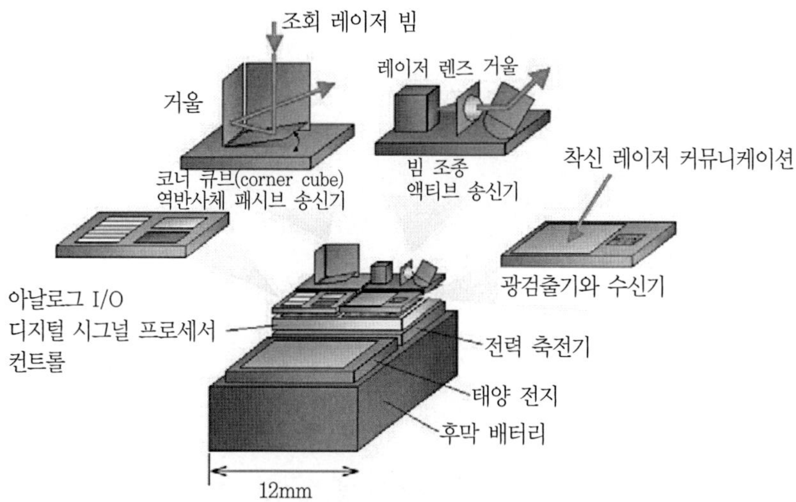

(출전 : http://www-bsac.eecs.berkeley.edu/archive/users/warneke-brett/SmartDust/index.html)

그림 2.1 스마트 더스트

등 군사적인 목적의 분위기가 강하였지만 그 이외에도 공장에서의 품질관리, 상품관리, 또는 사무실 환경으로의 적용 등과 같은 어플리케이션들도 제안되었다. 또한 매우 독특한 어플리케이션으로는 공간에 떠있는 스마트 더스트들 사이에 손을 넣어서 키보드 대용으로 사용하는 유닉크한 어플리케이션들도 제안되었다.

결국 당초의 목표를 모두 만족시키는 디바이스가 현재는 완성되어 있지 않지만 무수히 많은 스마트 더스트들이 공간에 떠다니면서 상호 통신하고 실제 공간의 정보를 수집하는 센서 네트워크의 궁극적인 목표를 제안한다는 면에서 그 임팩트가 상당한 것이었다. 또한 이와 동시에 스마트 더스트는 방대한 수의 센서 네트워크용 디바이스를 공간에 분산 배치하여 사용한다는 센서 네트워크의 기본 스타일을 만들어 낸 것이라고도 할 수 있다.

한편, 스마트 더스트의 연구 팀에서는 보다 현실적인 관점에서 그림 2.2에 나타낸 것과 같이 "COTS 더스트(COTS Dust) [2.2]"라 불리는 하드웨어 플랫폼의 개발도 수행하였다. COTS란 Commercial Off-the-Shelf의 약자로 "시판되고 있는 부품들로 짜 맞추어 낸 것"이라는 의미를 가지고 있다. COTS

(출전 : http://www-bsac.eecs.berkeley.edu/archive/users/hollar-seth/macro motes/macromotes.html)

그림 2.2 COTS 더스트

더스트에 대한 연구에서는 당초 동전 크기의 배터리 구동 하드웨어를 제작하여 그것을 초소형 무인기(MAV: Micro Air Vehicle)에 탑재시켜 전장의 상황을 조사하는 등의 군사적 목적을 위한 어플리케이션을 대상으로 하는 연구를 수행하고 있었다. 그 후 이 프로젝트는 DARPA의 NEST(Network Embedded Software Technology) 프로젝트로 채택되어 하드웨어 측면에서의 개량이나 하드웨어 상에서 동작하는 각종 소프트웨어의 개발을 수행하여 현재 MICA MOTE로서 일반에게 시판되기에 이르렀다.

COTS 더스트의 성공에 의해 센서 네트워크용 하드웨어 플랫폼을 일반인들이 손쉽게 구할 수 있게 되었고, 그러한 하드웨어 즉 무선 통신기능과 연산처리 기능을 구비한 배터리 구동 방식의 센서 네트워크용 장치들을 이용하여 전 세계의 많은 연구자들에 의해 다양한 어플리케이션들이 제안되고 구현될 수 있게 되었다.

이렇게 다양한 어플리케이션들이 개발되었지만 한편으로는 센서 네트워크의 현실적인 과제가 명확하게 들어나게 되었다. 예를 들면 센서 네트워크는 많은 수의 디바이스들을 분산 배치하여 사용하기 때문에 비용의 문제나 계산자원 그리고 통신자원이 제한됨으로써 적은 자원으로 시스템의 동작이 가능하도록 하는 다양한 방안들이 요구된다. 또한 전원으로 배터리를 사용하는 경우에는 배터리 수명을 최대한 연장할 수 있도록 하는 방법들도 필요하게 되었다. 더욱이 많은 센서를 분산 배치하는 경우라면 환경문제 등도 배려할 필요가 있을 것이다.

이같은 과제들이 명확해짐에 따라 센서 네트워크에는 하드웨어와 소프트웨어의 양면에 있어서 그것들을 고려한 디자인이 요구되고 현재는 이러한 과제들을 극복하기 위한 연구가 다양하게 수행되고 있다.

2.2 플랫폼의 구성요소

일반적으로 센서 네트워크용 디바이스는 그림 2.3에서 나타낸 것과 같이 통신 모듈, 마이크로프로세서, 센서 및 전원의 4가지 요소로 구성되어 있다. 본 절에서는 이러한 것들 중에서 센서 네트워크에 특징적인 통신 모듈과 CPU의 동향에 대해 소개한다.

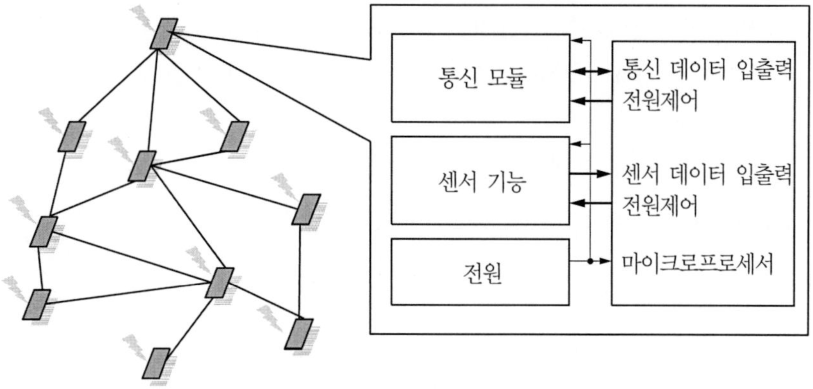

그림 2.3 센서 네트워크용 하드웨어의 일반적인 구성

2.2.1 통신 모듈

센서 네트워크에서 이용되는 통신모듈은 통신 매체로 무선을 이용하느냐 유선을 이용하느냐에 따라 크게 2종류로 나눌 수 있다. 통신매체로 무선을 이용하는 경우 즉, 무선 센서 네트워크로 불리는 센서 네트워크에서는 많은 경우에 다수의 디바이스들이 자연환경 등 비교적 광범위한 환경에 분산 배치되어 이용되는 스타일을 따른다. 이를 위해 배터리 구동방식이 전제가 되고 저소비 전력을 가진 무선통신 모듈을 즐겨 사용한다. 센서 네트워크에서 이용되

는 대표적인 통신 모듈을 표 2.1에 나타내었다. 현재 센서 네트워크용 디바이스에 이용되고 있는 무선 모듈은 크게 통신 속도가 수십 kbps~수백 kbps 정도이고 수m~수백m 정도의 통신 거리가 확보가능한 미약하거나 특정 저전력의 무선 통신 모듈이다. 또한 거의 모든 무선 모듈은 슬립 모드(또는 대기 모드)를 가지고 있어 시스템의 소비 전력을 절약하는 용도로 사용된다. 일반적으로 무선으로 정보를 송수신하는 것은 유선으로 수행하는 것보다 더 많은 에너지를 필요로 한다. 그렇기 때문에 무선 센서 네트워크에서는 무선 모듈의 슬립 모드를 잘 이용하여 필요할 때 이외에는 무선 모듈을 사용하지 않도록 한다.

이러한 무선 모듈들은 무면허로 간단하게 사용할 수 있고 값이 싼 특징을 가지고 있는 반면 내장되어 있는 기능은 무선으로 통신을 수행하기 위해 필요한 최소한의 기능만을 가지고 있는 것들이 많다. 그렇기 때문에 수신한 데이터에 에러를 포함한 경우에 이것을 검출하거나 정정하는 에러 검출/정정 부호화나 여러 단말기들이 동일한 채널을 이용하여 통신을 수행하는 경우에 필요한 MAC(Medium Access Control) 프로토콜 등은 이용하는 사람이 독자적으로 구현해야만 한다.

이런 것들에 비해 전원 사정을 그렇게 염려하지 않아도 되는 용도에서는 Bluetooth나 무선 LAN(802.11a/b/g)과 같은 고속이면서 고기능의 디바이스를 이용하기도 한다. 더욱이 최근에는 표준화가 진행되고 있는 ZigBee(IEEE 802.15.4)를 센서 네트워크용의 무선통신 방식으로 이용하는 움직임도 활발하게 진행되고 있다. ZigBee는 Bluetooth나 무선 LAN 등과 같은 2.4GHz대의 전파를 사용하는 시스템이지만 저전력성 면에서 우수하고 센서 네트워크용의 고속/저소비전력의 무선 모듈로서의 이용도 기대되고 있다. 또한 차세대의 근거리 무선통신 방식의 주역으로 기대를 모으고 있는 UWB(Ultra Wide Band)도 표준화단체에서 센서 네트워크용의 UWB 규격을 제정하려는 움직임이 있는 등 센서 네트워크용의 무선기술은 앞으로도 더욱 발전할 것으로 여겨진다.

또 일본 내에서는 전파법 때문에 함부로 아무 주파수나 출력으로 무선 모듈을 사용하지 못한다. 그렇기 때문에 특히 일본 이외의 나라에서 만든 무선 통신 모듈이나 그것을 탑재한 하드웨어 플랫폼을 이용하기 위해 검토하는 경우에는 주파수나 출력에 주의할 필요가 있다.

표 2.1 대표적인 무선 통신 모듈

디바이스	Chipcon CC1000 시리즈	RFM TR 시리즈	ZigBee (Chipcon CC2420 등)	Bluetooth	각 회사의 특정 저전력 무선 모듈
주파수 대역	300~900MHz	300~900MHz	2.4GHz (868MHz, 915 MHz도 지원)	2.4GHz	400MHz
규격	미약 무선	미약 무선	IEEE 802.15.4	IEEE 802.15.1	특정 저전력 무선 (ARIB-STD-T67)
최대 채널수	수개~수십 개의 채널 (주파수대역이나 통신 속도 등에 의존)	단일 채널	16 채널	32 채널	수십 채널
최고 통신 속도	150Kbps	111.5Kbps	250Kbps	1Mbps	2400bps
최대 통신 거리	약 10m	약 10m	약 30m	약 10m	수백m 정도
변조 방식	FSK/ASK/GFSK	ASK/OOK	DSSS	FHSS	FSK가 많음
센서 네트워크 시스템에의 적용례	MICA2 MOTE, Enter, Solar Biscuit 등	MICA MOTE, i-been, SmartIts, U-Cube 등	MICAz MOTE, Telos, i-bean, Sensimesh, 그 이외 회사들의 센서 네트워크 시작폼 시스템 등	SmartIts (BTnode) 등	일본 내 회사들의 센서 네트워크 시작폼 시스템 등
기타	–	–	한 네트워크 당 최대 64,000대의 노드를 접속 가능. 미디어 액세스 제어 프로토콜을 구비	한 네트워크 당 최대 8대의 노드를 접속 가능. 미디어 액세스 제어 프로토콜을 구비.	

센서 네트워크 분야에서는 스마트 더스트의 이미지와 같은 소위 분산 배치형의 이용 형태를 취하는 무선 센서 네트워크가 주목받기 쉽지만 현실적으로 센서를 활용하고 있는 어플리케이션을 생각하면 FA(Factory Automation) 등의 산업용 분야가 압도적으로 많다. 이러한 환경에서는 소위 환경 모니터링과 같은 어플리케이션과는 달리 높은 신뢰성, 안정성 또는 실시간성 등이 요구된다. 일반적으로 무선통신은 전파간섭이나 다중 전송(멀티 패스) 등 주변의 환경에 의해 그 성능이 눈에 띄게 변한다. 이 때문에 FA분야 등에서는 무선에 비해 유선 쪽이 더 알맞다고 할 수 있다. 또한, 유선으로 네트워크를 구성하는 경우, 예를 들면 PoE(Power on Ether)나 USB(Universal Serial Bus)처럼 통신기능뿐만 아니라 전원 공급도 동시에 할 수 있도록 개발할 수 있는 것이 큰 이점이 된다.

이미 FA분야 등에서는 각 현장의 특징에 알맞게 전용의 센서 시스템이 디자인되어 왔다. 이와 같은 시스템에서는 센서로부터 데이터는 RS-232C 규격 등의 시리얼 인터페이스를 이용하여 메인 컨트롤러로 전송되는 형태를 취하는 것이 일반적이다. 하지만 이러한 전용 시스템에서는 컨트롤러와 센서간의 데이터 형식 등이 시스템마다 다르기 때문에 다른 제조사의 센서를 이용하는 것은 매우 어렵다. 또한 새로운 센서를 추가하고자 하는 경우에 새롭게 컨트롤러까지의 배선을 준비할 필요가 발생하거나 유연성이 매우 불완전한 시스템이 된다.

이러한 문제에 대해 그림 2.4에 나타낸 것과 같은 경로(path)형의 통신 미디어를 이용하여 유선 네트워크에 각종 센서를 간단하게 연결하기 위한 범용적인 통신규격들이 등장하고 있다. 그러한 통신규격들 중에 대표적인 것이 IEEE1451이 있다. IEEE1451은 센서나 액추에이터(모터 등의 능동적인 부품)를 간단하게 네트워크에 접속할 수 있도록 인터페이스를 규정한 표준 규격이다. IEEE1451규격에서는 센서나 액추에이터를 스마트 트랜스듀서 인터페이스 모듈(STIM: Smart Transducer Interface Module)로서 취급하고 센서나 액추에이터의 사양 등을 수집한 데이터 시트(TEDS: Transducer Electronic Data Sheet)를 유지한다. STIM은 NCAP(Network Capable Application Processor)에 접속하고 NCAP를 통하여 네트워크에 접속된다.

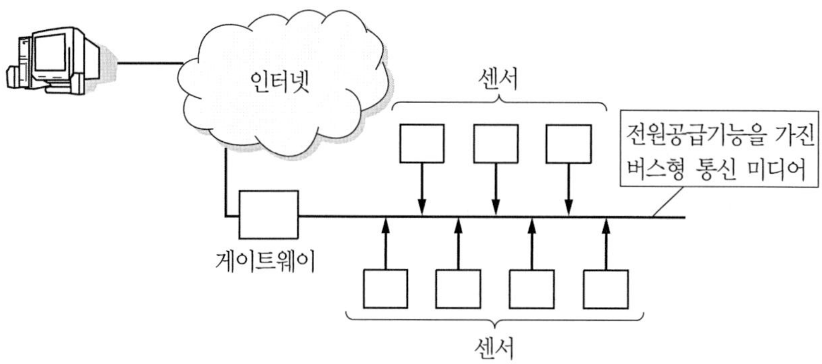

그림 2.4 유선 센서 네트워크

다시 말하자면 IEEE1451에서는 유선 네트워크로서 어떠한 네트워크를 이용할지에 대해서는 규정하고 있지 않다. 그렇기 때문에 유선 네트워크뿐만 아니라 Bluetooth나 무선 LAN 또는 ZigBee 등의 무선 네트워크를 이용한 센서나 액추에이터의 접속도 가능하게 되어 있다.

IEEE1451이외의 유선 네트워크 인터페이스로서는 DALLAS/MAXIM사에 의한 1-wire이나 에코넷(ECHONET), LonWorks가 유명하다. 1-wire도 역시 센서나 액추에이터를 간단하게 네트워크화가 가능한 규격이고 센서나 액추에이터 장치의 제어, 데이터의 송수신 등이 단선으로 가능하다는 특징을 가지고 있다. 또한 각종 센서로부터 메모리까지의 대응 제품들도 많이 있어서 IEEE1451과의 관계도 깊지만 상세한 것들에 대해서는 여기서는 생략한다. 에코넷은 일본 내의 전기기기 관련 대기업들이 중심이 되어 책정한 옥내용 네트워크 규격이며 가전제품, 에어컨, 조명 등의 옥내 기기들을 간단하게 네트워크화 하는 목적으로 만들어진 것이다. 에코넷은 일종의 미들웨어이며 어플리케이션에 대해 제조사들 간의 기기들 차이나 통신 매체의 차이 등을 흡수할 수 있다. 그렇기 때문에 통신매체에는 인터넷, 무선 LAN, 전기선 LAN, 특정 저전력 무선, 또는 Bluetooth 등의 다채로운 미디어들이 이용 가능하다. 본래 에코넷은 가전의 제어를 중심으로 발전하여 왔지만 옥내용의 센서 네트워크에 이용하는 것도 충분히 가능하다.

2.2.2 마이크로프로세서

센서 네트워크에서 이용되는 마이크로프로세서는 32비트 또는 64비트의 처리능력을 가지고 GHz를 넘는 클록 주파수, 복잡한 메모리 관리기능 또는 고도의 멀티미디어 처리기능 등을 갖춘 퍼스널 컴퓨터용의 범용 마이크로프로세서와 달리 8비트 또는 16비트 정도의 처리능력과 수 MHz~수십 MHz 정도의 동작 주파수를 가진 임베디드용 마이크로프로세서가 주로 사용된다. 그 이유는 센서 네트워크용 프로세서는 센서로부터 데이터를 얻어내는 것과 그 데이터를 목적지까지 전송하기 위한 통신 제어가 주 업무이고 고속/고기능의 마이크로프로세서를 이용할 정도의 처리능력이 필요하지 않기 때문이다. 또한 센서 네트워크에서는 많은 센서 네트워크 장치를 사용하여 시스템을 구축하는 경우가 많기 때문에 비용면에서도 고기능의 마이크로프로세서를 사용하는 것은 별로 바람직하지 못하다. 이것은 특히 무선 센서 네트워크라서 해당되는 것이지만 센서 네트워크에서는 소비 전력을 절약하기 위해 슬립모드(sleep mode)를 가지고 있는 프로세서를 이용하는 경우가 많다. 슬립 모드란 마이크로프로세서가 그 내부 상태를 유지한 채로 초 저속 동작(정지 상태를 포함한다)으로 이행한 상태를 가지는 것으로, 슬립 모드일 때는 평소에 비해서 수백분의 1에서 수천분의 1정도의 전력을 소비한다. 슬립 모드에서 일반 상태로의 복귀는 외부 인터럽트 단자 등에 신호를 입력하는 것으로 수행되는데, 예를 들면 통신 모듈에서의 데이터 도착을 나타내는 신호나 센서로부터의 신호 등을 이용하여 수행된다.

센서 네트워크용 마이크로프로세서로서 가장 많이 이용되는 것은 Mircochip사의 PIC 마이크로프로세서와 Atmel사의 AVR 마이크로프로세서이다. 특히 일본에서는 Microchip사의 PIC 마이크로프로세서가 아마추어들을 중심으로 많은 인기를 누리고 있고 관련된 문서들도 매우 많이 나오고 있다. 한편 Atmel사의 AVR 마이크로프로세서는 나중에 설명할 MICA MOTE에서 이용되고 있고 MICA MOTE의 보급을 통해 지명도를 높여 나가고 있다. 그 이외에도 저소비 전력/고속 동작을 특징으로 하는 Texas Instruments(TI)사의 MSP 시리즈나, 초소형 패키지 프로세서를 제공하는 Cygnal사의 C8051 시리즈, 또는 Java VM이 동작하는 DALLAS/MAXIM사의 DS80시리즈(모두 Intel 8051 마이크로프로세서 호환) 등의 다양한 프로세서가 개발되고 있다. 또 소비 전력을 중요하게 고려하지 않아도 되는 용도로는 Renesas사의 H8 시리즈 등 보다 고성능이면서 고속인 마이크로프로세서도 이용 가능하다. 어떠한 마이크로프로세서라도 함께 패키징되어 있는 기능(A/D 컨버터, D/A 컨버터, 프로그램어블 타이머, 메모리 용량 등)에 따라 많은 종류가 있으며 용도에 따라 다양한 프로세서를 선택할 수 있도록 되어 있다. 또한, 보다 더 고기능/고성능인 프로세서가 필요할 경우에는 Renesas사의 SH시리즈나 Intel사의 ARM 시리즈 등의 프로세서도 이용 가능하지만 이러한 종류의 프로세서들은 휴대전화나 PDA(Personal Digital Assistant)용 프로세서로 주로 이용되어 소비전력이나 비용 측면에서 센서 네트워크에 적용되는 경우는 드물다.

센서 네트워크용의 마이크로프로세서를 따져 보는 경우에 한 가지 더 중요 기준으로서 오퍼레이팅 시스템을 포함한 소프트웨어의 개발환경을 들 수 있다. 센서 네트워크용 마이크로프로세서의 대부분은 프로세서의 제조사들이 우수한 소프트웨어 개발 환경도 동시에 제공하고 있는 경우가 많다. 개발용 언어도 C언어로 기술 가능한 것이 증가하고 있어서 어셈블리 언어와 같은 입문자들에게 있어서는 배우기 힘든 언어를 마스터하지 않아도 비교적 간단하게 개발할 수 있게 되어 있다. 또한 몇몇의 프로세서에서는 제3자의 개발회사로부터 제공되는 개발환경을 이용하는 경우도 있다. 더욱이 GCC 등의 프리소프트웨어 형태의 개발 환경을 이용할 수 있는 프로세서들도 있다.

이미 기술한 것처럼 센서 네트워크용 마이크로프로세서는 비교적 단순한 처리를 하는 것이 많기 때문에 Linux와 같은 고기능의 오퍼레이팅 시스템을 이용하는 것이 현재로는 그다지 많지 않지만, 프로세서들 중에는 이러한 오퍼레이팅 시스템을 이용할 수 있는 것들도 있다. 예를 들어 Renesas사의 H8 시리즈에서는 TRON 표준을 따르는 실시간 OS가 제3의 회사들에 의해 판매되고 있거나 뜻 있는 사람들이 함께 모여 H8에서 동작하는 Linux를 개발하려는 움직임도 있다. 또한 더 상세한 것은 나중에 설명하겠지만 MICA MOTE와 같이 센서 네트워크 전용의 독자적인 OS가 개발되어 있는 경우도 있다.

2.3 MICA MOTE와 TinyOS

이번 절에서는 지금까지 개발되어 온 센서 네트워크 플랫폼들과 그 주변 기술들의 예들에 대해 살펴보고자 한다. 지금까지 많은 기업이나 대학에서 센서 네트워크 플랫폼들이 개발되어 왔지만 그 중에서도 가장 유명한 시스템은 MICA MOTE일 것이다. 이번 절에서는 우선 센서 네트워크 플랫폼의 전형적인 개발 사례로 MICA MOTE를 살펴보기로 한다.

2.3.1 MICA MOTE의 개요

MICA MOTE는 최초로 시판된 센서 네트워크 플랫폼이고 2.1절에서 언급한 COTS 더스트를 기반으로 하여 그 일부를 개량한 시스템이다. 현재 MICA MOTE에는 몇몇 버전들이 존재하며 최초로 시판된 MICA MOTE, 무선 모듈로 Chipcon사의 CC1000을 이용한 MICA2, 동전 크기가 특징적인 MICA2DOT(무선 모듈은 MICA2와 동일한 CC1000을 사용), 무선 모듈에 ZigBee를 사용한 MICAz, 또는 MIT(메사추세츠 공과대학교)에서 개발된 초음파를 이용한 위치검출 시스템인 Cricket을 탑재한 MICAc 등이 있다(그림 2.5).

MICA MOTE는 원래 대학의 연구 프로젝트로 개발된 시스템이기 때문에 발매 당시에는 연구용의 센서 네트워크 시스템의 색채가 강했다. 그렇기 때문에 특정 어플리케이션을 대상으로 개발된 것이 아니라 센서 네트워크 실험을 위해 필요한 최소한의 기능을 갖춘 형태로 되어 있었다. 최초로 판매된 초대 MICA MOTE(실제로는 연구개발 단계에서 몇몇 버전의 MOTE가 개발되었지만 여기서는 최초로 판매된 것을 초대 MICA MOTE라 하기로 한다)는 마이크로프로세서로 Atmel사의 8비트 AVR 마이크로프로세서(ATMEGA 103, 4MHz)를 탑재하고 무선 모듈로는 RFM사의 TR1000(변조방식은 ASK, 통신속도는 약 50Kbps)이 이용되었다. 초대 MICA MOTE는 이러한 마이크로프로세서, 무선 모듈 및 AA형 건전지 2개로 구성된 보드를 기본으로 하여 이 보드 상에 있는 커넥터를 통해 각종 센서가 탑재된 보드 등을 연결할 수 있도록 되어 있었다. 센서 보드로는 온도 센서, 가속도 센서, 광센서, 지구자기 센서 등이 탑재되고 있고 마이크와 스피커도 보드 상에 구현되어 있다. 초대 MICA MOTE는 동작 상태(통신 빈도, 센싱 회수, 또는 마이크로프로세서의 슬립

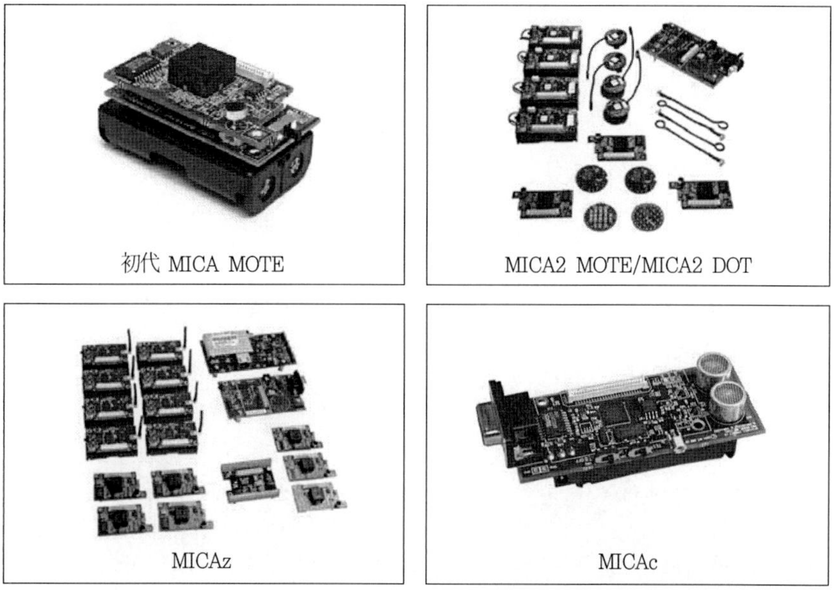

初代 MICA MOTE

MICA2 MOTE/MICA2 DOT

MICAz

MICAc

(출전 : Crossbow사 Web 페이지)

그림 2.5 MICA MOTE

모드간의 간격 등)에 따라 다르지만 알카리 AA형 건전지 2개로 수일에서 10일 정도 동작할 수 있다.

발매 당시, MICA MOTE는 제품에 대한 본격적인 지원 서비스가 일절 없고 단지 하드웨어를 제공하는 것에 지나지 않았지만, 한편으로 MICA MOTE를 컨트롤하기 위한 오퍼레이팅 시스템인 TinyOS가 오픈소스 프로젝트 형식으로 존재하고 있었고 TinyOS 관련 메일링 리스트 형태로 많은 기술적인 정보를 제공하여 왔다. MICA MOTE에는 하드웨어적으로 눈에 띄는 특징은 적지만 센서 네트워크의 개발 사례로서 성공적인 성과를 거두고 있는 배경에는 이러한 TinyOS가 존재하기 때문이다. 아래에서는 TinyOS에 대해 조금 상세하게 설명할 것이다.

2.3.2 TinyOS의 설계

TinyOS는 MICA MOTE와 같이 하드웨어적인 기능이나 성능이 매우 제한적인 센서를 위해 제안된 오퍼레이팅 시스템(OS)이다 [2.2]. 다만 UNIX 등과 같은 범용적인 OS에 비하면 TinyOS의 기능은 제한적이고 실제로는 임베디드 시스템용의 모니터 프로그램에 가깝다. 일반적으로 센서용 OS는 범용 OS에 비해 요구 조건상 다음과 같은 다른 점이 있다.

① OS의 제어 대상인 시스템(즉 센서 네트워크 시스템)의 최대 목적은 외부 상태를 측정하는 것이다(범용 OS는 문자 그대로 범용 시스템이다).
② 표시장치 등이 없기 때문에 측정한 데이터는 별도의 장소나 장치에 송신할 수밖에 없다(범용 OS는 기본적으로는 독자적(stand alone)으로 동작한다).
③ 하드웨어 자원, 특히 CPU/메모리/이용 가능한 에너지(즉 전력량)가 매우 제한적이다.
④ 측정이라는 목적은 정해져 있지만 다양한 환경에서 이용될 수 있다.

①과 ②의 조건으로부터 통신수단을 통해 측정요구를 받거나 또는 자발적으로 외부환경을 측정하는 것이 OS 상에 구현되는 프로그램의 주요한 임무가 된다. 요구하는 측도 센서가 여러 개 이기 때문에 이것을 처리하는 프로그램도 여러 개가 된다. OS의 주요한 임무는 이러한 동시 병렬적으로 진행되는 다양한 처리를 교통정리하고 하드웨어 자원을 유용하게 사용하는 것이다. TinyOS의 계산 모델은 이러한 장점을 최대한 살려서 설계되어 있다.

③과 ①의 조건으로부터 목적에 따른 형태로 통상의 OS가 가진 기능을 축소시킬 필요가 있다. 구체적인 예로는 임의의 프로그램을 동적으로 로드하여 실행할 필요가 없기 때문에 커널 공간을 보호하는 것과 같은 범용 OS에서는 가장 중요한 기능이 없다. 또한 사용자가 직접 이용하는 시스템이 아니기 때문에 사용자라는 개념도 없고 사용자간의 보호 기능도 없다.

마지막으로 조건 ④에 대해서는 나중에 설명하겠지만, 소프트웨어를 모듈화하기 쉬운 계산 모델을 구현하는 것으로 어플리케이션이나 이용하는 분야 등에 맞춘 모듈의 조합이나 하드웨어화가 손쉽게 가능하도록 되어 있다.

2.3.3 TinyOS의 계산 모델

TinyOS에서의 어플리케이션 프로그램은 모듈(module)이라 불리는 소프트웨어적인 부품끼리 접속한 그래프(graph)형태로 표현된다(그림 2.6). 모듈 간의 접속, 즉 그래프의 에지(edge)를 인터페이스(interface)라 하며 이 인터페이스는 상방향성을 가진다. 인터페이스를 외부에 나타내는(제공하는) 측의 모듈과 그것을 이용하는 측의 모듈이 있다고 하면 이용하는 측의 모듈로부터의 호출(과 값의 리턴)을 커맨드(command)라 하고, 역방향으로부터의 호출을 이벤트(event)라 한다. 프로그램의 실행은 모듈 내의 실행 및 커맨드와 이벤트에 의한 모듈간의 정보 송수신에 의해 진행된다.

모듈 내 실행과 그것에 의해 호출되는 커맨드의 실행과 같은 일련의 처리는 태스크(task)라 하는 개념으로 추상화된다. TinyOS에서는 여러 개의 태스크를 병렬적으로 실행시킬 수 있다. 다만 범용 OS상의(프로세스(process) 등으로 불리는) 병행 실행 단위와 TinyOS의 태스크는 다음과 같은 점에서 크게 다르다. 즉 태스크는 일단 실행을 시작하면 그 실행이 종료될 때까지 서스펜드(suspend)되지 않고 끝까지 수행된다(이것을 run-to-completion이라 한다). UNIX에 있어서 sleep()이나 read()와 같이 실행이 서스펜드되는 시스템콜(system call)은 존재하지 않는다. 따라서 TinyOS의 태스크는 정확하게는 병행 실행의 단위가 아니라 일련의 의미있는 작업 덩어리를 나타내는 것이다. 또한 태스크는 그 실행 중에 다른 우선순위가 높은 태스크에 의해 실행이 중단되지 않는다(이러한 성질을 no-preemtion이라 한다). 그렇기 때문에 실행 시간이 긴 태스크를 실행하면 다른 태스크의 실행은 오랫동안 대기상태가 된다.

서스펜드되거나 긴급하게 처리되어야 하는 프로그램들은 이벤트를 이용하여 기술한다. 이벤트는 하드웨어에 있어서 인터럽트(interrupt)에 해당한다. 모듈 그래프의 최하층에는 하드웨어가 존재하고 하드웨어에서 어떤 조건이 되면 인터럽트를 발생시킨다. 이 인터럽트에는 이벤트 인터페이스가 접속되어 있어서 이벤트 인터페이스를 이용하는 측의 모듈 내에 정의되어 있는 코드(code)가 실행된다. 이벤트 인터페이스를 호출하는 것은 하드웨어 인터럽트나 또는 이벤트에 의해 기동된 코드 내에서만 가능하다. 즉 하드웨어 인터럽트를 계기로 그래프 상의 아래에서부터 윗 방향으로 이벤트가 전달되어 가는 형태가 된다. 또한 이벤트의 코드 내에서도 커맨드를 호출할 수 있다.

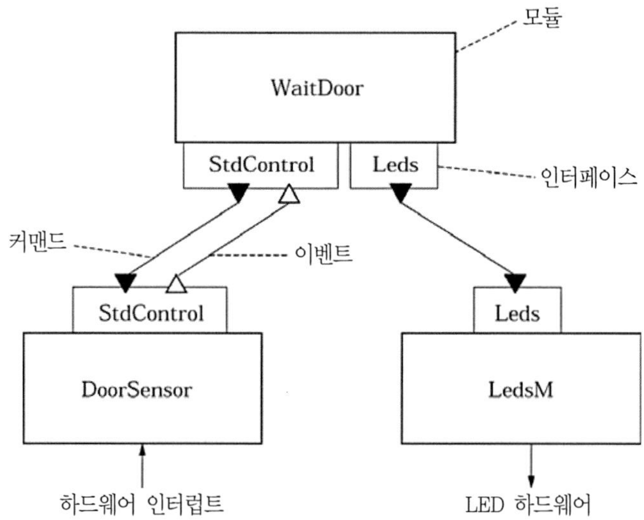

그림 2.6 모듈의 구성 예

이벤트도 당연히 run-to-completion으로 실행되며 한꺼번에 수행된다. 이벤트 중에 시간이 걸리는 처리를 수행해야 하는 경우에는 태스크를 새로 생성한다. 이벤트의 실행이 종료되면 이벤트가 발생하기 직전에 실행 중이던 태스크가 계속해서 수행된다. 이 태스크의 실행이 끝나면 이벤트에서 새로이 발생시킨 태스크가 실행된다(이외에도 태스크가 존재하는 경우에는 그 태스크가 이벤트에서 새로 발생된 태스크보다 먼저 실행될 가능성도 있다).

예를 들면 앞서 설명한 계산 모델을 사용하여 대문의 개폐를 센싱하는 마이크로 스위치가 ON으로 되면 LED가 점등되는 프로그램을 기술하면 다음과 같다.

① WaitDoor 모듈로부터 DoorSensor 모듈의 커맨드 start()를 호출하여 센서의 감시를 시작하도록 하고 자신의 실행은 종료한다.

② DoorSensor 모듈의 이벤트 인터페이스에는 하드웨어 인터럽트가 접속되어 있다. 도어 센서가 ON이 되면 인터럽트가 발생하고 DoorSensor 모듈의 이벤트가 실행된다.

③ 그 이벤트에서 WaitDoor 모듈의 이벤트 fired()를 호출한다.

④ WaitDoor 모듈은 이벤트 fired()가 호출되었기 때문에 도어 스위치가 ON이 되었다고 판단하여 LED의 모듈(LedsM)의 redOn()을 호출한다.

이와같이 본체의 실행은 이벤트 호출을 설정한 후 자신은 종료해 버리고 그 후에는 이벤트가 기점이 되어 연쇄적으로 처리가 진행되어 간다. 이것을 이벤트 구동형 계산이라 한다. 한편 통상적인 순차 실행형 계산방식에서는 외부사건이 발생하기를 대기하는 것이 기본이다. 예를 들면 UNIX에 있어서 read() 시스템 콜은 디스크로부터 메모리로 데이터가 읽혀져 저장되기까지 대기한다. 센서로부터의 인터럽트를 중심으로 하는 병행적인 처리를 기술하기 위해서는 이벤트 구동형 계산방식이 적합하다. 또한 순차 실행형 방식에서는 대기 상태가 아닌 경우에 발생한 외부 사건의 메모리를 저장해 둘 필요가 있으나 이벤트 구동형 방식에서는 즉시 처리해 버리기 때문에 사용할 수 있는 메모리양이 적어도 괜찮다. 또한 "대기 상태"에 대한 처리가 OS의 구현상 메모리양이나 CPU부하를 많이 주기 때문에 이러한 점에서도 이벤트 구동형 방식이 유리한 편이다.

TinyOS의 이와 같은 설계 철학은 OS를 경량화하기 위한 목적이 있지만 하드웨어와의 궁합도 고려한 것이다. 여러 모듈이 커맨드와 이벤트라는 어떤 신호 형태로 접속되는 모양은 하드웨어 부품의 배선과 유사한 형태로 되어 있다. TinyOS에서는 하드웨어 비용이나 기술수준에 맞춰서 모듈의 일부 기능을 하드웨어로 대체해 둘 수가 있다.

커맨드와 이벤트라는 인터페이스를 따르는 한 모듈이 소프트웨어로 구현되거나 하드웨어로 구현되어도 상관이 없기 때문이다.

2.3.4 TinyOS용 프로그램 언어: NesC

TinyOS에서의 어플리케이션은 앞서 기술한 계산 모델에 따르지 않으면 안된다. 프로그램 언어 NesC [2.3]을 이용하면 그러한 계산 모델을 따르는 프로그램을 손쉽게 작성할 수 있다. NesC는 C언어를 확장한 언어로서 지면 관계상 NesC의 상세한 부분은 설명하기 어렵고, 다만 앞서 살펴본 예제를 구현하는 NesC 프로그램의 일부를 나타내는 것으로 대신한다.

```
 1:module WaitDoor{
 2:  provides{
 3:    interface StdControl;
 4:  }
 5:  uses{
 6:    interface SensorControl;
 7:    interface Leds;
 8:  }
 9:} implementayion{
10:    command result_t StdControl.start(){
11:      call SensorControl.start(){
12:      return SUCCESS;
13:    }
14:    event result_t SensorControl.fired(){
15:      call Leds.redOn();
16:      return SUCCESS;
17:    }
18:  }
```

주의 : 이 리스트는 설명용이기 때문에 이 자체로는 실행될 수 없다.

1행에서 8행까지는 모듈명의 선언과 모듈에서 제공하는 인터페이스 및 모듈에서 이용하는 인터페이스를 선언하는 부분이다. 여기서 인터페이스는 별도로 정의되어 있다고 가정한다. 9행 이하는 모듈의 실행 부분이다. 10행에서 13행까지는 이 모듈에서 제공하는 인터페이스 StdControl 내의 start()라는 커맨드를 정의하고 있다. 이 커맨드를 호출하면 SensorControl 인터페이스의 start() 커맨드를 실행한다. 여기서 call은 커맨드의 실행을 의미한다. 14행에서 17행까지는 SensorControl 인터페이스의 이벤트 fired()를 정의하는 부분이다. 이벤트는 인터페이스를 이용하는 측에서 정의하는 것에 주의하기 바란다. 이 이벤트가 실행되면 Leds 인터페이스의 redOn() 커맨드가 호출되어 붉은 LED가 점등된다.

또한 이 예제는 WaitDoor 모듈만을 정의하는 코드이다. 앞서 기술한 리스트의 6행에서는 WaitDoor가 SensorControl와 Leds라는 2개의 인터페이스만을 사용한다는 것이 표현되어 있다. 실제로는 이와 같은 인터페이스를 제공하는 모듈은 많이 있고 어떤 모듈과 인터페이스(여기 예제에서는 DoorSensor 모듈의 SensorControl 인터페이스)를 이용하고 있는가는 configuration이라고 하는 부분에서 별도로 지정한다. 이것은 말하자면 그림 2.6의 내용을 의미한다고 할 수 있다.

NesC에는 이외에도 몇 개의 특징이 있으며, 그 중 하나는 TinyOS 특유의 커맨드와 이벤트라는 복잡한 병행계산 모듈을 지원하기 위해 모듈간의 공유변수의 경합회피 기능이다. 변수경합은 예를 들면 어떤 변수에 1을 더하는 동작을 하는 중에 인터럽트(이벤트)가 발생하여 그 변수가 원래 의도했던 값이 아닌 다른 값이 입력되는 경우에 발생한다. 인터럽트에서 되돌아오면 원래 가산동작이 계속되기 때문에 인터럽트 처리 중에 대입된 값에 의해 덮어 쓰기가 되어 버린다. 이러한 상황을 피하기 위해서 그러한 것이 발생될 것으로 예상이 되는 곳을 컴파일러가 검출해 경고하거나 프로그램이 인터럽트를 일시적으로 금지하게 된다.

2.3.5 TinyOS에 있어서의 통신방식

센서 노드간의 통신에 대해서 과연 TCP와 같은 신뢰성 있는 접속이 필요한지, 아니면 데이터 링크만으로도 충분한 것인지에 대해서도 아직 명확하게 정해진 바는 없다. 그렇기 때문에 TinyOS에서는 유연성을 가진 단순한 통신 기능만이 제공되고 있으며 그 상위에는 어플리케이션마다 필요한 네트워크를 가상적으로 구축할 수 있도록 되어 있다.

TinyOS의 통신방식을 Tiny Active Message라고 하며 이 방식은 이웃 노드간의 통신방식과 그 패킷 형식만이 정해져 있다(그림 2.7). 그림에서 address는 사전에 결정된 노드의 주소 또는 브로드캐스트 주소를 지정할 수 있다. 각각의 노드는 그룹에 소속되어 있으며 이 정보는 group이라 되어 있는 부분에 지정해 둔다. 그룹이 서로 다른 노드끼리는 브로드캐스트를 이용해도 통신을 할 수가 없으며, 그룹을 이용하여 같은 지역 내에 설치된 센서 노드들은 가상적으로 분할할 수가 있다.

address (16bit)	type (8bit)	group (8bit)	length (8bit)	data	CRC (16bit)

그림 2.7 Tiny Active Message의 패킷 구조

type은 Tiny Active Message의 가장 특징적인 부분이다. type 값마다 미리 이벤트를 정의해 둘 수가 있으며 패킷이 수신된다면 해당 이벤트가 호출되도록 할 수 있다. 즉 TinyOS에서는 통신 패킷을 노드 간에 걸친 이벤트를 이용하여 처리한다. 인터넷 등에서 일반적으로 이용되고 있는 클라이언트-서버 시스템에서는 서버가 클라이언트로부터의 요청을 대기하고 있어야 한다. 한편 Tiny Active Message에서는 패킷 내에 그것을 처리하기 위한 정보(즉 이벤트 type)가 포함되어 있고 수신측에서 기다리고 있을 필요는 없다. 패킷이 도착하면 즉시 이에 대응하는 이벤트를 실행할 수 있게 되어 있다.

2.3.6 MICA MOTE와 TinyOS의 전망

MICA MOTE는 센서 네트워크의 붐(boom)에 불을 지핀 역할을 한 스마트 더스트의 흐름을 흡수하여 처음부터 하드웨어와 소프트웨어를 개발해 왔기 때문에 TinyOS용의 다양한 소프트웨어가 개발되어 있다. 예를 들면, MOTE가 수신한 데이터를 PC 화면에 그래픽컬하게 표시할 수 있는 Oscilloscope, SQL과 동일한 신택스로 센서 네트워크로부터 실시간으로 데이터를 수집할 수 있는 TinyDB [2.4], 오픈 소스 데이터베이스 시스템인 PostgreSQL에 접속할 수 있는 도구, 상용 신호 처리 소프트웨어인 Matlab에 접속 가능한 도구, 보안을 고려한 통신을 위한 TinySec [2.5] 등이 제공되고 있다.

또한, TinyOS의 개발팀은 Web을 통해 적극적으로 보급 활동을 하고 있다. 그들은 TinyOS를 오픈소스로 개발할 수 있도록 하면서 MICA MOTE와 TinyOS의 문제점을 매일 발견하고 개선해 나가고 있다. TinyOS의 메일링 리스트에 가입하면 매일같이 개발자들로부터 피드백 커맨트들을 받아 볼 수 있다. 예를 들면 실내 에너지의 이용 관리나, 환경 모니터링을 사용하고 있는 현장으로부터 인터랙티브하게 실시간 데이터에 액세스하기 위한 방법에 관한 문제점들이 나타나거나, 소위 유비쿼터스와 연관된 문제들이나, 그리고 MICA MOTE가 구성하는 네트워크의 관리 방법, 프라이버시나 시큐리티 등의 새로운 과제들에 대한 논의가 되기도 한다. 또한 자연환경에 있어서 생물의 생태조사에 이용된 예로는 가혹한 자연 환경 하에서도 견뎌낼 수 있는 패키징 방법들, 여러 가지 도구들, 노드의 수명 향상, 파워 관리, 관측 대상의 예측 가능성의 검토, 장기간 데이터 분서의 의미, 원격 관리/보수, 지연을 극복할 수 있는 네트워크에 관한 과제 등이 논의되고 있다.

지금까지 센서 네트워크에 관한 연구에 있어서 대부분의 경우에는 각 어플리케이션의 최하층의 제어 소프트웨어까지 모든 부분을 구현해 왔다. 하지만 센서 시스템은 앞서 요구조건에서 나타낸 것과 같이 범용 시스템과는 다른 특수한 시스템으로 이것을 각 어플리케이션마다 최하층까지 구현한다는 것은 비용적인 면에서 많은 부담이 되는 부분이다. TinyOS는 하나의 노드에서 가장 기본적인 부분의 소프트웨어를 공통화한 것으로 이를 통해 시스템 구축비용의 일부가 크게 경감된다고 할 수 있다.

센서들을 위한 OS분야에 있어서도 연구과제는 많이 남아 있는 상태이지만 앞으로는 이러한 노드들을 연계시키기 위한 분산 OS 내지는 분산 미들웨어 분야로 연구가 진행되어 나갈 것으로 생각된다. 이것은 앞서 말한 것처럼, 센서 노드들에서는 의미 있는 작업을 할 수 없기 때문이다. 이러한 연구의 한 예로는 센서 네트워크 전체에 분산되어 있는 리소스의 스케줄링에 대한 것을 들 수 있다. 노드간의 전원 잔량의 차이를 평균화하는 처리를 배분하는 기술이나 계산과 통신 에너지 비용을 고려하여 계산량과 통신량을 최적으로 배분하는 기술 등이 이에 해당한다. 또한 제3장에서 상세하게 기술하겠지만 센서 네트워크에 있어서 데이터의 발견/수집과 라우팅은 밀접한 관계가 있으므로 이를 효과적으로 수행하기 위한 연구 등도 중요하게 될 것이다.

MICA MOTE는 시제품들을 조합하기만 하는 부품구성으로 센서 네트워크를 실현한 것이지만 하드웨어를 동작시키기 위한 개발환경을 오프소스로 개발하여 세계 각국에서 판매하고 동시에 분야가 다른 연구자들에게도 적극적으로 사용할 수 있도록 하여 커뮤니티를 확대해 나가면서 지금에 이르게 되었다. 또한 MICA MOTE를 판매하고 있는 Crossbow사도 지금까지는 연구자들을 대상으로 판매를 확대해 왔다. 나중에 기술하겠지만 많은 라이벌 시스템들이 등장하고 있어서 앞으로는 환경 모니터링이나 FA분야 등에 본격적인 진출을 노리고 적극적으로 판매활동을 진행해 나가고 있다. 센서 네트워크의 관계자로서 그들의 연구 활동과 보급 활동에서 배울 점이 많다.

MICA MOTE는 책을 집필하고 있는 시점에서도 다양한 진화를 계속하고 있으며 "MOTE on a chip"이라는 MICA MOTE 기능을 원칩 LSI화하여 철저한 저전력화를 목표로 하는 프로젝트도 진행되고 있다(그림 2.8). MICA MOTE와 TinyOS의 앞으로 동향은 크게 주목할 필요가 있다.

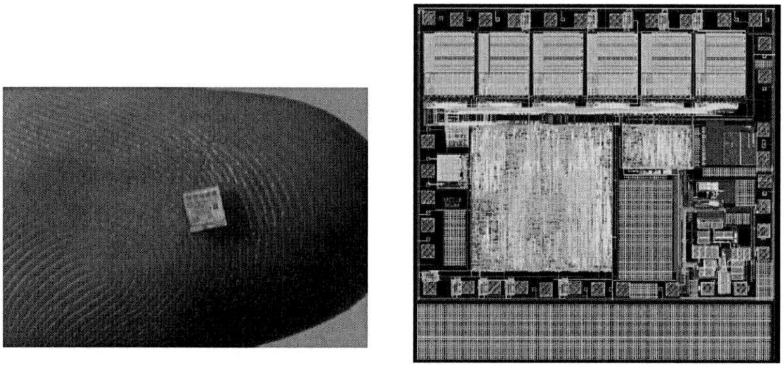

(출전 : http://www.terminodes.org/mics/Workshop03/PDP/02-RobSzewczyk.pdf)

그림 2.8 원칩 MOTE

또한, TinyOS를 개발하고 있는 UC 버클리 대학교의 연구팀에서는 박사 과정 학생이 중심이 되어 MOTEiv라는 회사를 설립하여 TinyOS가 동작하는 오리지널 하드웨어 Telos의 제공도 이미 시작되고 있다(그림 2.9). Telos는 마이크로프로세서에 Texas Instruments사의 MSP430(8MHz)이 사용되고, 무선모듈에는 Chipcon사의 CC2420(ZigBee 대응무선모듈)을 이용한 하드웨어이며 TinyOS는 Telos를 정식적으로 지원하고 있다. TinyOS의 Web사이트에서는 Telos에 대응한 TinyOS를 릴리즈하고 있으며 Telos를 이용하여 ZigBee를 통한 센서 네트워크 시스템의 구축이 가능하게 되어 있다. Telos는 지명도 면에서는 MICA MOTE보다 못하지만 TinyOS를 개발하고 있는 팀에서 제공하는 하드웨어라는 점에서 주목받고 있다.

(출전 : http://www.moteiv.com)

그림 2.9 Telos

2.4 i-Bean

i-Bean [2.6]은 MillenialNet사에 의해 제공되고 있는 센서 네트워크 시스템이며, 가능한 범용적인 플랫폼을 목표로 하는 MICA MOTE와는 약간 다른 입장에서 설계된 센서 네트워크 플랫폼이다. i-Bean은 "센서 네트워크는 매우 어플리케이션에 특화시켜 설계해야 한다."라는 아이디어를 바탕으로 낮은 비트레이트(bit rate)의 데이터를 대상으로 하는 어플리케이션(예를 들면 환경 모니터링 등)에 타깃을 두고 개발된 플랫폼이다. 그들은 이러한 어플리케이션에서는

① 정기적인 샘플링 처리(임의의 일정 간격으로 데이터 측정)
② 방범알람이나 화재경보 등의 이벤트 데이터의 처리
③ 측정 데이터의 센서 네트워크 내에서의 처리(예를 들면 온도의 평균치를 구하는 처리 등)를 포함하는 데이터의 축적과 전송

등의 3가지가 가장 많이 사용되는 처리들이라 결론짓고 이와 같은 처리들을 지원할 수 있는 i-Bean을 설계하였다.

기술적인 면에서 i-Bean의 가장 특징적인 것은 스타-메쉬(Star-Mesh)형 토폴로지라는 네트워크 토폴로지를 채용하고 있다는 점이다. i-Bean에서는 MICA MOTE와 같이 모든 디바이스가 동일한 역할을 가진 것이 아니고 엔드 포인트(Endpoint) 노드, 리피터(Repeater) 노드 및 게이트웨이(Gateway) 노드 등의 3가지 노드들이 자신의 역할을 각자 부담하여 동작한다(그림 2.10). 엔드 포인트 노드는 배터리로 구동되고 주로 센싱 처리를 수행하며, 측정한 데이터를 리피터 노드로 송신한다. 리피터 노드는 엔드 포인트로부터 송신된 데이터를 멀리 있는 리피터 노드나 게이트웨이 노드에 재송신하는 역할을 담당하고 있다. 게이트웨이 노드는 측정 데이터의 최종적인 출입구이며 PC등을 통해 인터넷 등으로 데이터를 송출하는 역할을 한다. 그런데 i-Bean에서는 리피터 노드나 게이트웨이 노드는 전력 사정이 좋은 환경(예를 들면 AC 전원 등에 의해 전원 공급이 가능한 환경)에 있다고 가정한다. 이러한 전제 조건은 예를 들어 공장이나 빌딩 등에서 센서 네트워크의 구축을 고려하는 경우라면 충분히 타당성 있는 조건이고 이러한 관점에서도 i-Bean은 응용 영역을 어느

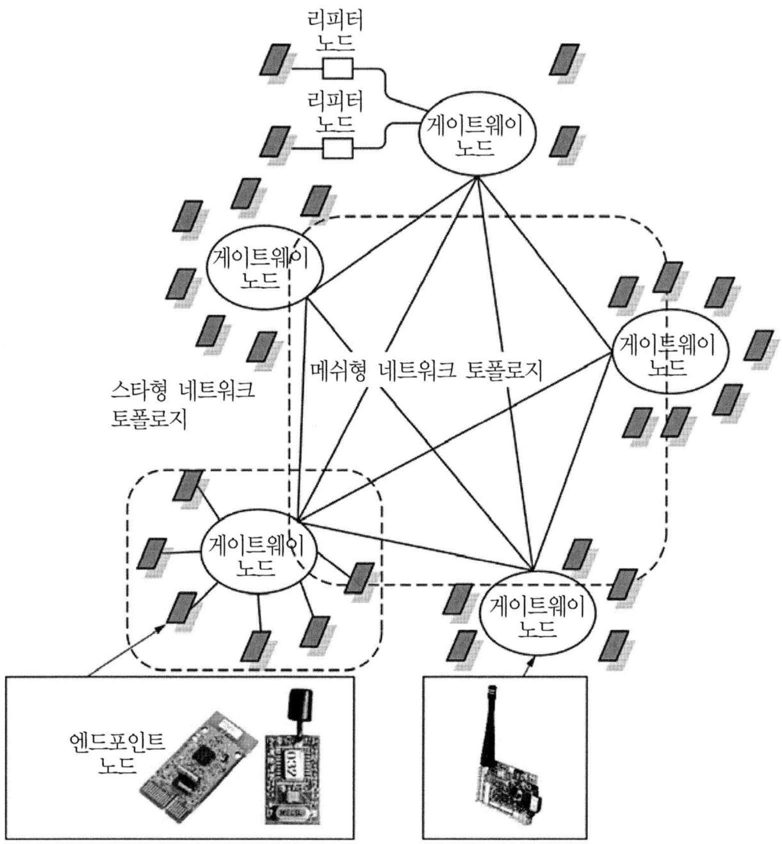

(출전 : http://www.millennial.net/)

그림 2.10 i-Bean 네트워크

정도 한정하여 설계된 것이라고 여길 수가 있다. 리피터 노드나 게이트웨이 노드에 전원 공급이 가능하다는 전제 조건을 둔다면 센싱을 수행하는 엔드 포인트 노드의 소비 전력을 매우 적게 사용할 수 있다. 그 이유는 엔드 포인트 노드는 센싱한 데이터를 이웃한 리피터 노드에 전달하기만 하면 되기 때문에 측정해야 하는 데이터만를 측정하여 리피터 노드에 전달하고 그 후에 슬립 상태로 전환할 수 있기 때문이다.

예를 들면 엔드 포인트 노드가 1분마다 1회 측정을 수행한다고 하면 측정 동작과 리피터 노드까지의 통신처리 시간이 1초도 걸리지 않을 것이기 때문에 나머지 59초간은 슬립 상태로 전환해 있을 수 있다. 2.2절에서도 기술한 것처럼 센서 네트워크 하드웨어는 슬립(sleep) 상태에 있을 동안에는 거의 전류를 소비하지 않기 때문에 동전형 리튬 전지 만으로도 수년동안 동작시킬 수가 있다. 이에 비해 MICA MOTE와 같은 시스템에서는 센서 네트워크를 구성하는 각각의 노드가 센싱, 통신, 라우팅 등을 수행해야하기 때문에 소비 전류를 i-Bean만큼 적게 하기는 어렵다. 즉 i-Bean은 노드의 역할 분담을 명확하게 하여 MICA MOTE와 같은 멀티홉(multi-hop) 통신을 수행하지 않고도 리피터 노드로의 원홉(one-hop) 통신을 수행할 수 있어서 초저전력 소비를 실현할 수 있는 점이 특징이다. 한편, MICA MOTE라면 메쉬 형태의 네트워크를 구성할 수 있기 때문에 어느 노드가 고장이 나도 데이터의 전송하기 위한 대체 경로를 확보할 수 있지만, i-Bean에서는 스타/메쉬형 토폴로지만 가능하기 때문에 어떤 리피터가 고장이 나면 경우에 따라서는 센싱한 데이터를 제대로 송수신하지 못하기 때문에 네트워크의 신뢰성에 관해서는 MICA MOTE보다도 뒤떨어진다.

i-Bean의 설계방식을 살펴보면 MICA MOTE보다 후발주자여서 그렇기도 하지만 여러 가지 문제들에 대한 해결방안에 열중하고 있으며, 특히 어플리케이션을 제한하는 접근방식은 매우 흥미롭다. i-Bean이 앞으로 어떠한 발전을 선보일 것인가에 대해서는 아직도 의문점들이 많이 있지만 앞으로의 발전에 주목해 볼만할 것이다.

2.5 마이크로 노드(Micro-Node)

센서 등의 소형 조립 장치를 PC(personal computer)를 통하지 않고 인터넷에 직접 접속하여 특정 어플리케이션을 자율적으로 동작할 수 있는 노드가 마이크로 노드이다. 이러한 마이크로 노드를 이용함으로써 네트워크의 발전에 따라 누구든지 목적에 알맞은 센서 네트워크 서비스를 구현할 수도 있지만, 본래의 서비스를 제공하기 위해서는 PC를 서버로 운용해야만 하였다. 예전에도 각종 정보를 자동적으로 전기 신호로 변환하여 처리하는 기술이 있었고, 이러한 두 기술들을 연관 지어 서비스에 필요한 정보를 자동 변환하는 기술과 인터넷을 통해 데이터를 송수신하는 기술을 융합한 것이 마이크로 노드의 특징이다.

표 2.2 HotNode의 실제 구현 사양

CPU	DS80C390/40(8bit)
코드 크기	Kernel 200KB(OS+JVM+Network) IPv4: 7KB IPv6: 19KB Common: 19KB(TCP/UDP/socket) JAVA(Classes + httpd + telnetd + ftpd): 300KB Kernel work area: 11KB Kernel buffers(mbuf like) 23KB
성능	Data transfer by FTP(on-link) IPv4: 28KB/s IPv6: 28KB/s

마이크로 노드를 구현한 예로 표 2.2와 같이 8비트 CPU에 IPv4/v6 듀얼 스택(dual stack), UDP 및 TCP 프로토콜 라이브러리들을 탑재하고 거기에다가 어플리케이션으로 Java를 지원하는 플랫폼이 개발되어 있다.

인터넷을 센서 네트워크의 구성요소로 인식하여 마이크로 노드와 같은 센서 노드들을 접속한다는 의미는 다음과 같다.

(1) 국제 표준(Global Standard)

인터넷은 세계에서 가장 널리 보급되어 있는 글로벌한 네트워크이다. 인터넷에 대한 사양은 IETF(Internet Engineering Task Force)에서 표준화를 진행하고 있다. 표준화된 사양은 항상 공개되어 있으며 누구든지 그 사양에 근거한 코드를 개발하여 이용할 수 있다.

(2) 정보 시스템으로서 연계 동작

IP는 널리 보급되어 있는 프로토콜이고 더욱이 물리층에 의존하지 않기 때문에 빛이나 무선 등의 다양한 물리층의 인프라상에서 운용되고 있다. IP의 상위층인 트랜스포트층의 TCP나 UDP와 함께 널리 사용되고 있다. 또한 HTTP에 의한 WWW는 인터넷상에서 가장 널리 보급된 어플리케이션이다.

(3) 통신비용의 감소

공중전화 회선이나 전용선을 이용하여 광역적으로 분산 배치된 각 노드에 접속하기 위해 필요한 통신 접속료가 큰 부담이 되었다. 하지만 인터넷은 통신 회선을 점유하지 않고 다른 통신과도 함께 이용할 수 있기 때문에 매우 저렴한 가격으로 통신 네트워크를 구축할 수 있다. 특히 한국과 일본은 현재 세계에서 가장 인터넷 접속을 저렴하게 이용할 수 있는 나라들 중 하나이다 [2.7].

인터넷 관련 기술은 발전 속도가 매우 빠르고 그러한 기술을 사용하는 제품과 서비스들도 많이 등장하고 있기 때문에 비용절감 효과도 커서 상승효과를 발휘해 점점 더 발전해 나가고 있다. 인터넷에 센서노드를 접속시키는 것은 센서 네트워크에서 요구되는 네트워크로서의 요건인 광역성과 상시성을 충분히 만족시키는 것이다. 하지만 현재의 프로토콜인 IPv4(Internet Protocol Version 4)는 이용 가능한 글로벌 주소도 충분하지 않고 센서 네트워크의 다수성을 만족시킬 수 없다.

IP 네트워크는 최대 규모의 자율 분산 네트워크(Internet)로서의 실적을 가진 네트워크 구조이며, 그 중심적인 부분을 담당하고 있는 IP(Internet Protocol)는 엔드 투 엔드(end-to-end)로 어플리케이션을 구현하기 위한 프로토콜로서 널리 보급되고 있다. 특히 IPv6(Internet Protocol Version 6)는 차세대 프로토콜로서 논의와 연구가 진행되고 있으며 현재의 프로토콜인 IPv4의 문제점(그 중에 하나가 주소의 고갈)을 해결하면서 또한 인터넷의 장래 발전을 보증하는 기술로서 기대되고 있다.

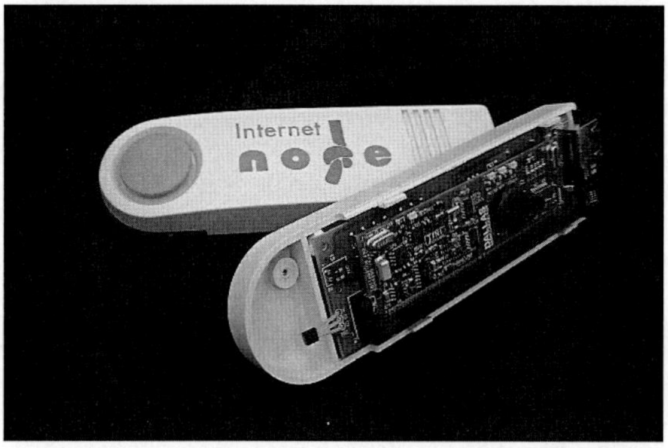

(출전 : http://www.i-node.co.jp/)

그림 2.11 HotNode 사진

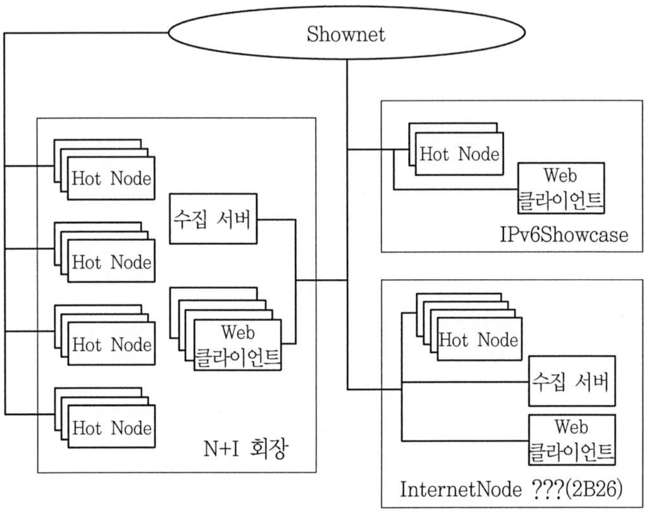

그림 2.12 HotNode에 의한 온도 모니터링 시스템

IPv6을 활용함으로써 센서 네트워크에서 요구되는 네트워크로서의 요건 중에 IPv4에서 문제가 되었던 다수성을 폭넓은 주소 공간이 제공됨으로써 해결할 수 있다. 아울러 플래그 앤 플레이(plug and play)에 의한 편리한 운용, IPsec에 의한 보안성을 확보할 수 있는 구현 등이 가능해져, 그 결과로 NAT (Network Address Translation)와 전용 주소(private address)를 이용하는 전용 인터넷에 의한 점대점(end-to-end) 통신이 가능해져서 통신비용의 절감, 정보 시스템으로써 연계 동작, 기술 혁신의 혜택 등의 장점을 누릴 수 있게 된다. 이처럼 IPv6를 이용함으로써 대량의 센서 노드를 인터넷에 접속할 수가 있고 센서 네트워크를 글로벌하게 전개할 수 있다.

마이크로 노드의 어플리케이션으로는 100대 이상의 노드를 IPv6 네트워크로 접속하여 데이터를 수집할 수 있는 실증 데모가 2001년 6월 Networld+ Interop Tokyo 2001에서 발표되었다. 이는 온도 측정 기능을 가진 HotNode (그림 2.11)가 마이크로 노드의 실예로서 사용되었고, 인터넷이 전자 메일이나 Web 브라우저에 의해 WWW를 액세스한다는 가상(virtual) 정보를 처리하는 모델과 같이 회의 장소내의 온도측정과 같은 실제 정보를 인터넷으로 발신하는 모델에 적용한 실제적인 예이다. 좀 더 구체적으로 말하자면 회의 장소인 마쿠하리 멧세(일본 컨벤션 센터)내에 100대 이상의 HotNode를 분산 배치한

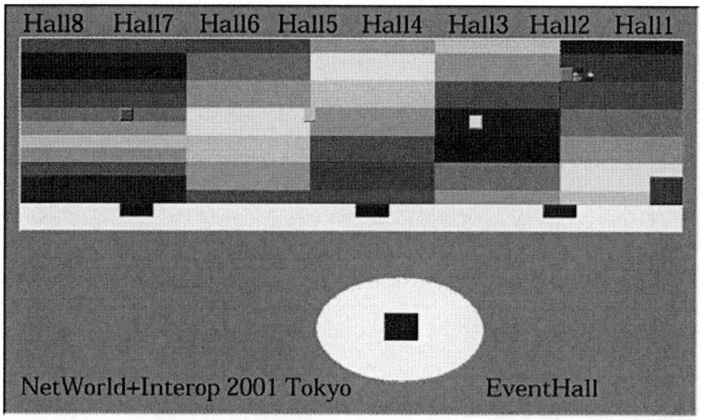

그림 2.13 Web에 공표된 온도 분포 화면

후 실내온도 데이터를 IPv6 네트워크를 통해 실시간으로 수집하고 수집된 데이터를 처리하는 시스템(그림 2.12)을 통해 온도 분포 화면(그림 2.13)을 Web 서버를 이용하여 인터넷 상에서도 액세스 가능하게 하는 시연이었다. 이 시연은 IPv6를 이용한 센서 네트워크에 대한 최초의 구현 실험이 되었다고 할 수 있다 [2.8].

차후의 마이크로 노드의 어플리케이션으로는 다음과 같은 것들이 계획되어 있어서, IPv6 네트워크를 이용한 실증 실험이 행해지고 있다.

① **건강관리 어플리케이션** : 시나가와현 후지사와시에서는 고령자의 건강관리 시스템을 위해 심박, 호흡수 등을 계측하는 침대 패드형 센서와 조명의 점등/소등을 알아내는 조도센서를 장착하고 전자 메일을 간단하게 송수신할 수 있는 소형 마이크로 노드를 제작하였다.

② **주거 환경 모니터링** : 사무실이나 주택 등의 주거 환경에서 온도, 습도, 조도에 대한 각각의 센서를 마이크로 노드로 만들어서 각 센서들로부터 센서 정보를 인터넷을 통해 모니터링 함으로써 쾌적하면서도 에너지를 절약하도록 에어컨을 제어할 수 있다 [2.9].

③ **시청률 모니터링** : 텔레비전 방송의 시청률은 매우 제한적인 모니터링 참가 가정에서의 시청 데이터를 조사 회사가 집계하여 산출해 왔지만 마이크로 노드를 응용한 적외선 리모콘 모니터 장치와 전용 적외선 리모콘을 조합하여 실시간적으로 시청 데이터를 센터에서 집계할 수 있다.

이러한 어플리케이션의 예들과 같이 마이크로 노드를 응용한 센서 네트워크의 발전은 연구개발의 목적뿐만 아니라 미래에 대한 사회적인 과제가 될 것이며 고령화 사회에 있어서의 건강관리, 지구환경 보호에 반드시 필요한 에너지 절약에 의한 CO_2 배출 기준의 달성, 텔레비전 시청에 따른 사회현상의 동향 파악 등 매우 중요한 어플리케이션들에 광범위하게 적용될 것이라고 예측된다.

2.6 SmartIts

SmartIts란, EU가 연구지원하여 영국의 랭캐스터 대학, 스위스 연방공과대학(ETH), 독일의 칼스루에 대학을 중심으로 전개된 연구 프로젝트명이다 [2.10]. SmartIts 프로젝트의 목표는 CPU와 통신기능을 탑재한 작고 눈에 띄지 않으면서도 저렴한 조립형 소형 디바이스를 개발하는 데 있었다. 이 디바이스들을 신체 주위의 여러 곳에 부착시켜서 일상생활을 보다 풍부하게 하는 것을 목적으로 하고 있으며, SmartIts 자체로 개발한 디바이스를 센서 네트워크라고 하지는 않지만 그 목표를 살펴보면 애드혹으로 상호 접속된 센서 디바이스용 미들웨어의 개발이나 그것을 이용한 어플리케이션의 개발 등이 중점적으로 진행되고 있기 때문에 센서 네트워크적인 성격이 강한 연구 프로젝트라 할 수 있다.

(출전 : http://particle.teco.edu/)

그림 2.14 SmartIts 디바이스

SmartIts에서는 MICA MOTE와 같이 SmartIts 디바이스(그림 2.14)와 개발 도구를 공개하여 개발을 진행시키고 있다. 이러한 디바이스들은 칼스루에 대학과 스위스 연방 공과대학이 중심이 되어 개발하고 있으며 칼스루에 대학은 PIC 마이크로 컨트롤러와 RFM사의 미약 무선 모듈을 이용한 디바이스, 스위스 연방 공과대학은 AVR과 Bluetooth를 이용한 모듈 등을 개발하고 있다. 특히 칼스루에 대학이 개발한 디바이스는 MICA MOTE 등과 비교하면 매우 작아서 디바이스의 불가시성(invisibility)을 중요시하는 이른바 유비쿼터스 컴퓨팅을 위한 디바이스라 할 수 있다.

SmartIts 디바이스가 이와 같은 방식으로 설계된 이유는 SmartIts의 연구 프로젝트에서는 센서 네트워크 시스템과 그것을 이용한 어플리케이션을 실제 환경에서 동작시켜 봄으로써 다양한 과제를 명백하게 밝혀 보고자 하는 이유 때문이라고 할 수 있다. 실제로 그들은 의자, 컵, 펜 등 우리 주변의 다양한 사물에 SmartIts 디바이스를 부착시켜 실험하고 있으며 SmartIts로부터 얻어낸 실제 공간의 다양한 정보를 이용하여 사용자의 상황에 따른 서비스를 제공하는, 즉 상황 적응형 서비스(Context-aware Service)를 중점적으로 연구 진행하고 있다. 이러한 연구들의 진행방식을 살펴보면 알 수 있듯이 MICA MOTE는 단순히 센서 네트워크의 통신 프로토콜이나 오퍼레이팅 시스템에 대한 연구가 진행되고 있는 반면에 SmartIts에 대한 연구는 어플리케이션 측면이 매우 강한 방향으로 진행되고 있다.

2.7 SensorWeb

SensorWeb은 미국 NASA의 제트추진연구소(JPL: Jet Propulsion Laboratory)에서 수행되고 있는 센서 네트워크의 연구 프로젝트이다 [2.11]. SensorWeb은 우주, 심해, 깊은 숲속, 사막 등 인간이 쉽게 가 볼 수 없는 가혹한 환경에서 그 환경에 대한 시공간적인 변화를 계측하기 위해 센서 네트워크에 관한 기초기술의 개발을 목적으로 하고 있다. SensorWeb에서는 MICA MOTE나 SmartIts와 같이 네트워크 그 자체 또는 센서 네트워크의 어플리케이션에 초점이 맞춰져 있는 것이 아니라 센서 네트워크를 이용하여 분산형 계측 시스템을 어떻게 구축할 것인가에 주안점을 두고 있다. SensorWeb 프로젝트는 그림 2.15에 나타낸 것처럼 Micro Pod라 하는 소형 디바이스와 Botanical Pod라는 도시락 크기의 디바이스를 개발하고 있지만, 현재로서는 개발한 하드웨어를 이용하여 환경 변화를 계측하는 실험을 주로 수행하고 있는 것으로 보이며, 굳이 한 쪽으로 분류하자면 각종 실험 결과로부터 상향(bottom-up)식으로 분산형 계측 시스템을 구축할 때 요구되는 기술 과제들에 대한 방향을 모색하고 있는 것으로 보인다.

(a) Micro Pod (b) Botanical Pod

(출전 : http://sensorwebs.jpl.nasa.gov/)

그림 2.15 Sensor Web Pods

2.8 Pushpin Computing

Pushpin Computing은 MIT 미디어랩의 연구 프로젝트로 범용의 고밀도 센서 네트워크의 실험 플랫폼을 구축하기 위한 목적으로 진행되고 있다 [2.12]. 고밀도의 센서 네트워크는 스마트 더스트의 이미지에 가까운 개념이며 무수한 센서 네트워크 디바이스가 높은 밀도로 존재하고 있음을 나타낸다.

본래 이 프로젝트는 Paintable Computing이라는 연구 프로젝트를 기본으로 발전된 프로젝트이다. Paintable Computing이란 통신기능을 갖춘 무수의 미소한 컴퓨터 칩을 마치 페인트와 같이 여러 곳에 칠하여 두고 그 칠해 둔 무수한의 컴퓨터들에 의해 다양한 처리를 수행할 수 있는 새로운 분산 컴퓨팅 패러다임을 구축하기 위한 목적의 연구이다. 하지만 현재로서는 그러한 컴퓨터를 금방 만들어 내지는 못하기 때문에, Pushpin Computing 프로젝트에서는 현재 바로 사용할 수 있는 부품으로 최대한 작은 Pushpin 디바이스를 만들고 그 디바이스를 벽 등의 평면에 자유자재로 배치할 수 있도록 해서 Paintable Computing 개념에 가까운 시스템을 만들어 내고 있다.

Pushpin Computing에서 특징적인 것은 Pushpin 디바이스에 부착된 길이가 틀린 2개의 핀을 사용하여 벽 등과 같은 측면 공간으로부터 전원을 공급받을 수 있도록 장치를 구성해 놓았다는 점이다. 전원 공급의 원리는 매우 간단한데 벽면에는 폴리우레탄(절연체)과 알루미늄 상자(도체)를 계층적으로 쌓아 올려놓고 알루미늄 상자에 직류 전원을 접속한다. 그때 길이가 다른 2개의 핀을 벽면에 꽂으면 한쪽 핀은 전원에 다른 한쪽 핀은 그라운드에 접속되어서 디바이스에 전원이 공급되도록 한다(그림 2.16). 핀은 맨 앞부분만이 전류가 통할 수 있기 때문에 벽면 전원과 그라운드가 쇼트되지 않는다. 이렇게 전원 공급이 가능하게 함으로써 배터리의 소모를 신경 쓰지 않고도 통신 모듈이나 프로세서를 고속으로 이용할 수 있게 된다.

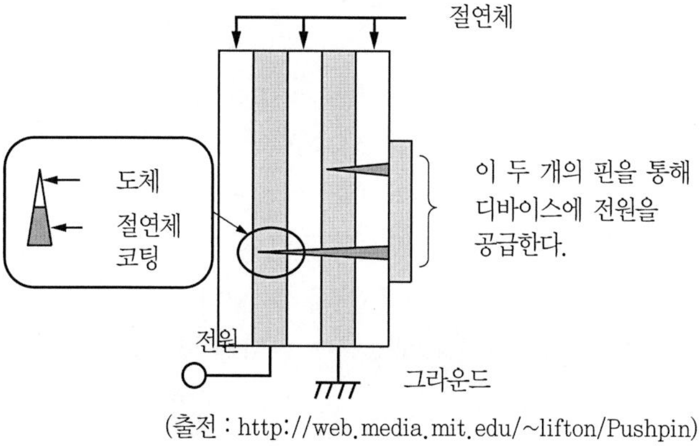

(출전 : http://web.media.mit.edu/~lifton/Pushpin)

그림 2.16 Pushpin

Pushpin Computing은 18mm×18mm 크기의 작은 보드상에 25MIPS 성능을 가진 프로세서를 탑재하여 이 보드 상에 필요한 통신기능, 센서/액추에이터 등을 쌓아 올림으로써 여러 가지 기능을 가진 Pushpin 디바이스를 만들 수 있게 되어 있다. 또한 Pushpin 디바이스에는 Bertha라고 하는 독자적인 오퍼레이팅 시스템이 탑재되어 있으며, Paintable Computing 프로젝트에서 개발된 프로그래밍 모델을 지원할 수도 있지만 상세한 부분에 대해서는 책의 범주를 벗어나기 때문에 여기서는 생략하도록 한다. 흥미가 있는 사람들은 관련 논문들을 참조해 주기 바란다.

2.9 U-Cube

U-Cube는 동경대학 연구팀이 중심이 되어 개발한 센서 네트워크 플랫폼이다. 센서 네트워크의 연구 개발을 위해 사용하는 것이 주요한 목적이다. 이러한 목적을 달성하기 위해 U-Cube는 하드웨어나 소프트웨어적으로도 다양한 실험에 유연한 대응이 가능하도록 설계되어 있다 [2.13].

U-Cube의 하드웨어적인 특징은 모듈화 된 하드웨어 기능을 다양하게 조합하여 구성할 수 있다는 점과 어플리케이션용과 통신용으로 각각 독립된 프로세서를 사용할 수 있는 점이다. 아무튼 필요한 하드웨어 기능이 필요할 때 확장할 수 있도록 전원기능, 무선 통신기능, 어플리케이션 CPU 기능, 센서 기능의 4가지 기능들이 각각 독립적인 보드로 구현되어 있다(그림 2.17). 예를 들면 태양전지를 이용하여 U-Cube를 구동하고 싶다면 태양전지 구동에 대응하는 전원보드로 교환할 수가 있으며, ZigBee 등의 새로운 무선 모듈을 사용하고 싶다면 통신부를 새로운 보드로 교환하는 것으로 가능하게 할 수 있다. 현재 U-Cube 구현의 예로는 50mm×50mm×50mm 크기의 아크릴 입체(정육면체) 체적 내에 앞서 말한 4종류 기능의 보드를 넣어 각각을 버스 커넥터로 연결해서 실현한 것을 들 수 있다. 전원 보드는 AA형 니켈 수조 충전지 3개를 이용하여 U-Cube내로 전원을 공급한다. 어플리케이션 CPU보드와 무선통신 보드에는 각각 PIC(PIC18F452)가 하나씩 탑재되어 있다. U-Cube의 메인 통신은 무선통신 보드에 탑재되어 있는 315MHz대의 RFM사가 만든 미약

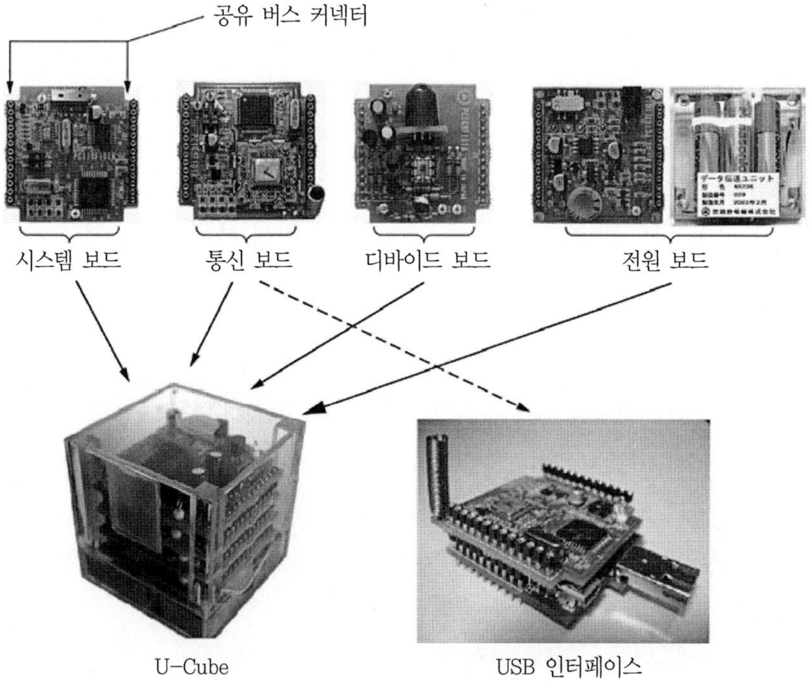

그림 2.17 U-Cube의 하드웨어

무선 모듈 TR3001을 통해 수행되며 이로 인하여 약 100Kbps 속도의 통신을 구현하고 있다. CPU보드에는 PC나 PDA 등과 쉽게 통신이 가능하도록 IrDA에 의한 적외선 통신 기능도 구비되어 있다. 센서 보드에는 조도센서, 온도센서 및 사람의 움직임을 알아낼 수 있는 모션센서를 탑재하고 있다.

2.2절에서 소개한 것처럼 센서 네트워크용의 프로세서나 무선 모듈은 많은 회사들이 신제품들을 판매하고 있으며 또 일반적으로 하드웨어를 처음부터 개발하기 위해서는 수 천만원에서 수 억원까지의 비용이 발생된다. 이러한 이유 때문에 U-Cube는 센서 네트워크의 주요한 기능을 모듈화 하여 하드웨어적인 변경을 할 수 밖에 없는 경우에 가능한 적은 비용으로 변경할 수 있도록 하고 있다.

U-Cube의 또 하나의 하드웨어적인 특징은 어플리케이션용 프로그램과 무선 통신용 프로그램이 독자적인 실행을 수행할 수 있도록 어플리케이션용과 무선 통신용으로 독립된 프로세서를 탑재하고 있다는 점이다. MICA MOTE

등의 많은 센서 네트워크 시스템에서는 하나의 프로세서로 통신, 센싱 또는 간단한 신호처리 등을 수행하고 있다. 물론 하드웨어 개발비용을 생각해야 하는 경우에는 하나의 프로세서로 맞추는 것이 바람직 하지만, 연구 개발용으로 센서 네트워크 시스템을 고려하는 경우에는 다양한 MAC 프로토콜이나 라우팅 프로토콜에 대한 구현 실험을 수행해야 할 필요가 있다. 특히 MAC 프로토콜 등은 하드웨어와 밀접하게 처리되어야 하기 때문에 오류정정 부호화 등을 포함한 처리를 빠르고 실시간적으로 수행해야 한다. 이와 같은 처리를 하나의 프로세서로 수행하려고 하면 이유를 막론하고 기교적인 구현을 할 수 밖에 없으며, 프로그램을 작성할 때에도 코드에 대한 철저한 분석이 어렵게 된다. 이러한 문제의식으로부터 U-Cube에서는 무선통신 전용 프로세서를 별도로 준비해서 통신처리와 어플리케이션의 처리를 독립적으로 할 수 있게 하드웨어를 설계해 두었다. 또한 현재 실제 하드웨어로 구현하는 경우에도 프로세서간의 통신을 위해 I2C라고 하는 프린트 기판내의 통신을 위한 통신규격을 이용하고 있다.

한편 소프트웨어에 대한 관점에서도 U-Cube는 마치 MICA MOTE의 TinyOS에 대응하는 PAVENET이라는 독자적인 소프트웨어 플랫폼을 개발해 두고 있다(그림 2.18). TinyOS에서는 그 개발 자체에 연구적인 요소를 다분히 포함하고 있지만 PAVENET은 TinyOS와는 달리 연구개발용 센서 네트워크 시스템을 지원하기 위해 소스 코드의 가독성과 재활용성에 중점을 두고 설계되어 있다. 이것은 연구개발용 디바이스에 있어서 다양하고 새로운 기능을 여러 시행착오를 거쳐 구현하거나 실험을 통해 수행하는 경우가 많기 때문에 새로운 소프트웨어적인 기능을 포함시키는 것을 가능한 간단하게 하도록 할 필요가 있다는 이유에 따른 것이다.

PAVENET은 무선 센서 네트워크용 어플리케이션 프로그램, MAC 프로토콜, 또는 라우팅 프로토콜 등의 개발을 지원하는 U-Cube SDK와, PC나 PDA 상에서 무선 센서 네트워크 관리나 그 외의 어플리케이션을 개발하기 위한 도구들인 베이스 노드 소프트웨어로 구성되어 있다.

U-Cube SDK는 앞서 말한 어플리케이션 CPU 보드와 무선 통신 보드 상에 탑재되어 있는 독자적인 2개의 프로세서 상에서 동작하는 소프트웨어를 개발하는 환경이다. 어플리케이션 CPU 보드에서 동작하는 소프트웨어는 U-Cube의

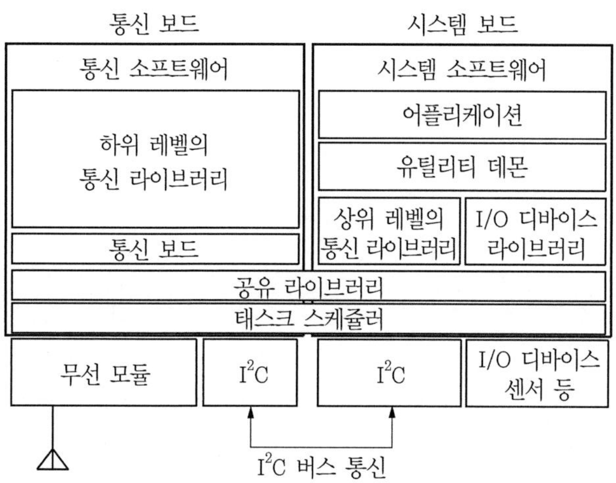

그림 2.18 U-Cube의 Software

각 기능을 제어하는 경우에 중심적인 역할을 하는 소프트웨어이며, U-Cube의 오퍼레이팅 시스템에 대응하는 것이라고 할 수 있다. 구체적으로는 센서들이나 IrDA 등에 액세스하기 위한 디바이스 드라이버들, IrDA를 통한 PC와의 통신기능, 무선 센서 네트워크상에서의 라우팅제어 등 많은 처리를 부담하고 있다. 또한, 이 소프트웨어는 멀티 스레딩(threading) 아키텍처에 의한 어플리케이션 제어 방식을 채용하고 있기 때문에 다양한 처리를 병렬적으로 수행하는 것도 가능하다.

그런 한편, 무선 통신 보드 상에서 동작하는 소프트웨어는 주로 무선 통신에 있어서의 물리층, 데이터 링크층의 처리를 담당하고 있다. 현재 U-Cube SDK에서는 CSMA와 TDMA와 같은 가장 기본적인 MAC 프로토콜을 간단히 도입할 수 있도록 되어 있다.

PC나 PDA에서 동작하는 베이스 노드 소프트웨어는 무선 센서 네트워크를 PC 등에서 이용하기 위한 소프트웨어들로 구성되어 있으며, 현재 시리얼 포트나 IrDA를 통해 U-Cube의 제반 기능을 모두 이용할 수 있는 커맨드 라인 유틸리티, 인터넷과 U-Cube 네트워크를 상호 접속하기 위한 게이트웨이, 커맨드 라인을 통하지 않고 개발자 자신의 소프트웨어에서 U-Cube의 모든 기능을 이용할 수 있도록 하기 위한 베이스 노드 라이브러리 등이 제공되고 있다.

U-Cube SDK 및 베이스 노드 소프트웨어는 무선통신에 의해 실시간으로 처리할 필요가 있는 부분만을 어셈블리어로 기술하여야 하지만 그 외의 대부분은 소스 코드의 가독성이나 재활용성을 지원하기 때문에 모두 C 언어(ANSI C)로 기술되어 있다.

2.10 실용상 중요한 기술과제

지금까지는 다양한 센서 네트워크 플랫폼의 사례를 살펴보았다. 하지만 이 책이 집필되는 시점에서 가장 완성도가 높다고 일컫는 MICA MOTE 조차도 본격적인 어플리케이션을 고려할 경우에는 극복해야 하는 기술과제가 무수히 많이 존재한다. 본 절에서는 이러한 기술과제 중에서도 특히 중요한 전원 문제와 위치 결정 문제에 대한 연구동향도 포함하여 소개하고자 한다.

2.10.1 전원 문제

눈치빠른 독자들 중에서는 지금까지 소개한 각종 사례들로부터 센서 네트워크(특히 무선 센서 네트워크)의 설계를 지배하고 있는 가장 중요한 요소중의 하나가 전원 문제라는 사실을 파악한 사람들도 있을 것이다. 실제로도 센서 네트워크에 있어서 다양한 기술과제의 거의 모든 것이 전원문제에서 기인되고 있다고 하여도 과언이 아니다. 센서 네트워크에 있어서는 통신자원이나 계산자원이 제한적이라는 것은 2.2절에서 논의한 바 있다. 이러한 자원 제약성의 근본적인 이유는 전원 문제와 관련되어 있다. 만일 전원을 신경 쓰지 않아도 된다면 센서 네트워크의 각 디바이스에 강력한 통신기능과 강력한 프로세서를 탑재할 수도 있을 것이고, 그러하다면 TinyOS와 같은 제약이 많은 오퍼레이팅 시스템을 일부러 사용할 필요도 없게 될 것이다. 그 정도로 센서 네트워크에 있어서 전원 문제는 중요한 것이다. 이에 대한 연료 전지 등의 차세대 배터리 기술들이 실용화를 위해 연구 개발되고 있는 것을 생각하면 현재 센서 네트워크의 주류인 저전력화에 대한 연구는 의미가 없다고 주장하는 센서 네트워크 연구자들도 있다. 하지만 이러한 주장이 부분적으로는 맞지만 차세대 배터리 기술이 센서 네트워크의 전원 문제를 근본적으로 해결할 수 있는 문제는 아니다.

기본적으로 센서 네트워크는 많은 수의 센서를 분산 배치하여 물리공간의 정보를 수집하는 시스템으로 분산 배치되는 개수가 많으면 많을수록, 즉 센서 네트워크의 규모가 크면 클수록 전원 문제는 심각하게 된다. 예를 들면, 산림 환경의 변화를 계측하는 자연과학 분야를 위한 대규모의 센서 네트워크를 생각해 보자. 예를 들면 배터리를 탑재한 센서 네트워크용 디바이스를 만개 단위로 산림에 배치하게 되었을 때, 만일 경년 열화가 적고 에너지 밀도가 높은 초고성능 배터리를 사용하여 20년간 그 센서 네트워크가 계속 동작한다 하더라도 언젠가 배터리는 소모되고 말 것이다. 이때 숲에 배치된 수만 개의 센서 네트워크용 디바이스의 배터리를 교환하는 것이 과연 가능할 것인가? 또한 그 센서 네트워크가 일회용이라고 하더라도 배터리가 소모되어 버린 디바이스들은 단지 쓰레기가 될 뿐이다. 가까운 장래에 쓰레기가 될지를 알면서도 산림과 같은 자연환경에 배치하는 것은 환경문제를 고려할 경우 과연 인정될 수 있을 것인가?

한편, 실내에서 사용하는 센서 네트워크에 있어서도 전원 문제는 중요하다. 실내의 센서 네트워크라도 그 배선 비용이나 유지 관리를 고려한다면 무선 센서 네트워크 쪽이 더 바람직한 경우가 많다. 이러한 경우에도 산림의 예와 같이 센서 네트워크에 어떠한 전원을 공급하는 것이 좋은가에 대한 문제가 부상하게 된다.

이와 같이 센서 네트워크의 전원 문제는 단순하게 배터리를 고성능화시키거나 또는 저전력 기술을 도입한다고 해서 해결되는 문제가 아니다. 지금까지 센서 네트워크의 연구 개발에 있어서의 전원 문제는 주로 저전력 프로토콜의 개발형태로 다뤄져 왔다(상세한 부분은 제3장을 참조하기 바란다). 하지만 최근에는 이에 더해 "어떻게 하면 센서 네트워크에 전원을 공급할 것인가" 라는 연구와 빛, 열, 풍력 또는 진동 등의 에너지를 이용하여 자기 발전을 통해 배터리를 사용하지 않고도 동작하는 센서 네트워크의 연구 등도 계속되고 있다.

예를 들면 앞 절에서 소개한 Pushpin Computing이나 영국 랭커스터 대학교의 Pin and Play 프로젝트(그림 2.19, 그림 2.20, 그림 2.21) [2.13] 등에서는 주로 실내 어플리케이션을 대상으로 하여 벽면을 이용한 전원 공급이나 통신 능력을 가지게 하여 전원 문제를 해결하려하고 있다. 또한 캠브리지 대학교의 연구팀은 Networked Surface라고 하는 평면형 디바이스를 개발하

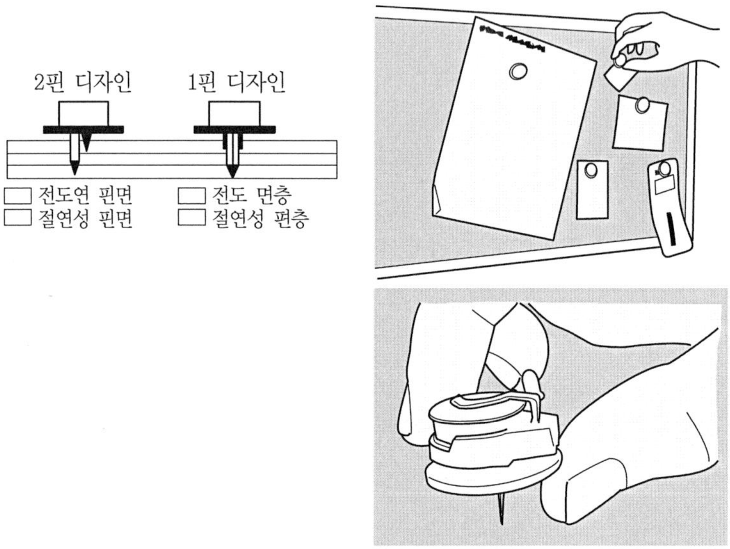

그림 2.19 Pin and Play

여 그 평면상에 설치된 노트북 컴퓨터나 소형 디바이스 등에 전원 공급과 통신 기능을 제공하고 또한 놓인 물건의 위치나 움직임 등도 검출할 수 있는 연구를 수행하고 있다 [2.14].

또한, 센서 네트워크 자체에 발전 기능을 가질 수 있게 하는 연구로는 동경대학교에서 개발하고 있는 환경 모니터링용 배터리가 없는 무선 센서 네트워크 시스템(battery-less wireless sensor network) 등이 있다 [2.15]. 이 시스템

그림 2.20 Networked Surface

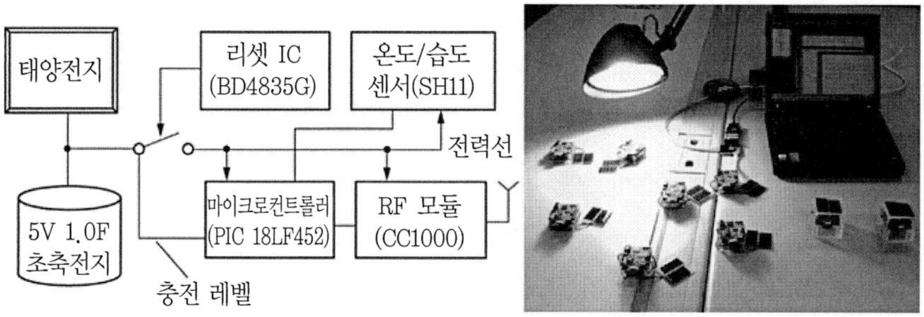

그림 2.21 Solar Biscuit

에서는 전원으로 태양전지를 이용하여 획득된 태양에너지를 전기 이중층 콘덴서에 축적하고 에너지의 공급량과 소비량의 밸런스를 유지하면서 센서 네트워크를 동작시키는 메커니즘 등에 대해서도 연구가 진행되고 있으며, 일본 내의 몇몇의 기업에서도 태양전지나 진동 등으로 발전된 에너지를 이용하여 동작하는 센서 네트워크 디바이스의 연구개발을 수행하고 있다.

2.10.2 위치인식 기술(Localization Techniques)

대규모의 공장내에 많은 수의 온도 센서를 부착한 센서 네트워크용 디바이스를 배치하여, 공장내의 온도 감시용 센서 네트워크 시스템을 구축하는 어플리케이션에 대해 생각해 보자. 이때 각각의 센서들로부터 온도 데이터들이 발생될 것이고 이 데이터들은 네트워크를 통해 "언제든지 어디에서든지" 조회가 가능할 수 있게 될 것이다. 센서를 네트워크화할 때의 장점은 바로 여기에 있는데 센서 네트워크를 이용함으로써 어디에서든지 온도나 습도와 같은 물리적인 정보에 액세스할 수 있게 된다는 것이다. 극단적으로 말하자면 지구 반대편에 있는 공장의 온도라 하더라도 인터넷을 통해 그 공장의 센서 네트워크에 액세스하면 그것을 알 수 있게 되는 것이다. 이것은 인터넷을 이용하여 Web 페이지로부터 다양한 정보를 알아낼 수 있는 것 같이 센서 네트워크에 의해 온도나 습도와 같은 물리적인 정보에도 액세스할 수 있다는 것을 의미한다.

그러나 센서 네트워크가 WWW와 같은 시스템과 결정적으로 다른 점은 센서 네트워크로부터 알아낼 수 있는 정보는 우리가 살고 있는 세상, 즉 실제 공간(또는 물리적인 공간)과 매우 밀접한 관계가 있다는 점이다.

Web 페이지에 대해 좀 더 설명하자면 보통 우리가 Web 페이지를 살펴볼 때 Web 페이지의 본체인 HTML 파일이 어느 나라의 어느 Web서버에 저장되어 있는지에 대해서는 거의 의식하지 않을 것이다. 이처럼 지리적인 제한을 받지 않고 정보를 알아낼 수 있는 것이 인터넷과 Web 테크놀로지에 의한 가상적인 정보공간의 최대 이점이다.

하지만 센서 네트워크에서 정보가 발생되는 근원인 센서는 반드시 실제 공간에 배치된다. 이때 센서가 어느 곳에서 정보를 계측하고 있는지에 대한 정보는 필수적이다. 앞서 말한 온도 감시용 센서 네트워크의 예를 들면 “공장 내의 어떤 곳의 온도가 어떤 상태인가” 또는 “공장내의 어디서 온도 이상이 발생한 것인가”라는 정보들이 중요하며 단순히 “공장내에 온도 이상이 발생했다”라는 정보만으로는 대규모의 공장내인 경우에는 정보로서의 의미가 거의 없게 된다. 즉 센서 네트워크에서는 단순한 온도나 습도와 같은 정보만이 아니라 지리적으로 그 센서가 어디에 있는 것인가를 나타내는 위치 정보도 필요하게 된다.

센서 네트워크를 구성하는 각 디바이스에 위치 정보를 제공하는 수단으로 우선 떠오르는 것이 GPS(Global Positioning System)를 이용하는 것일 것이다. 휴대전화 등에 탑재되어 있는 GPS 수신 모듈을 이용하면 10m 정도의 정밀도를 가지는 위치 계측은 매우 간단하게 수행할 수 있다. 또한 GPS 반송파의 위상정보를 이용한 실시간적인 운동학 관점의(real-time kinematics) 위치계측 등의 계측기술을 이용하면 수십cm 정도의 정밀도로 실시간적인 위치계측이 가능하게 된다. 하지만 앞에서도 설명하였듯이 센서 네트워크는 비용이나 전원문제상 모든 센서 네트워크용 디바이스에 GPS 수신 모듈을 탑재하는 것은 현실적이지 못하다. 더욱이 GPS를 이용할 수 있는 장소는 주로 옥외로 제한적이며 도심부 등 전파 전달 환경이 좋지 않은 장소에서는 항상 정확한 정밀도로 위치를 계측할 수 있다는 보장도 없다. 또한, 10m 정도의 정밀도로 위치를 계측할 수 있다고 하지만 이러한 정밀도로 모든 어플리케이션에 충분한 것이라고도 말하기 어렵다(예를 들어 화학 공장의 복잡하게 얽혀있는 옥외 배관을 감시하는 센서 네트워크 시스템을 고려할 경우 10m의 정밀도로는 아마도 불충분할 것이다). 이 때문에 센서 네트워크가 각 디바이스에 어떻게 해서 위치 정보를 부여하면 좋을지에 대한 문제는 위치인식(Localization) 문제로 센서 네트워크 연구분야에서 중요한 기술과제 중 하나로 인식되고 있다.

센서 네트워크에 있어서 위치인식방법은 주로 레인지 베이스(Range-based) 방법과 레인지 프리(Range-free) 방법의 2종류로 분류된다. 레인지 프리 방법에 대해서는 네트워크적인 관점에서의 아이디어가 주로 되어 있기 때문에 상세한 부분에 대해서는 제3장에서 다루도록 하고 여기서는 레인지 베이스 방법을 중심으로 소개한다.

레인지 베이스 방법이란 그 명칭에서 살펴볼 수 있듯이 센서 네트워크를 구성하는 각 디바이스간의 거리 레인지를 특정한 방법으로 측정하고 거리에 기반을 두어 디바이스의 위치를 결정해 가는 방법이다. 위치의 계측에 대한 정밀도적인 측면에서 살펴보자면 레인지 베이스 방법은 레인지 프리 방식에 비해 높은 정밀도를 나타내는 장점이 있다. 레인지 베이스 방법에는 거리 측정에 이용되는 신호(전파나 음파 등)의 시간적인 파라미터를 이용하는 TOA (Time of Arrival)나 TDOA(Time Difference of Arrival)와 같은 방법들과 신호의 수신강도에 기반을 둔 방법도 있다. 일반적으로는 거리 측정에 이용되는 신호의 수신강도는 주변 환경에 의해 크게 영향을 받기 때문에 시간을 이용하는 방법들이 높은 정밀도로 거리를 측정할 수 있다(즉 높은 정밀도로 위치를 구해 낼 수 있다).

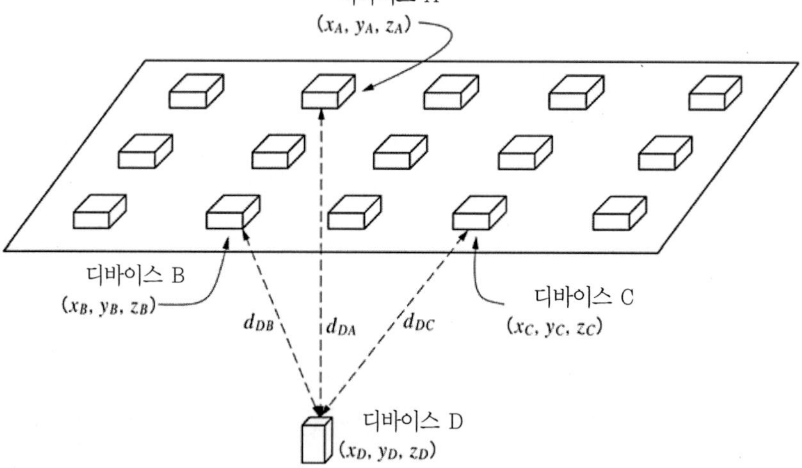

그림 2.22 3차원 위치 측정

디바이스간의 거리로부터 어떤 디바이스의 위치를 결정하는 방법은 기본적으로는 GPS의 위치 계측의 원리와 동일한 방법을 근간으로 하고 있으며 대략 아래와 같은 이론에 따라 위치를 결정한다.

그림 2.22에 나타낸 것 같이 기준이 되는 디바이스 A~C의 위치(x_A, y_A, z_A),(x_B, y_B, z_B),(x_C, y_C, z_C)를 어떠한 방법들, 예를 들어 인간이 측정하거나, 높은 정밀도의 GPS 위치 계측 기술 등을 이용하거나 하는 방법들로 정확하게 결정되어져 있다고 가정한다(디바이스 A~C를 여기서는 기준국이라고 한다). 이때 위치 계측의 대상인 디바이스 D의 좌표를 결정하는 문제를 생각해 보자. 레인지 베이스 방법에서는 디바이스 간의 거리를 측정하는 수단이 존재하기 때문에 디바이스 D로부터 각 기준국 A~C까지의 거리를 d_{DA}, d_{DB}, d_{DC}로 측정할 수 있다. 이때 디바이스 D의 좌표값을(x_D, y_D, z_D)라 하면 미지수가 x_D, y_D, z_D인 3개의 비선형 연립방정식,

$$\begin{cases} \sqrt{(x_A - x_D)^2 + (y_A - y_D)^2 + (z_A - z_D)^2} = d_{DA} \\ \sqrt{(x_B - x_D)^2 + (y_B - y_D)^2 + (z_B - z_D)^2} = d_{DB} \\ \sqrt{(x_C - x_D)^2 + (y_C - y_D)^2 + (z_C - z_D)^2} = d_{DC} \end{cases}$$

을 연립 뉴턴법이나 최소 자승법 등의 수치 계산법의 테크닉을 이용하여 풀어내는 것을 통해 디바이스 D의 3차원 좌표(x_D, y_D, z_D)을 구해낼 수가 있다(그림 2.22).

지금까지 이러한 위치 계측 원리를 바탕으로 위치를 결정하는 시스템들이 몇몇 연구되고 있지만, 그 중에서 대표적인 것들이 캠브리지 대학 연구팀이 개발한 Active Bat [2.16]과 MIT 공과대학 연구팀이 개발한 Cricket [2.17]이다. Active Bat 및 Cricket은 초음파를 이용하여 디바이스간 거리를 측정하고 위치를 결정한다. GPS가 전파에 의한 거리 측정을 수행하고 있음에도 불구하고 이러한 시스템들이 초음파를 사용하고 있는 이유는 이러한 연구들이 목표로 하고 있는 계측 정밀도가 GPS의 정밀도보다 더 완벽해야 하는 차원이 다른 목표가 있기 때문이다.

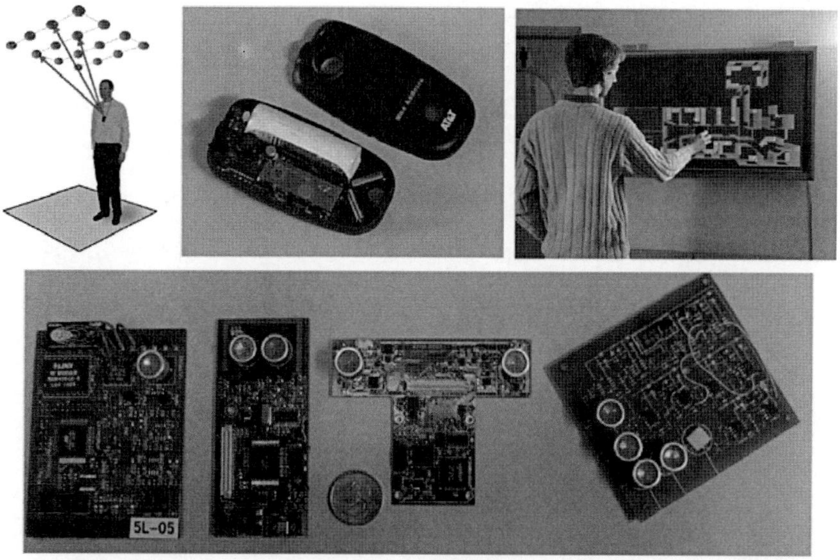

(출전 : http://www.uk.research.att.com/spirit, http://nms.lcs.mit.edu/cricket/)

그림 2.23 Active Bat과 Cricket

GPS는 고도 2만km 상공의 위성으로부터 송신된 전파지연을 계측하여 약 10m의 위치계측 정밀도를 실현하고 있다. GPS 수신기가 위성까지의 거리를 구할 때, GPS 수신기 내부에서는 1 마이크로 초(100만분의 1초)의 100분의 1 시간마다 거리를 갱신하면 3m 정도의 정밀도로 신호처리를 수행할 수 있다(전파의 전송 속도를 매초 30만km로 계산). 이 때문에 아무리 노력해도 위치 계측 오차는 10m 정도가 된다. 이에 비해서 Active Bat이나 Cricket(그림 2.23)은 주로 실내에서의 사람이나 사물의 위치를 결정하기 위해서 연구되고 있으며, 이 경우 구해낸 위치의 계측 정밀도는 수cm~수십cm 정도가 된다. 만일 전파를 이용하여 이정도의 정밀도를 구현하려면 최소한 서브 나노초(100억분의 1초) 이하의 시간차를 계측할 수 있는 방법이 필요하게 된다. 하지만 이러한 고정밀도의 시간차를 계측하는 체계를 구현해 내는 것은 어렵고 전파를 사용하여 cm 오더의 위치 계측을 수행하는 것도 손쉬운 일이 아니다. 그런데 Active Bat이나 Cricket에서는 매초 약 300m의 운송 속도를 가진 "늦은" 음파를 이용함으로써 시간 정밀도에 대한 요구조건을 유연하게 하여 고정밀도의 위치 계측이 실현가능하다(초음파를 사용하면 매우 간단한 회로로 1cm 정도의 거리 측정값 정밀도를 구현할 수 있다).

Active Bat은 초음파 펄스를 송출하는 Active Bat 태그와 천장에 많이 배치되는 초음파 수신기를 이용하여 위치 계측을 한다. 천장 쪽으로 배치된 초음파 수신기의 위치는 미리 정확하게 측정되어 있어야 한다. Active Bat은 음파와 전파의 전송 속도가 매우 큰 차이가 나는 것을 이용하며 우선 전파로 태그와 초음파 수신기의 시계를 대조해 본다. 이와 동시에 태그는 초음파를 송신하고 수신기는 타이머를 출발시킨다. 태그로부터 송신된 초음파를 수신한 각 수신기는 타이머를 중지시키고 그 결과 태그가 초음파를 송신한 후부터 수신기에 도착하기까지 어느 정도의 시간이 걸렸는가를 알아 낼 수 있다. 그런 후 이 시간에 초음파의 전송속도를 곱하면 태그와 수신기 사이의 거리를 알아 낼 수 있기 때문에 앞서 기술한 연립방정식을 풀면 태그 위치가 계산될 수 있다. 또한 상세한 설명은 생략하지만 Active Bat 시스템에서는 태그의 위치뿐만 아니라 태그가 어느 방향을 향하고 있는지에 대한 방향 정보도 제공할 수 있다.

Active Bat에서는 태그 자신이 초음파를 송신하고 천장에 붙여진 각 수신기가 이것을 수신한다. 게다가 수신한 결과로부터 구해 낸 거리 정보는 중앙 서버로 수집되어 이 서버에서 위치에 대한 계산을 수행하게 된다. 이러한 형태는 사무실 등의 환경에서는 현실적이지만 센서 네트워크와 같은 분산 시스템에는 반드시 적절한 형태라고는 할 수 없다. 그리고 Cricket에서는 GPS와 같이 각 디바이스가 스스로 자신의 위치를 계산할 수 있는 형태를 채용하고 있다. Cricket은 Active Bat과는 반대로 천정 등에 초음파를 송출하는 기준 디바이스를 많이 붙여놓고 이 디바이스들이 자율 분산적으로 초음파 펄스를 송출한다. 위치를 알고 싶은 사람이나 사물에는 이 초음파를 수신할 수 있는 수신기를 가지고 있어서 천정의 기준 디바이스로부터 송신되는 초음파를 수신하여 거리를 측정한다. 수신기가 충분한 수의 디바이스로부터 거리를 측정할 수 있다면 수신기 스스로 앞서 기술한 연립방정식을 풀어 위치를 알아낼 수가 있다.

이러한 두 가지 시스템들의 환경이 실내라면 수cm~수십cm 정도의 고정밀도의 위치 계측을 구현할 수 있으므로 위치 계측시스템으로서의 완성도도 높다고 할 수 있다. 실제 MICA MOTE에서는 센서의 위치인식 기능을 실현하기 위해서 Cricket을 탑재한 MICAc라는 센서노드의 판매가 검토되고 있다. 하지만 이러한 두 시스템들을 현실적인 환경에 적용하기 위해서는 아직 해결해야 하는 문제가 많이 남아 있다. 본질적으로 Active Bat이나 Cricket과 같은 시스템에서는 위치 기준이 되는 디바이스(Active Bat에서는 천정에 배치되는 초음파 수신기, Cricket에서는 천정에 배치된 초음파 송신기)의 위치를 사전에 정확하게 측정하여 그 값을 디바이스에 등록할 필요가 있다. 특히 초음파는 그 전송 거리가 수m 정도로 짧기 때문에 실내의 모든 영역을 감당하기 위해서는 1m간격으로 기준 디바이스를 배치할 필요가 있다. 이러한 시스템을 예를 들면 좌우로 10m인 사각형 실내공간에 설치하는 것을 생각해 보면 단순한 계산으로도 100개의 기준 디바이스를 수동 설정해야 할 것이다. 보다 더 큰 대규모의 공간, 예를 들어 대규모의 공장 등에 적용하는 것을 생각하면 설정해야 하는 디바이스가 막대한 수에 이르게 되어 각각의 디바이스를 수동으로 설정하는 것은 현실적으로는 불가능할 것이다.

또한 일반적으로 초음파는 송수신을 안정하게 수행하기가 매우 어려운 문제점도 가지고 있다. 예를 들어 사람이 손으로 치거나 물건과 물건이 부딪치거나 하는 것만으로도 상당한 레벨의 초음파가 발생한다. 초음파를 사용한 위치 계측 시스템으로서 이러한 초음파들은 잡음이 되어 위치 계측의 정밀도에 심각한 영향을 줄 가능성이 있다. 또 초음파는 지향성이 강해 반사나 회절이 빈번하게 발생하기 때문에 장애물 등이 많이 존재하는 장소에서는 기대한 위치 계측 정밀도가 충분히 나오지 않는 문제점도 있다.

이러한 문제점들에 대해서 여러 가지 해결방안들이 제시되고 있다. 예를 들어 UCLA대학교의 연구자들에 의해 제안되고 있는 반복 처리(Iterative Multilateration)라 하는 위치 계측법 [2.18]에서는 가능한 소수의 기준 디바이스들을 이용하여 많은 디바이스의 위치를 결정하는 방법이 제안되고 있다. 이 방법에서는 3개 또는 4개의 위치 기준이 되는 센서들을 이용하여 이 센서들의 주위에 있는 디바이스의 위치를 결정한다. 그런 후에 새로운 위치가 결정된 디바이스가 새로운 기준 디바이스가 되도록 해서 최종적으로 모든 디바이스의 위치를 재귀적으로 결정한다. 또 이 방법을 가능한 실용적인 관점에서 구현/평가하는 연구 [2.19]나 초음파의 송수신을 안정시키기 위해 초광대역 초음파 송수신기를 이용한 연구 [2.20] 등도 있다. 이러한 노력에도 불구하고 초음파를 이용한 위치 계측 시스템은 아직 연구 단계에 머무르고 있어 센서 네트워크의 위치인식 문제를 근본적으로 해결하기에는 아직 부족한 점이 많다.

이 절에서는 위치 계측 정밀도의 관점에서 주로 초음파를 이용한 레인지 베이스 방법에 대해 소개하였으며, 이외에도 신호의 도착 각도를 이용하여 위치 계측을 수행하는 AOA(Angle of Arrival) 방법, 전파의 수신 강도로 거리를 추정하여 위치 계측하는 연구, 화상 처리에 의해 위치를 구하는 방법 등 다양한 위치 계측에 대한 연구방법이 설명되고 있지만, 이들 역시 연구 레벨을 벗어나지 못하고 있고 센서 네트워크의 모든 어플리케이션에 적용 가능한 결정타라고 할 수 있는 방법은 아직 없는 실정이다.

위치 정보는 센서 네트워크의 어플리케이션에 있어서 필수 정보이기 때문에 센서 네트워크를 위한 실용적인 위치인식 기술에 대한 연구 개발에 대한기대가 크다.

[참고문헌]

[2.1] J.M. Kahn, R.H. Katz, and K.S.J. Pister, "Mobile Networking for Smart Dust", Proceedings of the 4th International Conference on Mobile Computing and Networking (MobiCom99), 1999

[2.2] J. Hill, R. Szewcyzk, A. Woo, S. Hollar, D. Culler, K.S.J. Pister, "System Architecture Directions for Networked Sensors", Proceedings of the Ninth International Conference on Architectural Support for Programming Languages and Operating Systems, 2000

[2.3] D. Gay, M. Welsh, P. Levis, E. Brewer, R. Behren, D. Culler, "The nesC language: A holistic approach to networked embedded systems", Proceedings of the International Conference on Programming Language Design and Implementation 2003 (PLDI 2003), 2003

[2.4] S. Madden, M. Franklin, J. Hellerstein and W. Hong, "The design of an acquisitional query processor for sensor networks", Proceedings of the international conference on Management of data (SIGMOD2003), 2003

[2.5] C. Karlof, N. Sastry, D. Wagner, "Tinysec: A link layer security architecture for Wireless Sensor Networks", Proceedings of the Second ACM Conference on Embedded Networked Sensor Systems (SenSys2004), 2004

[2.6] Millennial Net社, http://www.millennial.net/

[2.7] 総務省「平成15年度情報通信白書」2003

[2.8] 星哲夫, 米澤正明「IPv6通信機能をもつマイクロノードの開発」横河技報, Vol.45, No.4, 2001

[2.9] 佐藤薄一, 岡部宣夫「IPv6通信環境下における居住環境モニタリング」電気設備学会全国大会, 2003

[2.10] SmartItsプロジェクト, http://www.smart-its.org/

[2.11] Sensor Websプロジェクト, http://sensorwebs.jpl.nasa.gov/

[2.12] J. Lifton, D. Seetharam, M. Broxton, J. Paradiso, "Pushpin Computing System Overview: a Platform for Distributed, Embedded,

Ubiquitous Sensor Networks", Proceedings of the First International Conference on Pervasive Computing (Pervasive 2002), 2002

[2.13] S. Saruwatari, T. Kashima, Y. Kawahara, M. Minami, H. Morikawa, T. Aoyama, "PAVENET: A Hardware and Software Framework for Wireless Sensor Networks", Proceedings of the 1st International Workshop on Networked Sensing Systems (INS 2004), 2004

[2.14] K. Laerhoven, N. Villar, A. Schmidt, H. Gellersen, M. Kansson and L. Holmquist, "Pin&Play: The Surface as Network Medium", IEEE Communications Magazine, Vol.41, No.4, pp.90-96, 2003

[2.15] 森戸貴, 南正輝, 鹿島拓也, 猿渡俊介, 森川博之, 青山友紀「バッテリレス無線センサネットワークの設計と実装」電子情報通信学会技術研究報告, MoMuC2004-77, 2004

[2.16] M. Addlesee, R. Curwen, S. Hodges, J. Newman, P. Steggles, A. Ward and A. Hopper, "Implementing a Sentient Computing System", IEEE Computer, Vol.34, No.8, pp.50-56, 2001

[2.17] N.B. Priyantha, A. Chakraborty, H. Balakrishnam, "The Cricket Location-Support system", Proceedings of the 6th International Conference on Mobile Computing and Networking (MOBICOM2000), 2000

[2.18] A. Savvides, C. Han and M. Srivastava, "Dynamic Fine-Grained Localization in Ad-Hoc Networks of Sensors", Proceedings of the 7th International Conference on Mobile Computing and Networking (MOBICOM2001), 2001

[2.19] M. Minami, Y. Fukuju, K. Hirasawa, S. Yokoyama, M. Mizumachi, H. Morikawa and T. Aoyama, "DOLPHIN: A Practical Approach for Implementing a Fully Distributed Indoor Ultrasonic Positioning System", Proceedings of the 6th International Conference on Ubiquitous Computing (UbiComp2004), 2004

[2.20] M. Hazas and A. Ward, "A Novel Broadband Ultrasonic Location System", Proceedings of the 4th International Conference on Ubiquitous Computing (UbiComp2002), 2002

03

센서 네트워크의 프로토콜

네트워크화된 센서 노드들이 서로 통신하기 위해서는 공통의 통신 순서를 규정해 둘 필요가 있다. 이러한 통신 순서를 일반적으로 네트워크 프로토콜이라 한다. 예를 들어 영어만 이해할 수 있는 사람과 한국어만 이해할 수 있는 사람이 서로 대화할 수 없는 것처럼 공통의 프로토콜이 없는 경우 통신이 불가능하다.

또한 사람들 사이의 커뮤니케이션에서는 어떤 종류의 언어(한국어, 일본어, 영어 등)를 사용하는지, 어떠한 수단(대면, 전화, 편지 등)을 사용할 것인지를 구분해 프로토콜을 여러 역할에 따라 나눠서 계층화할 수 있는데 네트워크 프로토콜에서도 동일하게 프로토콜의 역할을 여러 계층으로 나눠 생각할 수 있다.

계층화의 이점은 각 계층에서 상위와 하위 프로토콜에 대한 이용 방법만 알고 있으면 다른 계층의 처리에 대해 신경 쓸 필요가 없다는 점이다. 예를 들면 편지를 읽고 쓰는 역할을 하는 프로토콜은 편지를 작성하여 우편함에 넣는 처리와, 편지를 수신함으로부터 받아 보는 처리만 알고 있으면 우체국이 어떠한 방법으로 실제 편지를 전달하는지에 대한 것은 신경 쓰지 않아도 된다는 것과 같은 것이다.

인터넷에는 OSI(Open System Interconnection) 참조 모델이라는 7계층의 프로토콜 계층화 모델이 표준화되어 있다. 잘 알려져 있는 IP(Internet Protocol)는 3번째 계층(네트워크 계층), TCP(Transmission Control Protocol)나 UDP(User Datagram Protocol)는 4번째 계층(트랜스포트 계층)으로 이는 사실상 표준 프로토콜로 받아들여지고 있다. 인터넷에서 이용되고 있는 프로토콜의 대부분은 오랜 세월 동안에 걸쳐 개선되어 왔으며 데이터의 전송 속도나 지연과 같은 통신 성능뿐만 아니라 확장성(scalability)에 대해서도 우수하고 강인한 프로토콜들이다.

센서 네트워크에 있어서도 인터넷의 계층화 모델과 유사한 프로토콜들을 이용할 수가 있다. 하지만 이전의 프로토콜들에서 요구된 성능과 센서 네트워크에서 요구되는 성능은 확실히 다르다. 그렇기 때문에 센서 네트워크에서는 새로운 네트워크 프로토콜을 설계하는 것이 더 바람직하며 이를 위한 연구가 활발하게 진행되고 있다.

센서 네트워크상에서의 프로토콜들이 이전의 네트워크 프로토콜들에 비해서 다른 특징적인 면은 소비 전력의 최소화가 최우선으로 설계되었다는 점이다. 이전의 네트워크에서는 처리량(throughput)이나 지연에 대한 대책이 최우선으로 고려되었고 전력 소모의 최소화는 그 다음의 고려 대상이었다.

상위계층의 정보를 하위계층에서 적극적으로 활용하는 계층화의 이점을 희생하더라도 소비전력의 최소화를 중시하는 연구가 센서 네트워크에서는 중요하게 받아들여지는 것도 특징적이다. 센서 네트워크에서 소비전력의 최소화가 중시되는 이유는 다음과 같다.

(1) 물리적인 전원관리의 곤란

소비전력에 대한 관심이 높은 모바일 통신에서는 휴대단말의 전력이 소모되면 인위적으로 단말을 재충전하거나 휴대단말과 함께 예비 배터리를 가지고 다니거나 하는 방법들이 일반적이다. 하지만 센서 네트워크는 수백~수천여 개의 센서 노드로 구성된다는 것을 고려해야 한다. 이러한 환경에서는 사람이 각 노드의 전력을 모두 관리한다는 것은 현실적이지 못하다. 또한 모바일 통신과 같이 각 사용자가 각자의 단말기만을 관리하면 되는 형태가 아니기 때문에 한 사람 당 관리해야 하는 센서 노드의 수는 매우 많아진다.

더욱이 센서 네트워크는 물, 숲속, 사막, 체내 등 사람이 물리적으로 접촉하여 관리하기 힘든 장소에서의 노드 설치도 고려해야만 한다. 하지만 사람들이 들어가 볼 수 없는 장소에 센서 노드를 설치하여 유익한 정보를 수집하는 것은 오히려 센서 네트워크의 장점이라고 할 수 있다. 이처럼 센서 노드에 대한 전력 공급이 곤란한 경우도 있으며 전력 소멸은 네트워크 구성 요소의 소멸로 인식될 수 있다.

(2) 센서 노드의 소형화, 비용의 최소화

센서 네트워크를 구성하는 노드는 센서로부터 주변정보를 취득하여 이웃 센서와 통신하는 것이 주요한 역할이다. 휴대용 단말기와는 달리 그 자신이 사용자와의 인터페이스가 된다는 의미가 아니기 때문에 디스플레이나 키보드와 같은 입출력 디바이스는 필요로 하지 않는다. 그래서 휴대용 단말기보다 더 소형화가 가능할 것으로 예상된다. 소형화함으로써 최대 이점은 설치 시 물리적인 제약을 줄일 수 있다는 점이다.

한편 CPU나 메모리와 같이 기술이 비약적으로 진보하는 부품들에 비해서 배터리의 진보는 매우 늦다. 이 때문에 소형화와 비용의 최소화 경향에 의해 배터리의 성능이 결정되어지는 경향을 띠고 있다. 왜냐하면 배터리의 소형화는 전력용량과 트레이드오프(trade-off) 관계이기 때문에 소형화에 따라 전력용량이 적어지기 때문이다.

센서 네트워크에서는 노드의 재충전을 고려하고 있지 않기 때문에 노드의 전력이 그대로 노드의 생존시간이 된다. 또한 이러한 네트워크는 통신성능이나 지연을 우선시하여 설계되는 인터넷과는 명백히 다른 것이다. 오랜 세월을 두고 개선되어 온 인터넷의 메커니즘이 존재하지만 이러한 것들을 그대로 센서 네트워크에 적용하는 것은 최선의 방법이라고 할 수 없다. 소비 전력의 최소화에 대한 도전은 많은 시스템 연구 분야에 새로운 재료를 가져다주고 있으며 이에 대해 활발한 연구들이 수행되고 있다. 이 장에서는 구체적인 연구 예들을 살펴보면서 주로 네트워크 소프트웨어에 관해 집중적으로 설명할 것이다.

3.1 기초기술

사물을 설명하기 위해서 "5W1H(When, Where, Who, What, Why, How)"라는 말이 자주 사용된다. 센서 노드가 알아낸 정보에 "언제", "어디서"라는 정보를 추가적으로 제공하는 것이 시각(時刻) 동기화와 위치측정이다. 센서 네트워크에서는 물리적인 현상을 센싱하기 때문에 이러한 현상들이 언제 어디서 발생되었는가에 대한 정보를 부가하여 사용하는 경우가 많다.

시각과 위치를 측정하기 위한 일반적인 선택사항으로서 GPS(Global Positioning System)를 들 수 있다. 환경에 따라서는 모든 노드에 GPS를 장착시키는 것도 가능하겠지만, GPS는 비용과 소비전력이 많이 요구되기 때문에 일반적으로 센서 네트워크에는 적합하지 않다. 또 GPS는 실내나 수중, 땅속 등 위성으로부터의 전파가 수신할 수 없는 장소에서는 이용할 수 없다. 이 때문에 GPS를 선택할 수 있는 환경은 제한되어 있다고 할 수 있다.

3.1.1 시각 동기화

노드가 감지한 현상에 관한 데이터에는 시각정보를 더할 수 있게 되어 있다. 높은 밀도로 노드들이 설치된 센서 네트워크에서는 같은 현상을 여러 노드들이 감지할 수 있는 가능성이 높다. 이 때문에 동기화가 된 시각정보를 이용하여 네트워크 내부에서 데이터를 융합, 삭제함으로써 트래픽의 冗長性(Redundancy)을 제거하는 것이 중요하다. 또한 시각 동기화는 TDMA(Time Division Multiple Access) 등의 통신 처리를 하는 과정이나 위치 정보와 조합하여 타깃들의 이동속도를 계산하는 데에도 이용된다.

시각 동기화를 위한 사실상의 표준으로 되어 있는 NTP(Network Time Protocol) [3.1]를 이용하면 고정밀도의 시각 동기화를 실현하는 것이 가능하다. 하지만 센서 네트워크에서는 위치 계측을 위한 마이크로초의 정확성으로 동기화가 필요한 경우나 어떤 이벤트를 검지한 특정 노드들 사이에서만 시각을 동기화하고자 하는 경우 등 인터넷과는 그 요구 조건이 다르다. 고정밀도의 노드로 구성되는 네트워크 환경에서 소비 전력의 최소화나 확대 가능성(scalability)이 높은 구조가 요구된다 [3.2,3.3,3.4].

3.1.2 RBS(Reference-Broadcast Synchronization)

현재 일반적으로 이용되고 있는 시각 서버는 클라이언트로부터의 요구에 기반을 두고 시각을 송신하는 서버/클라이언트형 시각 동기화 방식이 있으나, 각 클라이언트의 서버가 시각 동기화의 처리를 수행하기 때문에 각 클라이언트에서는 시간의 차이가 발생한다. 그림 3.1은 동기화에 있어서의 시간 차이가 발생한 예를 나타내고 있다.

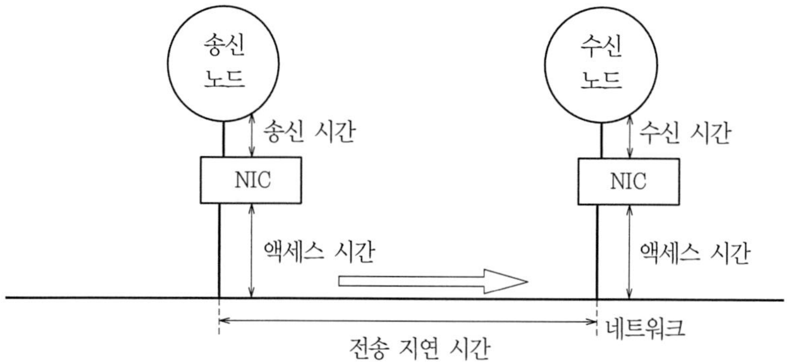

그림 3.1 동기화에 있어서의 시간차가 발생하는 원인

① 송신 시간

서버가 시각 정보를 작성하고 처리해서 네트워크 인터페이스의 디바이스에 데이터를 전달하기까지에 필요한 시간을 말한다. 여기에는 콘텍스트 전환(Context Switch)이나 시스템 콜(System Call)의 오버헤드(Overhead) 시간이 포함되어 있다. 서버의 부하정도에 따라 변화하는 시간이다.

② 액세스 시간

네트워크 인터페이스의 디바이스에 도착한 데이터가 실제로 네트워크상에 송신되기까지의 시간이다. 이것에는 MAC(Media Access Control) 층에서 RTS/CTS(Request to Send/Clear to Send)와 같은 제어 메시지의 송수신 시간이나 물리적인 매체의 채널이 비어지기까지의 대기 시간, 송신 에러에 의한 재전송 백오프(back-off) 시간 등이 포함된다.

③ 전송 지연 시간

송신된 데이터가 클라이언트의 네트워크 인터페이스에 도착하기까지의 시간을 의미한다. 여기에는 중계 라우터들에서의 큐잉(queuing)이나 스위칭(switching)에 대한 지연도 함께 포함된다.

④ 수신 시간

클라이언트의 네트워크 인터페이스 디바이스가 데이터를 받았을 때부터 클라이언트 어플리케이션에 전달되기까지의 시간이다. 수신 처리에서는 인터럽트 처리를 수행해야 하는 경우가 많기 때문에 일반적으로 수신 시간은 송신 시간과 비교하면 짧은 편이다.

센서 네트워크를 상정한 시각 동기화 메커니즘으로 RBS(Reference Broadcast Synchronization)가 제안되고 있다. RBS는 이러한 시각 동기화에 있어서 시간의 차이로 발생된 문제를 최소화하기 위한 목적으로 설계되어 있다. RBS 서버는 "참조 패킷"이라 하는 패킷을 정기적으로 브로드캐스트 송신을 한다. 브로트캐스트 형태로 송신되기 때문에 참조 패킷은 통신 범위에 존재하는 복수의 클라이언트들에 의해 수신될 수 있다. 여기에서 특징적인 것은 참조 패킷은 서버와 클라이언트 간의 동기화에 이용되는 것이 아니라 이 참조 패킷을 수신한 클라이언트들 사이에서 동기화에 이용된다는 점이다.

클라이언트는 참조 패킷을 수신하게 되면 각각의 로컬 타이머에 수신 시각을 기억한다. 각 클라이언트에 도착한 참조 패킷의 타이밍은 앞서 논의한 시간차를 발생시키는 시간 관점에서 고려한다. 모든 클라이언트는 동일한 참조 패킷을 수신하기 때문에 참조 패킷에 대한 ① 송신 시간과 ② 액세스 시간은 모두 클라이언트에 대해 동일하다고 할 수 있다. 그 다음으로 ③ 전송 지연 시간은 1홉(hop)의 브로드캐스트를 이용하고 있기 때문에 거의 차이가 없다고 할 수 있다. 마지막으로 ④ 수신 시간인데 이것은 네트워크 드라이버 등의 낮은 레벨에서 수신 시각을 취득하게 함으로써 오버헤드를 극적으로 줄일 수 있다. 이렇게 참조 패킷은 ③ 전송 지연 시간과 ④ 수신 시간의 차이에 기인하며, 다소의 오차는 있겠지만 거의 같은 타이밍으로 복수의 클라이언트들에 도착한다고 할 수 있다. 그림 3.2는 이전의 메커니즘과 RBS를 이용한 동기화에 영향을 끼치는 크리티컬 패스(critical path)와의 차이점을 보여주고 있다.

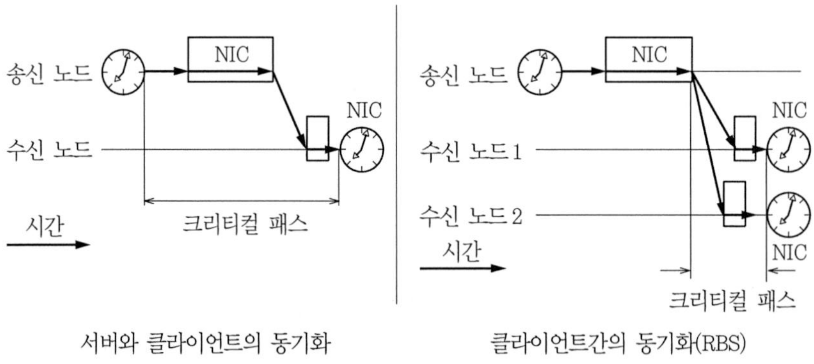

그림 3.2 크리티컬 패스에서의 차이점

각 클라이언트가 기억해 둔 수신 시각은 타이밍 관점에서는 거의 같겠지만 이것을 타이머가 동기화되어 있다고는 할 수 없기 때문에 각 클라이언트들의 로컬 타이머의 값도 함께 나타낸다. RBS에서는 이러한 로컬 타이머의 차이들을 클라이언트들의 관계에서 서로 알게 함으로써 동기화를 위한 차이 값(보정치)을 계산할 수 있도록 되어 있다. 구체적으로는 각 클라이언트는 기억해 둔 수신 시각을 이웃 클라이언트들과 교환한다. 식 (3.1)은 노드 i에 있어서 또 다른 노드 j와의 보정치를 구하는 수식을 나타내고 있다.

$$\forall_i \in n,\ j \in n : Offset[i,\ j] = \frac{1}{m}\sum_{k=1}^{m}(T_{j,k} - T_{i,k}) \tag{3.1}$$

여기서 n은 클라이언트의 수, m은 참조 패킷의 수, $T_{r,k}$는 참조 패킷 k를 수신했을 때 노드 r의 타임스탬프를 나타내고 있다. 도출되는 보정치와 클럭 스큐(clock skew) $C_{i,j}$를 계산하여 노드 j가 받은 데이터 타임스탬프 T_j를 노드 i는 식 (3.2)에서 로컬 시간 T_i로 변환할 수 있다.

$$T_i \approx T_j\, C_{i,j} + Offset\,[i,\ j] \tag{3.2}$$

3.1.3 위치측정

노드의 위치 정보는 물리적인 현상이 감지된 위치를 특정하기 위해서만 이용되는 것이 아니라 경로 제어나 데이터 집약 등의 프로토콜 처리를 효율적으로 하고 센싱 영역이나 위치에 따른 서비스를 제공하는 등 그 이용 가치가 많은 정보이다. 종래의 인터넷에서 네트워크에 접속된 노드는 네트워크상의 위치를 나타내는 IP 어드레스는 중요하지만 물리적인 위치는 그렇게 중요하지는 않았다.

그러나 최근에는 컴퓨터의 소형화에 따라 모바일 컴퓨팅 기술이 주목받고 있으며 사용자의 물리적인 위치를 고려한 서비스에 대해 높은 관심이 집중되고 있다. 이것은 유비쿼터스 컴퓨팅의 기본 개념인 상황 인식(Context Awareness) 개념을 구현한 그 자체이다. 이 때문에 상황 인식 분야에서는 위치 측정 기술이 다양하게 제안되고 있다 [3.5, 3.6, 3.7, 3.8].

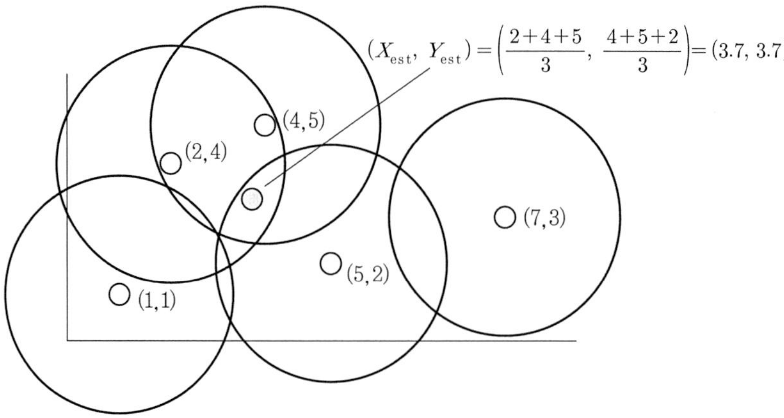

그림 3.3 Centroid 측정법에 의한 위치 측정

하지만 이러한 기술들은 제2장에서 소개한 것처럼 레인지 베이스(Range-Based) 위치 측정이라 불리고 있으며 주로 특정 건물 내에서의 이용을 염두에 두고 특수한 하드웨어나 인프라를 필요로 하며, 수백에서 수천 개 정도의 노드를 다루는 센서 네트워크에서 이용하기에는 많은 비용이 드는 시스템이 된다. 따라서 소비전력이 적고 낮은 비용으로 구현 가능한 레인지 프리(Range-Free) 위치 측정이라 하는 기술이 주목받고 있다 [3.9, 3.10].

Range-Free 위치 측정 방식에서는 사전에 위치를 알고 있는 일부 노드들(랜드마크, land-mark)을 정의하고 있다. 각 노드들은 여러 개의 랜드마크와의 위치 관계나 홉의 개수 등으로부터 거리를 계산하여 삼각측량이나 다각 측량법으로 자신들의 위치를 측정해 가도록 되어 있다.

(1) Centroid 측정

Centroid 측정에서는 위치를 이미 알고 있는 랜드마크가 정기적으로 자신들의 위치 정보를 포함한 비콘(Becon)을 브로드캐스트해서 이웃 노드들에게 송신한다. 랜드마크로부터의 비콘은 구의 형태로 송신된다고 가정한다. 위치 정보를 가지고 있지 않은 노드들은 수신한 비콘에 포함된 위치정보들로부터 주위에 존재하는 랜드마크의 위치를 알아낼 수 있다. N개의 랜드마크 위치 (X_i, Y_i)를 알아냈다고 하면 식 (3.3)을 이용해서(X_{est}, Y_{est})를 계산해 낼 수 있다. 이렇게 계산한 값은 자신의 위치로 저장한다. 그림 3.3에서 Centroid 측정법에 의한 위치 측정의 예를 나타낸다.

$$(X_{\text{est}}, Y_{\text{est}}) = \left(\frac{X_1 + \cdots + X_N}{N}, \frac{Y_1 + \cdots + Y_N}{N}\right) \tag{3.3}$$

(2) DV-Hop 측정

DV-Hop 측정법은 랜드마크로부터의 홉 개수와 1홉 평균거리의 정보로 부터 각 노드들의 랜드마크까지의 거리를 대략 계산해 내고, 3개 이상의 랜드마크로부터의 거리를 계산하여 다각(多角) 측정에 의해 자신들의 위치를 산출하는 구조로 되어 있다.

우선 랜드마크는 자신들의 위치 정보를 포함한 패킷을 네트워크로 플러딩(flooding)한다. 이 패킷에는 중계할 때마다 카운트되는 홉 카운트가 포함되어 있어 네트워크 내의 모든 노드는 랜드마크의 좌표와 홉 개수를 알아낼 수 있다.

다음은 1홉의 평균 거리를 계산하는 방법을 설명한다. 임의의 랜드마크가 플러딩한 패킷은 다른 랜드마크에도 도착한다. 랜드마크는 자신의 좌표와 다른 랜드마크의 좌표로부터 2지점간의 물리적인 거리를 계산할 수 있다. 또한 그 랜드마크까지의 홉 개수(h)를 알고 있기 때문에 물리적인 거리를 홉 개수로 나눈 값을 1홉 평균 거리의 샘플 값으로 계산할 수 있다. 이 샘플 값을 구하는 처리를 다른 모든 랜드마크에 대해서도 수행함으로써 최종적으로 샘플을 평균화하여 1홉의 평균거리를 계산할 수 있다.

$$C_i = \frac{\sum \sqrt{(X_i - X_j)^2 + (Y_i - Y_j)^2}}{\sum h_j}, \quad (i \neq j) \tag{3.4}$$

이 값을 네트워크내의 다른 노드들에게 통지해야 할 필요가 있지만 재차 모든 랜드마크들이 플러딩을 수행하는 것은 효율이 더 나쁠 수 있다. 계산된 1홉의 평균거리는 랜드마크마다 조금씩의 차이는 있지만 대체적으로 평균화되어 있기 때문에 거의 변화하지 않는다. 이 때문에 각 노드들과 가장 가까운 랜드마크로부터 정보를 한 번만 수신하도록 플러딩 방법을 개선하고 있다. 이러한 플러딩 방법은 1홉의 평균거리의 패킷을 1번 이상 수신한 노드들이 다른 랜드마크로부터의 플러딩을 수신하더라도 중계하지 않는 구조로 되어 있다.

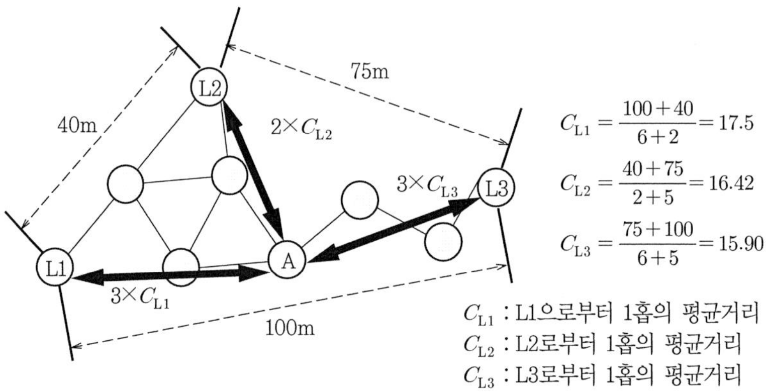

그림 3.4 DV-Hop 측정법에 의한 위치 측정

1홉의 평균거리의 정보를 획득한 각 노드들은 유지하고 있는 네트워크내의 랜드마크와의 홉 개수에 그 값(평균 거리값)을 곱하여 물리적인 거리를 계산해 낸다. 랜드마크의 좌표를 알고 있기 때문에 다각측량(traverse surveying)에 의해 스스로의 위치를 알아낼 수 있다. 그림 3.4에 DV-Hop 측정에 의한 위치 측정의 예제를 나타낸다.

(3) APIT(Approximate Point-in-Triangulation Test) 측정

APIT 측정에서는 랜드마크가 위치 정보를 포함한 비콘을 정기적으로 송신한다. 랜드마크로부터의 비콘은 광범위한 많은 수의 노드들에 도달할 수 있는 환경을 이상적인 환경으로 하고 있다. 각 노드들은 수신한 비콘으로부터 3대의 랜드마크의 조합으로 만들 수 있는 모든 3각형을 유도해 낸다. 이 3각형들 모두에 대해서 자신이 삼각형 안에 있는지 또는 밖에 있는지를 검증하고 자신의 위치를 점점 명확히 해 나가는 방식이다. 랜드마크가 많으면 많을수록 3각형을 많이 만들어 낼 수 있기 때문에 정밀도가 높은 위치 측정이 가능하게 된다. 그림 3.5는 APIT 측정의 이미지를 나타낸다.

이 3각형 안에 있는지 아닌지를 이상적으로 측정하는 방법으로서 PIT 검증법이 제안되고 있다. PIT 검증법에서는 노드가 모든 방향으로 검증하기 위해 이동한다. 이때 3대의 모든 랜드마크와 거리가 멀어지는 방향이 하나라도 존재하는 경우 3각형의 외부에 있다고 판단한다.

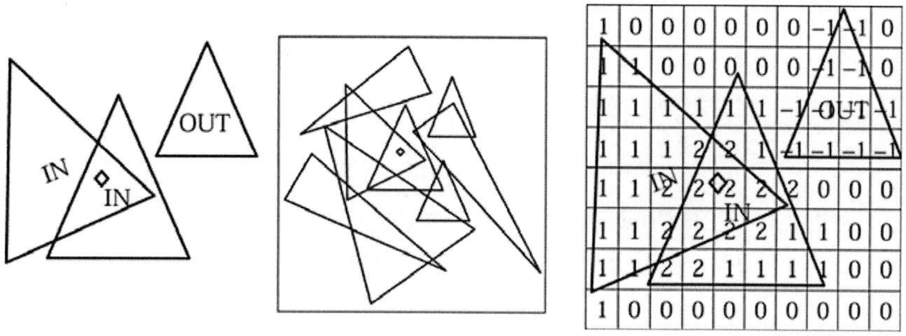

그림 3.5 APIT 측정

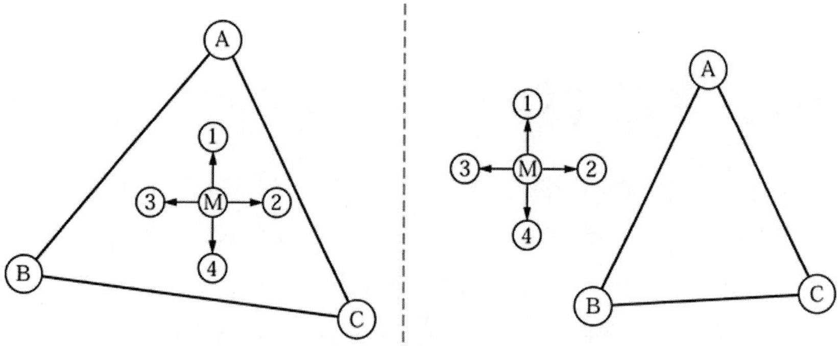

A. 내부에 있는 경우 B. 외부에 있는 경우

그림 3.6 APIT 측정에 의한 위치 측정

여기서 노드가 모든 방향으로 이동하는 방법은 센서 네트워크에서는 거의 불가능하다. 따라서 노드들이 이동하지 않고도 PIT 검증법과 유사한 성능을 나타내는 방법이 APIT 측정법이다. APIT 측정법에서는 무선의 전파강도를 이용한다. 전파강도는 일반적으로 거리가 멀어질수록 감쇠한다고 알려져 있다. APIT 측정법에서는 랜드마크로부터의 전파강도를 노드끼리 교환함으로써 그 랜드마크에 어느 노드들이 가까운지를 판단한다. APIT에 의한 PIT 검증법은 이웃한 노드들 중에서 3대의 랜드마크와의 거리가 모두 자신보다 먼 노드가 존재하는 경우 자신이 3각형의 외부에 있다고 판단한다. 예를 들어 그림 3.6에서의 M이 외부에 있는 경우에는 노드 3이 랜드마크 A, B, C로부터 수신한 전파강도는 노드 M에 비해 작다. 이 때문에 노드 M은 노드 3이 자신보다도 랜드마크 A, B, C에서 멀리 있는 노드라고 판단할 수 있다.

이 검증에서는 측정 노드가 3각형의 변 옆에 있는 경우에 내부에 있는 것을 외부에 있는 것으로 판단해 버리는 오류(In To Out Error)가 발생한다. 또, 이웃 노드의 위치가 불명확하게 되면 외부에 있지만 내부에 있는 것으로 판단하는 오류(Out To In Error)도 있다. Out To In Error의 발생률은 노드의 밀도가 높아짐에 따라 감소하지만, In To Out Error의 발생률은 노드의 밀도가 높아질수록 증가한다. 시뮬레이션 결과로 전파 도달 거리내의 노드수가 6대에서 24대로 증가하면 Out To In Error의 발생률은 14%에서 4%로 감소하며, In To Out Error의 발생률은 1%에서 2%까지 증가하는 것으로 보고되고 있다 [3.9].

3.2 데이터 링크층

데이터 링크층의 역할은 물리적으로 직접 접속된 노드 사이에서의 데이터 통신을 실현하는 것이다. 노드가 센서 네트워크에 설치되어 있는 기간에 비하여 그 노드가 실제로 통신을 수행하는 시간은 매우 짧다고 할 수 있다. 이 때문에 이상적인 데이터 링크층은 데이터를 송수신하는 동안만 통신 디바이스를 작동시키고 그 이외에는 휴지(休止) 상태가 되도록 하는 것이다. 무선 통신에서 데이터를 송수신하지 않을 동안 통신의 디바이스의 활동(Idle Listening)은 송수신 시간과 비슷한 전력을 소비하기 때문에 무시하기 어렵다. 이에 대해서 데이터 링크층에서 이용하는 MAC(Media Access Control) 프로토콜 그 자체를 저전력화하는 시도와 고밀도 센서 네트워크를 상정하여 가능한 최소한의 노드를 이용하게 하는 시도가 있다.

3.2.1 MAC 프로토콜

MAC 프로토콜은 회선쟁탈(contention) 방식과 스케줄링 방식의 2종류로 크게 나눌 수가 있다. 회선쟁탈 방식은 IEEE802.11에서 규정되어 있는 CSMA/CA(Carrier Sense Multiple Access with Collision Avoidance)가 유명하고 불특정 다수의 클라이언트들이 무선 대역을 공유하는 경우에 높은 성능을 나타낸다. 스케줄링 방식은 TDMA(Time Division Multiple Access)가 유명하며 이용하는 무선 주파수를 짧은 시간의 슬롯(slot)으로 미리 나눠서 클라이언트에 할당하는 방식이다.

스케줄링 방식 [3.11, 3.12, 3.13]은 데이터를 송수신하는 경우 이외에는 통신 디바이스를 휴지 상태로 둘 수 있기 때문에 소비 전력의 관점에서는 이상적이라고 할 수 있다. 하지만 스케줄링 할 수 있는 슬롯을 충분히 확보하기 위해서는 네트워크내의 노드수를 파악해 둘 필요가 있다. 센서 네트워크에서는 수백에서 수천 개의 노드가 동적으로 네트워크에 참가하거나 이탈할 가능성이 있기 때문에 노드수를 파악하는 것은 쉬운 일이 아니다. 또한 TDMA에서는 슬롯을 세밀하게 나눌 수 있어야 하기 때문에 정밀도 높은 시각 동기화를 필요로 한다는 과제가 있다.

한편 회선 쟁탈 방식 [3.14]은 확대 가능성(scalability)의 관점에서 스케줄링 방식보다는 우수하다고 할 수 있지만 노드가 데이터를 송수신하지 않는 동안에도 통신 디바이스를 동작시켜야 하기 때문에 소비 전력의 관점에서는 효율성이 나쁘다. 왜냐하면 통신 타이밍이 명확하지 않기 때문에 무선 매체를 항상 감시하고 있어야 하기 때문이다.

이상 2가지 방식은 각각 장점과 결점을 가지고 있으며 어느 쪽이 센서 네트워크에 적합한지에 대해서는 한마디로 말할 수 없다. 이렇기 때문에 통신 디바이스의 활동기간과 정지기간에 대한 스케줄링을 이웃 노드와 동기화시켜 동일한 기간에 동작중인 노드들만이 회선 쟁탈 방식을 이용하도록 하는 즉, 2가지 방식의 장점만을 채용한 방법들도 제안되고 있다 [3.15, 3.16].

(1) LEACH(Low Energy Adaptive Clustering Hierarchy)

LEACH [3.17]은 TDMA를 센서 네트워크에 적응시킨 구조이다. LEACH에서는 네트워크에 클러스터링(clustering)을 수행하여 각 노드들은 자신이 속해 있는 클러스터 헤드(cluster head)에 대해 TDMA 방식으로 데이터를 송신한다. TDMA로 송신하기 때문에 각 노드들은 할당된 시간 이외에는 휴지상태로 전환할 수 있다. 클러스터 헤드는 떨어져 있는 베이스 스테이션(base station)에 대해 클러스터내의 노드들로부터 수신한 데이터를 함께 정리해서 송신한다.

LEACH에서는 각 노드들이 미리 네트워크내의 바람직한 클러스터 헤드 할당 비율을 잘 알고 있다는 것을 전제로 하고 있다. 클러스터 헤드에 대한 할당 비율이 낮으면 노드들이 클러스터 헤드로부터 물리적으로 거리가 멀어지기 때문에 통신 전력의 소비가 증가하게 된다. 한편 클러스터 헤드의 할당 비율이 너무 많아지면 휴지 상태로 될 수 있는 노드들이 줄어들기 때문에 소비 전력의 측면에서 성능이 나쁘게 될 가능성이 있다. 트래픽의 종류나 노드의 밀도를 고려하여 최적의 클러스터 헤드의 할당 비율을 설정할 필요가 있다.

각 노드들은 일정 시간 간격으로 자신이 클러스터 헤드가 되는지 아닌지를 판단한다. 선택한 난수 $k(0<k<1)$가 아래의 식으로 표현되는 $T(n)$ 이하이라면 클러스터 헤드가 된다.

$$T(n)=\begin{cases}\dfrac{P}{1-P^{*}\left(r\bmod\dfrac{1}{P}\right)} & \text{if } n\in G\\ 0 & \text{otherwise}\end{cases}$$

여기서 P는 바람직한 클러스터 헤드 할당 비율, r은 라운드 수, G는 과거 $1/P$ 라운드 동안에 클러스터 헤드가 되지 않은 노드들의 집합을 나타낸다. G에 속하지 않은 노드들은 $T(n)$의 값이 0이기 때문에 클러스터 헤드로는 되지 않는다는 것을 알 수 있다. 즉, LEACH에서는 특정 노드들만 클러스터 헤드로 지정되는 것이 아니라 모든 노드들이 균등하게 클러스터 헤드의 역할을 할 수 있는 구조로 되어 있다. 이것은 특정 노드들에만 통신 부하가 집중되어 소비 전력량이 많아지는 것을 피하기 위해서이다.

클러스터 헤드가 된 노드들은 클러스터 헤드 통지 메시지(CHA: Cluster Head Advertisement)를 CSMA/CA로 브로드캐스트한다. 클러스터 헤드 이외의 노드들은 수신한 CHA 메시지들 중에서 가장 전파 강도가 높은 CHA 메시지를 송신한 클러스터 헤드에 대해 CSMA/CA로 클러스터 참가 요청을 송신한다. 전파강도가 높다는 의미는 물리적인 거리가 가장 가깝고 적은 전력으로 통신할 수 있다는 것을 나타내기 때문이다. 그런 후에 클러스터 헤드는 클러스터 참가 요청을 보내온 멤버들에 대해 TDMA의 스케줄링을 수행한다. 그림 3.7은 라운드마다 클러스터 헤드가 변화는 이미지를 나타내었다.

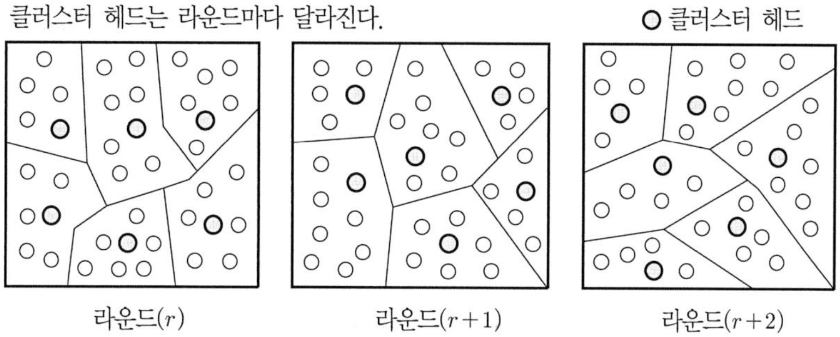

그림 3.7 LEACH에 의한 클러스터 헤드의 선택

(2) S-MAC(Sensor MAC)

S-MAC [3.15]는 회선 쟁탈 방식을 센서 네트워크에 적응시킨 구조이다. 현재 실내 무선 랜으로 널리 이용되고 있는 IEEE 802.11에는 Idle Listening 시간을 감소시키기 위한 소비 전력의 절약 기능이 갖춰져 있다. IEEE 802.11의 애드혹 모드에서의 송신 노드는 데이터를 송신하는 경우에 수신 노드에 대해 애드혹 트래픽 발생 알림 메시지(ATIM: Ad-hoc Traffic Indication Message)를 송신한다. ATIM은 주기적인 비콘의 전송 후에 뒤따르는 ATIM 윈도우라고 하는 기간에 송신하도록 되어 있다. ATIM을 수신한 노드들은 휴지 상태로 천이되지 않고 데이터가 송신되기를 리스닝 상태로 대기한다. 한편, ATIM을 수신하지 않는 노드들은 ATIM 윈도우 기간이 종료하면 비콘 신호가 수신될 때까지 휴지 상태로 천이한다.

S-MAC의 기본적인 구조는 IEEE 802.11의 애드혹 모드에서의 소비 전력을 절약하기 위한 구조와 유사하게 되어 있지만 비콘을 상정하지 않은 점과 멀티 홉 통신을 고려하고 있다는 점이 다르다. 그림 3.8에 나타낸 것처럼 S-MAC에서는 통신 디바이스를 프레임 간격이라 하는 주기적인 간격으로 리스닝과 휴지 상태를 반복적으로 변화시킨다. 매 주기마다 리스닝 기간은 전체의 10%정도의 기간을 권장하고 있다. 송신 데이터를 가진 노드는 리스닝 기간 동안에 RTS(Request To Send)를 송신하고 CTS(Clear To Send)를 받은 즉시 데이터의 송신을 개시한다. 데이터의 송수신이 개시되면 그 송수신이 완료되기까지는 휴지 상태로 천이하지 않도록 한다.

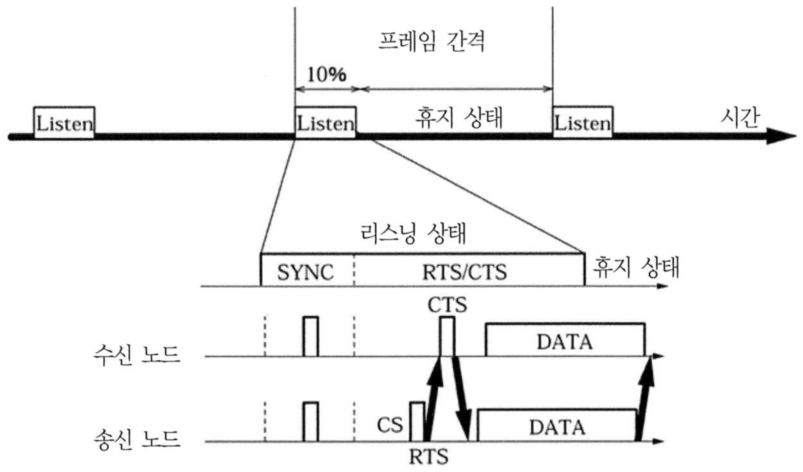

그림 3.8 S-MAC에서의 데이터 전송

이러한 구조를 실현하기 위해서 송신 노드는 수신 노드의 리스닝 기간이 언제인지를 알아 두지않으면 안된다. 왜냐하면 휴지 상태의 노드는 RTS/CTS와 같은 데이터들을 받아들일 수 없기 때문이다. 이 때문에 S-MAC은 이웃 노드에 대해 자신의 리스닝 기간과 휴지 기간에 스케줄을 알려주는 장치가 준비되어 있다. 이 통지 메시지는 상태 천이된 직후의 SYNC 기간 동안에 리스닝 기간으로 보내지도록 되어 있다.

스케줄링이 결정되어 있지 않은 신규 노드들은 일정기간 동안 리스닝 상태가 되어 다른 노드들로부터 스케줄 통지를 기다린다. 리스닝 기간 동안에 스케줄 통지를 받지 못한 경우에는 임의의(random) 시간을 대기한 후, 자신의 스케줄을 스스로 결정하여 이웃 노드들에 송신한다. 스케줄 통지를 보내기 전에 다른 노드들로부터의 스케줄을 수신한 경우는 자신의 스케줄을 수신한 스케줄에 함께 합쳐둔다.

S-MAC에서의 모든 노드들은 스케줄이 동기화되는 것을 이상적인 형태로 보고 있지만, 멀티 홉 통신에서는 스케줄 통지의 전송에 시간이 걸리기 때문에 경계 노드들은 서로 다른 스케줄을 이웃 노드들로부터 수신할 가능성도 있다. 이처럼 자신들의 스케줄을 결정한 후에 다른 노드들로부터 별도의 스케줄을 수신한 노드는 자신의 스케줄을 나중에 수신한 스케줄에도 함께 합쳐둔다. 즉 복수개의 스케줄을 가진 노드들이 존재할 수 있다는 것이다.

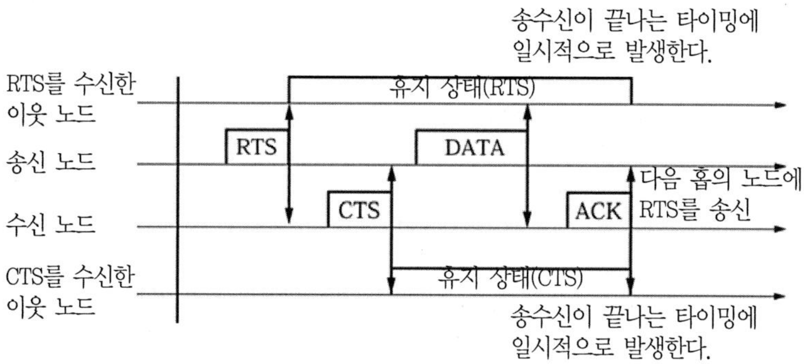

그림 3.9 S-MAC에서의 적응형 리스닝

S-MAC를 제안한 사람들은 나중에 S-MAC의 확장기능으로서 적응형 리스닝 기능(그림 3.9)을 추가하였다 [3.18]. 종래의 방식으로는 하나의 주기마다 데이터를 1홉만 송신할 수 있었다. 이 때문에 홉 개수가 많은 통신에서는 데이터의 도착까지 지연시간이 증가한다. 적응형 리스닝 기능에서는 송수신 노드들 사이에서 교환되는 RTS/CTS를 수신하고, 이때 수신한 이웃 노드들은 데이터의 송수신이 끝날 타이밍에 일시적으로 휴지 상태에서 리스닝 상태로 천이한다. 그러나 수신한 노드들은 데이터의 수신을 완료하면 즉시 RTS를 송신하며, 그 이후에 홉 노드가 이전의 송신 RTS/CTS를 받고 있을 경우에는 리스닝 상태이기 때문에 곧 CTS를 반환하는 것이 가능하다. 이렇게 함으로써 2홉의 연속적인 송신을 구현할 수 있다.

3.2.2 적응형 토폴로지

적응형 토폴로지는 노드를 높은 밀도로 배치해 두고 필요한 최소의 노드들만을 동적으로 이용하도록 하여 네트워크 전체의 수명을 연장시키는 방법이다 [3.19, 3.20, 3.21]. 예를 들어 10개의 노드들을 배치하여 1년간 가동하는 네트워크에 100개의 노드들을 배치함으로써 10년간 가동시킬 수 있도록 하는 방법이다. 여기서 100개의 노드들을 아무것도 고려하지 않고 사용하면 1년 만에 모든 전원이 없어져 버릴 것이라는 것은 말할 필요도 없다. 적응형 토폴로지에서는 노드끼리 협력하여 어느 노드가 통신 디바이스를 동작시켜 데이터를 중계할 것인지, 아니면 어느 노드들이 통신 디바이스를 정지시켜 두게 할 것인지에 대한 결정을 자율 분산적으로 실현한다.

생존기간(lifetime)을 연장하는 방법으로는 노드들의 전력이 없어지기 까지 1대씩 이용하는 방법과, 모든 노드들의 전력을 조금씩 이용하는 방법이 있지만, 일반적으로 후자의 방법을 많이 선택하고 있다. 즉 가능한 모든 노드들이 오랫동안 함께 존속하는 것이 이상적이다. 이는 모든 노드들이 동일하게 중요한 존재들이고 특정한 노드만이 부하가 걸리지 않도록 하기 위해 설계되어 있기 때문이다.

적응형 토폴로지의 과제는 노드들이 통신 디바이스의 동작/휴지 스케줄만이 아니라 어플리케이션의 요구에 맞는 토폴로지를 자율 분산적으로 구성하여 네트워크의 수명을 연장하는 것이다. 하지만 이는 다음과 같이 트레이드오프(trade-off)라는 것이 존재한다.

① **휴지상태의 노드가 많은 경우** : 동작 노드간의 거리가 멀어져서 에러율이 높아진다. 이 때문에 통신 전력의 증가나 데이터의 재전송에 따른 송신 전력이 증가할 가능성이 있다. 또한 센싱 영역에도 영향을 주기 때문에 이러한 영역들을 관리하는 장치가 필요로 하게 된다.

② **동작상태의 노드가 많은 경우** : 불필요한 노드가 아이들 리스닝(Idle Listening) 상태로 되기 때문에 소비 전력의 절약 관점에서는 효율이 나쁘다. 또한 짧은 거리에서 데이터 통신이 빈번하게 일어나기 때문에 간섭에 따른 네트워크 폭주가 발생할 가능성이 높다.

(1) Span

Span [3.21]은 네트워크 내의 모든 노드에 대해 접속성을 제공할 수 있는 최소한의 코어 노드(코디네이터, core node, coordinator)들을 동작상태로 있게 하고, 그 이외에 다른 노드들을 휴지상태로 있게 하여 전력소비를 아껴 네트워크의 지속시간을 향상시키는 방법이다.

각 노드는 정기적으로 자신들이 코디네이터가 되는지 아닌지를 판단한다. 이것은 자신들의 모든 이웃 노드들간의 직접 통신 또는 2대 이하의 코디네이터를 경유하여 통신 가능한가에 따라 판단할 수 있다. 만일 이 조건에서 통신할 수 없는 이웃 노드들이 존재하는 경우에는 자신들이 코디네이터가 된다.

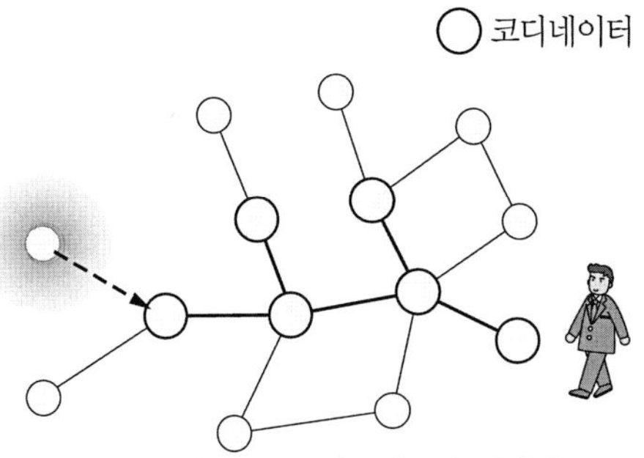

그림 3.10 Span의 이미지

코디네이터가 된 노드들은 네트워크의 백본(backbone)이 되어 이웃 노드들로부터 수신한 데이터들의 라우팅을 수행한다. 즉 Span에 의해 구성된 네트워크에서는 모든 노드들은 반드시 1대 이상의 코디네이터와 통신이 가능한 상태로 되어 있다. 그림 3.10에 Span의 이미지를 나타내었다.

코디네이터가 되는지 아닌지의 판단을 모든 노드들이 동시에 수행하면 많은 노드들이 코디네이터가 되어 버릴 가능성이 높기 때문에 冗長性이 높아질 위험성이 있다. 이 때문에 Span에서는 전력 잔량이나 이웃 노드들끼리의 접속성 등에 대한 정보를 이용하여 자신이 코디네이터가 된다고 판단한 경우에만 송신할 코디네이터 통지 메시지를 송신하기까지의 지연 시간으로 설정해 둔다. 전력 잔량이 많은 노드들이나 이웃 노드들이 많이 존재하는 노드일수록 이 지연시간이 짧아지며 코디네이터가 되기 쉽다. 만약 자신이 메시지를 송신하기 전에 다른 노드로부터 코디네이터 통지 메시지를 수신한 경우에는 다시 한 번 자신이 코디네이터가 되는지 아닌지를 따져 보게 된다.

(2) GAF(Geographical Adaptive Fidelity)

GAF [3.20]는 각 노드들이 그 위치 정보를 미리 알고 있다는 것을 전제로 설계되어 있다. 라우팅의 역할을 하는 동작 상태의 노드들을 동적으로 변경하고 이외의 노드들은 휴지 상태로 있게 하여 소비 전력을 절약하도록 하고 네트워크 지속 시간을 증가시킨다.

GAF의 최대 특징은 위치 정보를 이용하여 물리적인 공간을 가상적인 격자 모양으로 나누는 것이다. 격자 모양으로 나눌 때 인접한 격자 내에 있는 모든 노드들은 서로 통신이 가능하다. 가상 격자는 한 변을 r인 정방형이라 하고, 전파 도달거리 R을 이미 알고 있다고 가정하면, 인접한 정방형 내에서 최장의 거리가 되는 대각선의 길이는 $\sqrt{r^2+(2r)^2}$이 된다. 이 길이가 R 이하라면 인접한 정방형 내의 노드들은 반드시 통신할 수 있게 된다. 이 때문에 한 변의 길이가 $r < R/\sqrt{5}$이 되도록 격자를 나눌 필요가 있다. 그림 3.11의 좌측에 r과 R의 관계가 표시되어 있다.

GAF에는 휴지상태, 탐색상태, 동작상태 등의 3가지 상태가 존재하며 동작상태의 노드들이 라우팅을 담당한다. 각 노드들은 탐색상태로부터 개시하고 탐색 메시지를 송신한다. 탐색 메시지에는 노드 ID와 격자 ID 그리고 전력 잔량에 따라 계산된 예상 존속 시간과 노드의 현재 상태에 관한 4가지 정보가 포함되어 있다.

탐색상태의 노드들은 일정 기간(T_d)이 경과되면 동작상태로 천이된다. T_d는 전력 잔량이 많은 노드일수록 적은 값을 이용된다. 동작상태는 일정 시간(T_a)이 경과될 때까지 지속된다. T_a의 값은 예상 존속 시간의 절반 정도가 권장된다.

탐색상태와 동작상태의 노드들은 조건에 따라 휴지상태로 천이하기 때문에 최종적으로는 각 격자 내에 한 가지 동작상태의 노드만이 남게 되며, 그 조건에는 2가지가 있다. 첫 번째 조건은 탐색상태의 노드들이 탐색 메시지를 활동상태의 노드들로부터 수신한 경우이다. 동작상태의 노드들은 T_d의 간격으로 탐색 메시지를 송신하도록 되어 있다. 두 번째 조건은 동작상태의 노드들이 자신들의 예상 존속시간과 비교하여 보다 큰 값의 예상 존속 시간을 포함한 탐색 메시지를 수신한 경우이다. 그림 3.11의 우측은 이러한 상태 천이를 그림으로 나타낸 것이다.

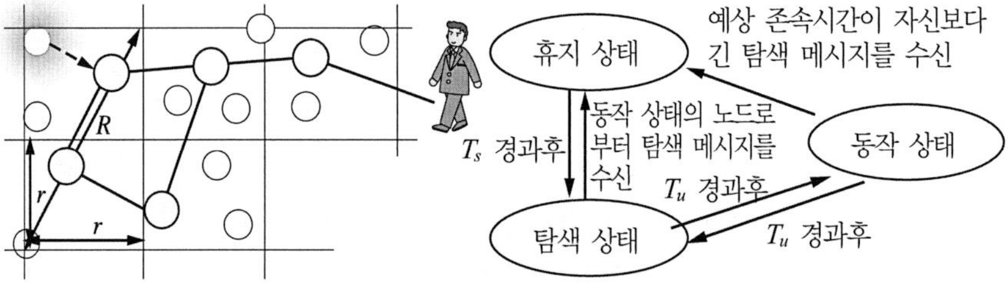

그림 3.11 GAF의 이미지

동작상태의 노드들이 송신하는 탐색 메시지에는 T_a가 포함되어 있다. 휴지상태로 천이하는 노드들은 그 값에 따라 휴지 기간을 계산하여 동작상태의 노드가 동작기간이 끝나는 타이밍에 탐색상태로 천이한다. 동작상태에 있던 노드들은 T_a 시간 경과 후 탐색상태로 천이하게 되는데 그 전력 잔량이 줄어들어 있기 때문에 다른 노드가 동작상태로 될 가능성이 높아진다.

또한, 동작상태의 노드들이 이동하는 경우에는 격자 내에 동작상태의 노드가 하나도 남지 않게 되는 상황도 고려해야 한다. 이러한 상황을 피하기 위해서 격자의 크기와 이동 속도로부터의 동작상태 노드가 격자를 벗어날 시간을 계산해 낸다. 동작상태의 노드가 송신하는 T_a의 최대치는 이 계산된 시간에 따라 제한되도록 하는 형태로 대비한다.

3.2.3 토폴로지 제어

센서 네트워크에서 소비전력의 절약을 위한 대응 방안의 하나로 토폴로지 제어라는 기술이 있다. 무선 통신에서는 송신 전력을 줄이면 통신 가능 거리가 줄어들게 된다. 수미터 앞의 노드와 통신을 하기 위해서 수백 미터의 통신 거리 능력을 가진 전력을 사용하는 것은 효율적인 측면에서 좋지 않다. 또 통신 거리를 멀게 한다는 것은 다른 노드의 통신에도 간섭을 일으킬 수 있기 때문에 대역폭 이용 측면에서도 효율이 나빠질 가능성이 있다.

이러한 토폴로지 제어기술을 위해 몇가지 방법들이 제안되었는데, 예를 들어 노드들이 설치된 밀도와 전파 도달 거리를 일정 정도로 상정하여 평균 이웃

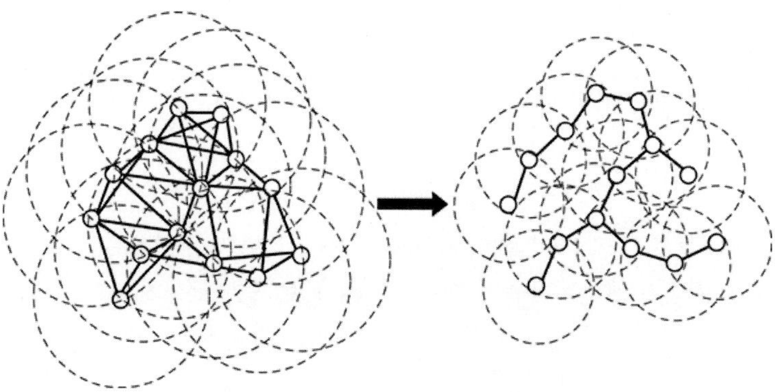

그림 3.12 토폴로지 제어에 대한 예제

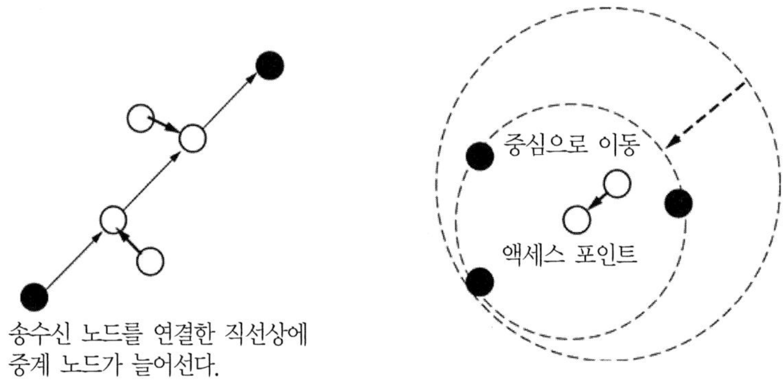

그림 3.13 이동 노드에 의한 토폴로지 제어의 예제

접속 노드 개수 n을 만족시키기 위해 어느 정도의 통신 가능 거리를 설정하는 것이 좋은지에 대한 계산방법이 있다. 그림 3.12에서는 왼쪽에 나타낸 토폴로지를 토폴로지 제어를 통해 평균 이웃 접속 노드수가 2를 만족하도록 송신 전력을 조정한 결과를 나타내고 있으며, 링크 수가 줄어들어 간섭이 적은 네트워크 토폴로지로 변해져 있음을 확인할 수 있다.

또한 전체적으로 통신 거리만을 조절하는 것이 아니라, 각 노드들간의 통신(유니캐스트, 브로드캐스트)에 있어서도 이웃 노드들과의 위치관계에 기반을 둔 송신 전력량을 동적으로 조정하는 방법도 있다. 그 외에는 이동 가능한 노드들을 상정하여 그림 3.13에 나타낸 것과 같이 통신 경로의 노드들을 일렬로 줄지어 이동시켜 클러스터형에서 액세스 포인터가 되는 노드를 클러스터 멤버의 중심으로 이동시키는 방법이 있다.

3.3 네트워크층

네트워크층의 역할은 임의의 2점간의 데이터 통신을 제공하는 것이고 인터넷에서는 IP가 그 역할을 담당하고 있다. 센서 네트워크에서는 노드의 전력용량, CPU, 메모리 등과 같은 자원이 부족하기 때문에 상위층의 정보를 적극적으로 이용하는 것보다는 효율적인 데이터 배송 처리를 위하여 접근하는 방법이 더 바람직하게 받아들여지고 있는 점이 특징적이다.

3.3.1 애드혹 네트워크와의 관계

센서 네트워크의 데이터 배송 방법에 영향을 주는 기술로는 애드혹 네트워크의 존재를 무시할 수 없을 것이다. 주요한 유사점은 위치를 특정하지 않은 노드간의 경로를 동적으로 구축한다는 점이다. 애드혹 네트워크는 지금까지 매우 많은 수의 경로 제어 프로토콜들이 제안되었고 표준화를 위해 오랫동안 노력을 해 왔다 [3.22, 3.23, 3.24, 3.25]. 그 이유는 노드들의 이동 모델이나 밀도, 트래픽 특성, 네트워크규모 등의 상정한 환경의 차이에 따라 경로 제어 프로토콜의 성능이 크게 좌우되기 때문이다.

애드혹 네트워크에서 제안되어 온 경로제어 프로토콜을 센서 네트워크에서 이용할 수도 있다. 하지만 센서 네트워크는 애드혹 네트워크와 다르며 노드의 입장에서도 모두 동등하지 않고 관찰자와 센서라는 서로 다른 입장의 노드들이 존재한다. 센서들 사이에서의 정보중계는 하지만 서로 종단 노드들이 되어 정보교환하는 것은 드물다. 이 때문에 센서 네트워크에서는 관찰자로부터 센서로의 통신과 센서로부터 관찰자로의 통신을 고려하여 효율화가 이루어져야 한다 [3.11, 3.17, 3.26].

또한, 센서 네트워크에서는 관찰자의 이동만을 고려하고 센서의 이동은 고려하지 않는 경우가 많다. 로봇을 센서 노드로 하는 이동형 센서 네트워크도 있지만, 그 이동 특성은 어느 정도 예측이 가능하고 애드혹 네트워크와 유사한 정도의 노드 이동에 대한 유연성이 요구되지 않는다. 이와 같이 센서 네트워크와 애드혹 네트워크에서는 상정하고 있는 환경이 명확하게 다르다. 또한 이용하는 어플리케이션에 특화된 소비전력의 절약방법도 구현이 가능하며

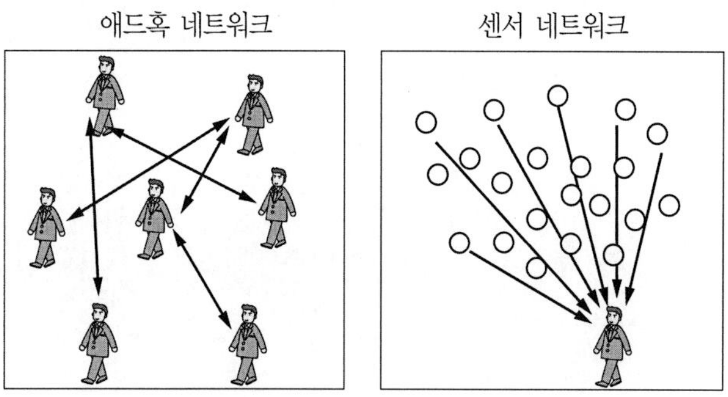

그림 3.14 애드혹 네트워크와 센서 네트워크의 차이점

애드혹 네트워크와는 다른 새로운 경로제어 프로토콜들의 제안이 기대되고 있는 실정이다.

본 절에서는 애드혹 네트워크의 경로제어 프로토콜의 개요를 기술한다. 또한 센서 네트워크의 관점에서 볼 때 애드혹 네트워크 영역에서 큰 영향을 끼치고 있는 기술로서 위치정보를 이용한 경로제어 프로토콜에 대해 기술한다.

3.3.2 애드혹 네트워크 경로제어

애드혹 네트워크란 이동 가능한 무선단말에 의해 구축되는 네트워크이다. 무선전파가 도달할 수 없는 단말들 간의 통신은 중간에 있는 다른 단말들이 데이터를 중계하는 멀티홉 통신에 의해 통신을 수행한다. 이러한 네트워크는 네트워크 구축의 용이성, 신속성의 측면에서 우수하며 인프라에 대한 의존이 적고 사용자에 대한 유연성이 향상되는 등의 장점이 있다. 한편 애드혹 네트워크는 그 구조상 제3자와의 협력이 필수적이고 협력자에 대한 보상이나 보안문제 등 그 구현에 있어서 많은 연구과제가 남아 있다.

애드혹 네트워크에서는 어떻게 임의의 두 노드들 사이의 통신을 실현해 낼 것인가라는 경로 제어에 대한 연구가 높은 관심을 받고 있다. 종래의 인터넷에서 노드의 주소는 네트워크상의 위치에 맵핑되어 있지만, 애드혹 네트워크에서는 노드의 이동이 고려되어야 하기 때문에 주소에 의존하는 종래의 경로제어와는 다른 경로제어 방법을 제공할 필요가 있다.

경로제어 방법은 크게 2종류로 분류할 수 있다. 그중에 하나는 통신을 시작할 때 경로를 탐색하는 리액티브(reactive)형 프로토콜이며, 또 다른 하나는 정기적인 정보교환에 의해 경로를 결정하는 프로액티브(proactive)형 프로토콜이다. 두 종류의 프로토콜을 조합한 하이브리드형 프로토콜도 있지만 그 성능에 대해서는 크게 기대되고 있지 않으며 현시점에서 명확하지도 않다.

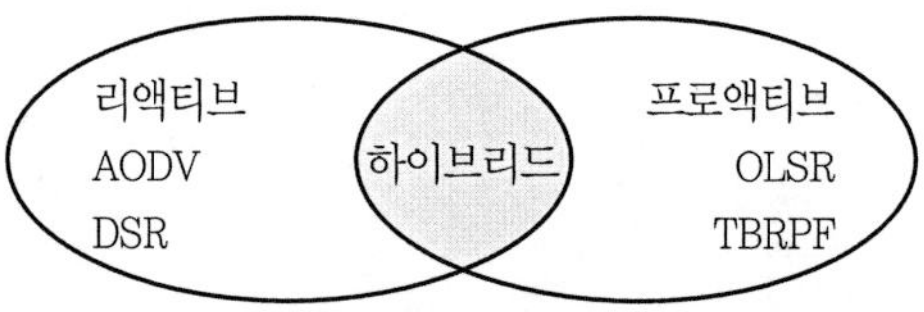

그림 3.15 애드혹 네트워크의 경로제어 프로토콜

경로제어 프로토콜에서 요구되는 성능은 어플리케이션마다 다르다. 또한 그 성능도 사용자의 이동성이나 트래픽 종류에 따라 변동하는 특성을 가지고 있다. 예를 들어 고속으로 이동 가능한 자동차에서 구축되는 애드혹 네트워크에서의 경로제어 프로토콜과 거의 모든 사람들이 의자에 앉아 있는 회의실에서 구축되는 애드혹 네트워크에서의 경로제어 프로토콜에 대해 요구되는 구조 자체가 틀리다. 이것은 모든 경우에 대해 만능인 경로제어 프로토콜은 존재하지 않는다는 것을 의미한다.

예를 들면, 통신 요구가 적은 네트워크에서는 중복적인 제어 메시지를 줄일 수 있는 리액티브형 프로토콜이 좋지만 통신을 시작하기까지는 지연이 발생하기 때문에 이를 중시하는 어플리케이션에 대해서는 적합하지 않다. 한편 통신 개시 지연이 거의 없는 프로토콜에는 프로액티브형 프로토콜이 있지만 데이터 통신량이 거의 없는 네트워크나 토폴로지 변경이 빈번한 네트워크에서는 불필요한 경로제어 정보가 증가하게 되어 오히려 효율이 나빠진다.

최근에 인터넷 표준단체인 IETF는 많은 제안방법들 중에서 프로액티브형 프로토콜 2가지(DSR, AODV)와 리액티브형 프로토콜 2가지(OLSR, TBRPF) 등 총 4가지 방식을 실험 RFC로서 선정하고 논의를 진행하기로 결정하였다.

(1) DSR(Dynamic Source Routing)

DSR은 오래된 프로토콜 [3.11]이며 주요한 특징으로는 리액티브형 프로토콜이라는 점과, 송신(source) 노드가 수신(destination) 노드까지의 경로를 모두 패킷 헤더에 포함시켜 보내는 소스 라우팅 방식을 이용하고 있다는 점이다. 수신 노드에 대한 정보를 알 수 없는 경우에는 송신 노드는 네트워크 내에 경로 요구(RREQ: Route Request)를 플러딩(flooding)한다. 플러딩이란 브로드캐스트를 이용하여 도달 가능한 네트워크 내의 모든 노드에 패킷을 전송하는 방식이다. 패킷에는 식별자가 부가되어 있으며 각 노드는 수신한 패킷을 단 한번만 브로드캐스트하는 규칙으로 패킷을 중계하도록 되어 있다.

각 노드는 RREQ를 중계할 때 RREQ내에 자신의 주소를 부가하여 중계한다. 수신 노드에 도달한 RREQ는 도달하기 전까지 경유한 모든 노드의 주소가 순서대로 부가되어 있다. 수신 노드는 이 경로의 역순으로 전송되는 소스 라우팅을 이용하여 경로 응답(RREP: Route Reply) 패킷을 송신 노드로 회신하여 획득한 경로를 전달한다.

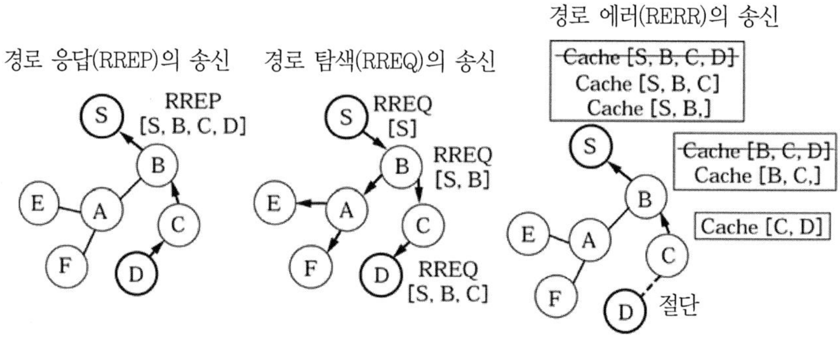

그림 3.16 DSR의 구조

각 노드는 데이터를 중계할 때 다음 홉으로의 중계가 성공했는지에 대한 것을 반드시 확인해야 한다. 확인 방법은 구현 방법에 따라 달라지는데 확인 응답을 이용하는 방법이 일반적이다. 데이터 중계에 대한 성공이 확인되지 않는 경우에는 경로 에러(RERR: Route Error)를 송신 노드로 향하여 송신한다. RERR을 중계하는 노드는 경로 에러가 발생한 노드간의 링크를 포함하여 모든 경로정보를 경로 테이블(routing table)로부터 삭제한다.

(2) AODV(Ad-hoc On Demand Vector)

AODV [3.27]의 주요한 특징은 리액티브형 프로토콜이라는 점과 각 노드가 다음에 어느 노드로 패킷을 보내면 좋은지에 대한 경로 테이블을 유지하고 있다는 점이다. 즉, 각 노드는 다음에 중계해야 하는 노드만 알면 되고, 그 후에는 어떻게 수신 노드까지 패킷이 전송되는지에 대해서는 신경 쓰지 않는다.

수신 노드(D)까지의 경로를 알지 못하는 송신 노드(S)는 RREQ를 네트워크로 플로딩한다. RREQ 패킷을 중계하는 노드들은 패킷을 보내온 노드를 송신 노드 S 경로 상의 다음 홉 노드로 기록해 둔다. RREQ를 처리해 감에 따라 송신 노드 S로의 경로정보가 모든 노드들에 의해 구축된다.

이렇게 구축된 경로를 이용하여 수신 노드 D는 송신 노드 S에 대해 유니캐스트로 RREP를 송신한다. RREQ에 대한 처리와 동일하게 RREP를 중계하는 노드들은 수신 노드 D로부터의 경로에서의 다음 홉 노드에 대해서도 알 수 있다. RREP가 송신 노드 S에 도달하게 되면 송신 노드 S와 수신 노드 D 사이의 쌍방향 경로가 확립된다.

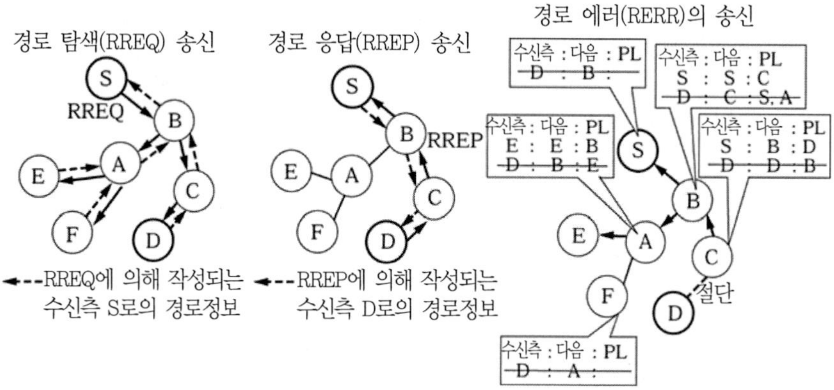

그림 3.17 AODV의 구조

각 노드는 RREP를 수신할 때, 앞선 노드와 다음 노드를 선임자(precursor) 리스트에 추가한다. 그림 3.17은 이러한 처리를 하는 모습을 보여준다. 선임자 리스트는 그 경로를 이용하는 이웃 노드들의 리스트를 의미하며, 이는 경로 에러의 처리에 이용된다. AODV에 있어서도 DSR와 동일하게 각 노드는 다음 노드에 대한 경로에 대한 유효성을 확인해야 한다. 확인할 수 없는 경우에는 RERR을 데이터 송신측(source)으로 전송하도록 되어 있다. 수신 노드로의 경로 상에 무효가 된 노드가 있다면 그 노드로의 링크를 포함하는 경로는 모두 무효화할 필요가 있다. 더욱이 선임자 리스트에는 그 경로를 이용하는 이웃 노드들이 기록되어 있다. 이러한 노드들은 에러가 발생한 수신 노드에 대한 경로를 유지하고 있을 확률이 높기 때문에 선임자 리스트에 있는 모든 노드들에게 RERR을 전송한다.

(3) OLSR(Optimized Link State Routing)

프로액티브형 프로토콜인 OLSR [3.22]의 가장 큰 특징은 멀티 포인트 릴레이(MPR: Multi-Point Relay) 집합이라 하는 메커니즘을 이용하여 플러딩을 효율적으로 할 수 있게 한다는 점이다. 종래의 플러딩은 모든 노드들이 패킷을 한 번씩은 반드시 중계하는 것에 비해, MPR 집합을 이용한 플러딩은 최소한의 필요한 노드들만이 패킷 중계를 한다. 각 노드들은 자신이 어떤 노드의 MPR인지를 알고 있으며 그 노드로부터의 패킷만을 중계한다.

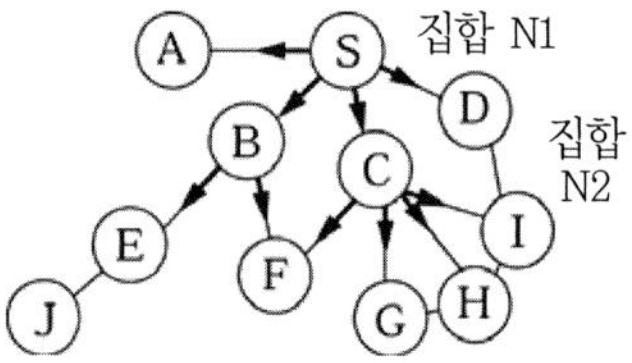

집합 N1	집합 N2
A	없음
B	E, F
C	F, G, H, I
D	I

집합 N1	집합 N2
A	없음
B	E, F
C	G, H, I
D	없음

그림 3.18 OLSR MPR 집합의 선택

MPR의 선택방법은 그림 3.18과 같다. S는 이웃 노드와의 Hello 메시지의 교환을 통해 2홉 이하의 홉수로 접속 가능한 노드들에 대한 경로 정보를 수집한다. 1홉으로 접속되는 노드들의 집합을 N1으로 하고 2홉으로 접속할 수 있는 노드들의 집합을 N2로 한다. 집합 N1의 노드들 중에서 유일하게 집합 N2의 노드와 연결된 노드를 선택한다. 그림 3.18에서는 노드 B가 유일하게 노드 E와 연결되어 있기 때문에 최초로 선택된다. 그 다음으로 가장 많은 집합 N2를 가진 집합 N1의 노드를 선택한다. 예제에서는 노드 C에 해당한다. 집합 N2가 없어질때까지 이 처리를 반복함으로써 최종적으로 집합 N1에서 MPR 집합이 선택된다. 예제에서는 노드 B, C가 노드 S의 MPR 집합이 된다.

각 노드들이 송신하는 Hello 메시지에는 자신의 MPR 집합의 리스트도 포함되어 있다. 이 리스트로부터 각 노드들은 자신이 노드의 MPR인지를 알 수 있다. 이 MPR은 플러딩을 위해 이용되는데 자신이 MPR로서 선택되어 있는 노드들로부터의 패킷만을 중계하도록 되어 있는 메커니즘이다.

실제로 이 MPR을 이용한 플러딩은 경로 테이블을 구성하는데 이용된다. MPR에 선택된 노드들은 자신이 어느 노드의 MPR인지에 대한 리스트를 플러딩한다. 여기서 MPR에 선택된 노드들만이 플러딩한다는 점에 주목할 필요가 있다. 모든 노드들은 반드시 하나이상의 MPR 집합을 선택해 두고 있다. 어떤 노드가 선택되어진 MPR 집합을 알고 있다는 것은 그 노드로의 경로에서 한 홉 이전의 노드를 알 수 있다는 것이 된다. 또한 그 한 홉 이전 노드의 MPR 집합도 알고 있기 때문에 최종적으로 각 노드들은 네트워크 전체의 토폴로지 구성을 알아낼 수 있게 된다. 실제 데이터는 이 경로 테이블에 따라 송신된다.

(4) TBRPF(Topology Broadcast Based on Reverse-Path Forwarding)

프로액티브형 프로토콜은 노드들의 이동에 따라 토폴로지가 변경된 경우, 네트워크내의 모든 노드들의 경로 테이블에 영향을 줄 가능성이 있다. TBRPF

[3.28]에서는 이러한 토폴로지의 변경 처리에 필요한 비용을 최소한으로 억누르기 위해 안정된 링크의 선택이나 토폴로지의 차분정보를 적극적으로 이용하고 있다.

TBRPF에서는 최종적으로 네트워크 내의 모든 노드들에 대한 최단 경로인 송신트리(Source Tree) T를 작성한다. 모든 노드들이 동일한 토폴로지로 작성된 T를 유지함으로써 어떤 노드들과의 통신도 가능하다. 따라서 어떻게 동일한 토폴로지를 공유하면 좋을 것인지를 생각하면, 가장 간단한 방법은 각 노드들이 자신의 이웃 노드들의 리스트를 네트워크 내의 모든 노드들에 전송하면 되는 것이다. 하지만 그렇게 하면 트래픽량이 극대화되기 때문에 효율이 나빠진다. 이 때문에 T의 부분집합이 되는 報告 부분트리(RT: Reported subTree)라는 정보를 정기적(예를 들면 5초 정도)으로 송신한다. 또한 보다 상세한 시간 정밀도(예로 1초 정도)로 RT에 추가/삭제와 같은 변경이 발생한 경우에는 차분정보를 송신한다. RT의 전체 정보를 송신하는 것은 신규로 네트워크에 포함된 노드에는 차분정보만으로는 충분하지 않기 때문이다.

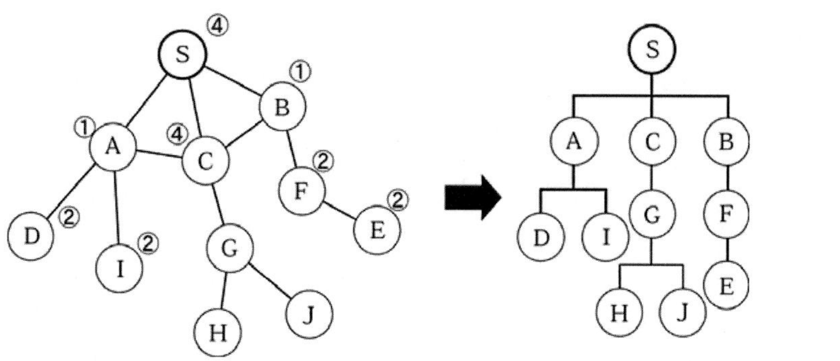

네트워크 토폴로지 송신자 트리와 보고 부분트리(RT)의 작성

송신트리로부터 보고 노드 집합(RN), 보고 부분트리(RT)의 작성

① 노드 i의 이웃 노드들중에서 1개의 노드가 노드 i를 노드 j로의 최단경로에 포함되는 경우 노드 i는 노드 j를 RN에 포함시킨다.
② 트리 T에서 RN을 다음 홉으로 하는 하위의 노드들을 모두 RN으로 포함시킨다.
③ 이웃 노드와 자신의 노드를 모두 RN에 포함시킨다.
④ RN으로 구성되는 경로 정보가 RT로 된다.

그림 3.19 보고 부분트리의 작성

이러한 RT 정보는 이웃 노드들에게만 송신되고 중계는 되지 않는다. 하지만 이 정보가 이웃 노드의 RT를 변경하게 되는 경우 이웃 노드들은 자신들의 RT 정보를 이웃 노드들에게 송신한다. TBRPF의 이러한 처리가 단순한 플러딩과는 다른 특징적인 부분이다. RT의 작성방법을 그림 3.19에 나타내었다.

3.3.3 위치 정보를 이용한 경로제어

각 노드들이 자신들의 절대적인 위치를 알고 있는 것을 가정한 경로 제어 방법들이 제안되어 있다. 앞 절에서도 설명하였지만 센서 네트워크에서 노드들이 위치를 알고 있다는 전제는 타당하다. 이 때문에 애드혹 네트워크에서는 그다지 주목받지 못했던 위치정보를 이용한 경로제어 기술이지만 센서 네트워크에서는 주목받고 있다. 이러한 방식의 경로 제어의 기본적인 메커니즘은 우선 각 노드들이 이웃 노드들에 대해 자신의 위치 정보를 정기적으로 통지한다. 데이터를 전송하는 경우 수신 노드의 위치에 가장 가까운 자신의 이웃 노드에 대해 데이터를 전송하며, 데이터를 수신한 노드는 또 다시 자신의 이웃 노드들중에서 수신노드와 가장 가까운 위치에 있는 이웃 노드로 데이터를 전송한다. 이러한 처리를 반복하여 최종적으로 수신 노드까지 데이터를 전송하도록 되어 있다. 이러한 데이터 전송 방식을 Greedy Forwarding [3.29]이라 한다.

이 Greedy Forwarding 방식이 항상 잘 동작하는 것은 아니다. 그림 3.20은 Greedy Forwarding이 잘 전송되지 못하는 상황을 나타내고 있다. 송신 노드 S가 수신 노드 D쪽으로 데이터를 전송하기 위해 가지고 있다고 한다. 이 때

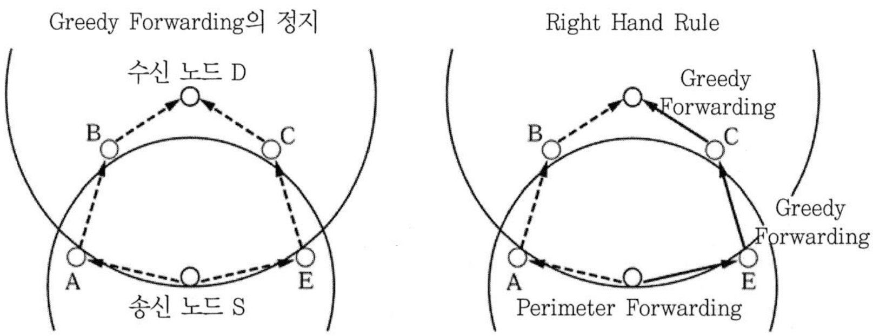

그림 3.20 Right Hand Rule

노드 S로부터 노드 D로의 경로는 노드 A, B를 경유하는 경로와 노드 E, C를 경유하는 경로의 2 종류가 존재한다. 하지만 노드 S의 이웃 노드인 A, E는 노드 S보다 노드 D에서 먼 곳에 위치한다. 따라서 노드 S에서의 데이터 전송은 정지하고 만다.

이러한 상황을 피하기 위해 몇가지 방안들이 제시되고 있다 [3.30, 3.31]. GPSR(Greedy Perimeter Stateless Routing) [3.32]에서는 Greedy Forwarding에 의해 중계할 노드가 없어지게 되는 경우 일시적으로 노드가 Perimeter Forwarding이라는 모드로 전환한다. Perimeter Forwarding로 전환된 노드는 자신의 위치 정보를 전송 데이터 내에 기록하고 이 노드를 출발점으로 하여 이웃 노드들로 만들 수 있는 다각형을 우회전하도록 데이터를 전송한다. 기록된 좌표보다 수신 노드의 위치에 가까운 이웃 노드를 가진 노드에 도달하게 되면 거기서 다시 Greedy Forwarding으로 전환하여 전송한다.

이러한 처리를 Right-Hand Rule이라 한다. Right-Hand Rule에서는 데이터를 수신한 노드는 수신한 노드의 방향에서 시계 반대 방향의 각도로 최초로 존재하는 노드에 대해 데이터를 전송한다. 이 Right-Hand Rule은 다각형 내에 교차하는 링크가 존재하게 되면 정확하게 회전하지 못한다. 이 때문에 가상적인 평면 그래프를 만들고 이웃 노드와의 링크를 확립하도록 하고 있다. GPSR에서 권장하는 RNG(Relative Neighborhood Graph)나 GG(Gabriel Graph)보다 RDG(Restricted Delaunay Graph)가 이론적이나 실제적으로도 높은 성능을 가진다고 보고되고 있다 [3.33].

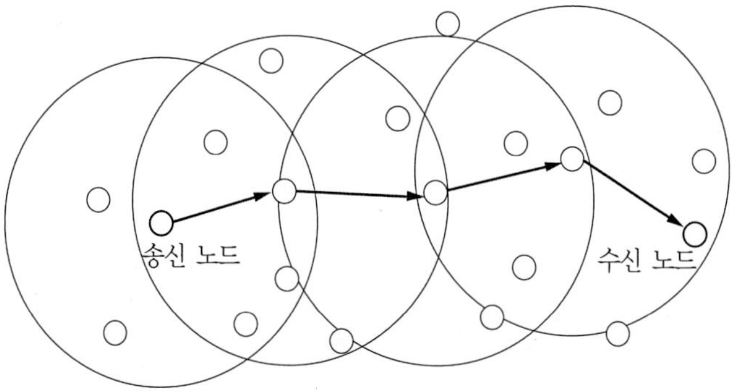

그림 3.21 Greedy Forwarding

결과적으로 Greedy Forwarding은 그림 3.21과 같이 수신 노드까지의 최단의 홉 개수를 가진 경로를 선택할 수 있도록 되어 있다. 몇몇의 연구에서는 채널의 품질을 고려하지 않은 최단 홉 개수를 가진 경로의 선택은 통신 성능을 저하시킬 수 있다고 보고되고 있다 [3.34]. 단순한 Greedy Forwarding이 아닌 위치정보와 채널품질을 고려한 경로 제어 방식도 제안되고 있다 [3.35].

3.3.4 센서 네트워크의 특징

센서 네트워크층을 설정함에 있어서 특징적인 話題로 네트워크 내부처리와 데이터 중심(data centric)의 개념을 들 수 있다. 센서 정보 처리기술과도 밀접하게 관련되어 있기 때문에 제4장에서도 상세하게 기술할 것이다.

(1) 네트워크 내부처리

네트워크화된 여러 개의 센서들을 가상적인 1개의 센서로 관찰자에게 인식시킨다는 점이 센서 네트워크의 특징이다. 그림 3.22는 센서 네트워크(왼쪽)와 단순히 네트워크로 접속한 센서(오른쪽)와의 차이점을 나타내고 있다. 여러 개의 센서가 단순히 네트워크로 연결되어만 있다면 감지된 데이터가 그대로 관찰자에게 전달되게 된다. 이 경우 관찰자는 여러 개의 센서들로부터

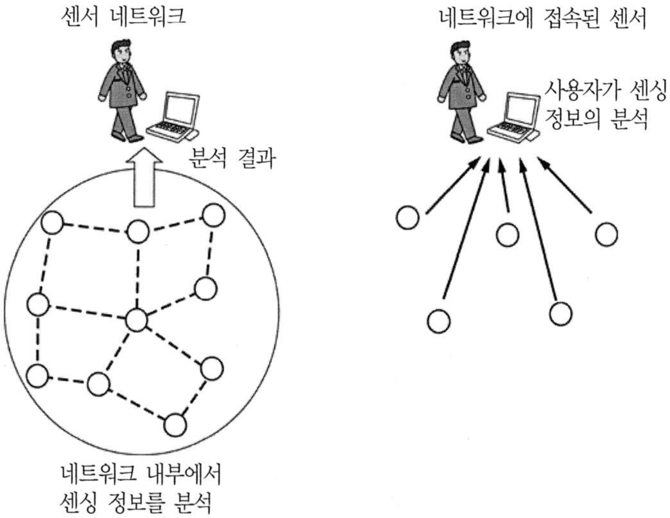

그림 3.22 센서 네트워크

받은 정보를 자신이 처리할 필요가 있지만 센서 네트워크에서는 관찰자가 요구하는 정보만이 최종적으로 전달된다.

따라서 센서 네트워크에서는 센서들이 서로 협력하여 네트워크 내부에서 데이터의 내용에 따라 중복성을 제거하거나 융합하기도 한다. 종래의 인터넷에서는 기본적으로 종단 노드들 사이에서 데이터가 송수신되고 도중에 라우터들이 데이터에 대해 조작하는 일은 기본적으로 수행되지 않는다.

네트워크 내부처리는 정보의 종류에 크게 의존한다. 예를 들면 센서의 위치정보나 시간정보 등은 융합할 수 없다. 그 때문에 당초에는 센서 네트워크의 선택적인(option적인) 기술로 취급되어 왔다 [3.28, 3.36, 3.37]. 하지만 최근에는 필수적인 기술로서 어플리케이션으로부터 독립적인 부분을 고려한 메커니즘들이 제안되고 있다 [3.38].

(2) 데이터 중심(data centric)의 개념

최근 인터넷 커뮤니티에서는 네트워크가 노드의 주소(IP 주소)가 아닌 데이터의 이름을 직접 취급할 수 있는 데이터 중심의 개념을 채택한 네트워크의 중요성에 대해 인식하기 시작했다 [3.39, 3.40].

종래의 네트워크를 주소중심(address centric), 노드중심(node centric)이라고 하며, 이러한 네트워크에서는 개별 노드들을 식별하는 것이 중요시되며 각 노드들마다 주소 할당이 이루어져야 한다. 데이터를 얻기 위해서는 데이터의 이름으로부터 그 데이터를 가지고 있는 노드의 주소로 변환하는 처리나 노드의 주소를 지정하여 데이터를 조회하는 것과 같이 노드의 주소를 중심으로 하는 처리가 필요로 하였다.

이와 달리 센서 네트워크는 센싱 정보가 어느 노드로부터 송신되었는지에 대한 것은 그다지 중요하지 않다. 그 이유는 센싱 정보에 위치나 시간과 같은 정보를 포함시켜 두면 되기 때문이다. 또한 매우 많은 수의 센서들로부터 특정 센서를 지정하여 통신하고자 하는 요구도 거의 없다. 따라서 앞서 기술한 바와 같이 노드의 주소로 변환하는 등의 처리는 소비 전력 측면에서도 효율성이 나쁠 수 있으므로 이와 같은 데이터를 직접 다루는 네트워크가 주목받고 있다. 그림 3.23은 주소 중심 네트워크와 데이터 중심 네트워크의 차이점을 나타내고 있다.

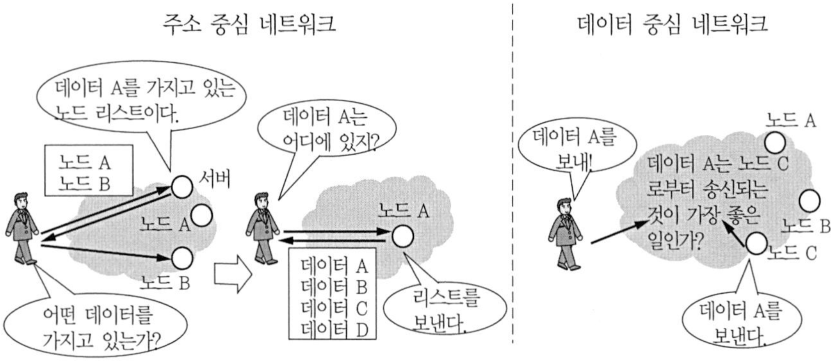

그림 3.23 주소 중심과 데이터 중심

3.3.5 데이터의 분산방식

센서 네트워크의 기본적인 처리는 관찰자가 요구하는 데이터에 관한 쿼리(Query)를 네트워크로 흘려보내 해당되는 이벤트의 데이터를 가진 센서 노드가 관찰자에게 데이터를 송신하는 것이다. 이러한 기본적인 처리 방법은 데이터 저장장소의 관점으로 볼 때 크게 다음과 같이 3가지로 분류할 수 있다.

(1) 외부 스토리지 방식
(2) 로컬 스토리지 방식
(3) 데이터 중심 스토리지 방식

(1) 외부 스토리지 방식

센서로부터 얻어낸 데이터를 노드가 직접 저장하지 않고 외부 노드로 송신하는 방식을 외부 스토리지 방식이라 한다. 이 방식에는 저장 장소를 어떤 방법들로 미리 결정해 두는 방식과 얻어낸 데이터를 네트워크 내부로 플러딩하는 방식들이 있다. 그림 3.24는 이러한 방식에 대한 이미지를 나타낸다.

SPIN(Sensor Protocols for Information via Negotiation) [3.41]은 센서 네트워크를 想定한 초기 연구사례이다. 이것은 센서가 얻어낸 데이터를 이웃 노드로 브로드캐스트로 송신하는 경우 소비전력을 최소화하는 목적으로 하고 있다.

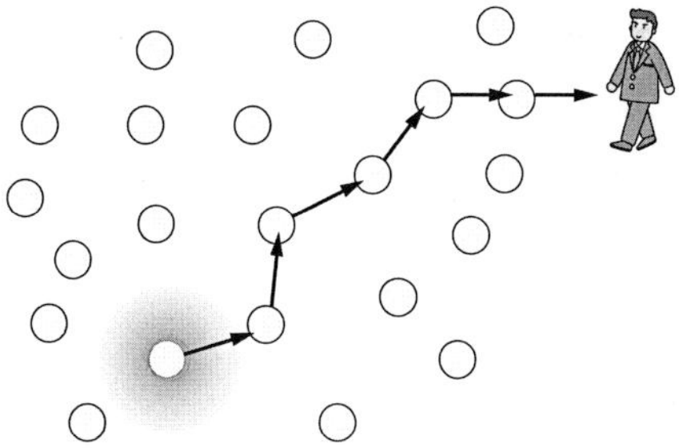

그림 3.24 외부 스토리지 방식

멀티홉 무선 센서 네트워크에 있어서 데이터를 브로드캐스트에 의해 플러딩하게 되면 데이터의 중복성이 높아진다. 예를 들면 다른 경로는 지나온 동일한 데이터들이 전달되거나 같은 현상을 센싱한 여러 개의 센서들로부터 동일한 데이터를 수신하게 되거나 하는 것들이 있을 수 있다.

데이터를 송수신할 때에는 전력이 소비되기 때문에 이러한 반복적인 송수신을 피하는 것이 소비전력 절약에는 중요하다. SPIN에서는 데이터를 브로드캐스트하기 전에 어떠한 데이터인가에 대한 정보(메타데이터)를 전송한다. 이 메타데이터를 받은 이웃 노드는 그 데이터에 관심이 있을 때에만 데이터 요청 메시지를 반환하여 데이터를 수신하게 된다.

즉 송신 노드는 데이터를 바로 전송하지 않고 관심을 가지고 있는 노드에만 송신할 수 있게 된다. 메타데이터는 실제 데이터에 비해서 적게 만들 수 있기 때문에 데이터의 양이 비교적 많은 상황에서는 소비전력을 감소시킬 수 있게 된다.

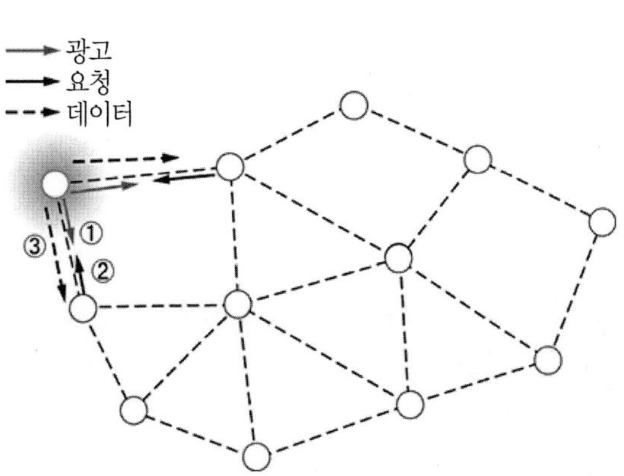

그림 3.25 SPIN의 데이터 전송처리

그림 3.25에 SPIN의 데이터 전송 처리 모습을 나타냈다. 데이터를 송신하는 노드는 메타데이터인 광고 패킷을 이웃 노드들에 송신한다. 데이터에 관심 있는 노드들은 요청 패킷을 송신 노드로 반환한다. 요청 패킷을 받은 노드는 실제 데이터 패킷을 송신한다.

(2) 로컬 스토리지 방식

센서로부터 받은 데이터를 노드가 직접 내부에 보존하고 관찰자로부터의 요청에 따라 데이터를 송신하는 방식을 로컬 스토리지 방식이라 한다. 이 방식에서 관찰자는 적당한 방법을 이용하여 네트워크내의 모든 센서 노드들에게 쿼리를 송신하고 쿼리에 적합한 데이터를 가지고 있는 노드가 관찰자에게 데이터를 송신한다. 그림 3.26은 로컬 스토리지 방식의 이미지를 나타낸다.

Directed Diffusion [3.42]는 로컬 스토리지 방식을 채용하고 있다. 또한 Directed Diffusion의 특징 중 하나로 데이터 중심의 개념을 이용한 경로제어를 이용하고 있다는 점을 들 수 있다. 이 Directed Diffusion은 쿼리의 송신 처리를 효율적으로 하기 위해 각 노드들을 데이터 속성과 값의 쌍을 이용하여 명명하고 이렇게 명명된 이름을 이용하여 통신 경로가 결정되도록 하는 메커니즘이다.

초기 버전이 제안된 수년 후, Directed Diffusion의 후속 버전들이 제안되고 있다. 나중에 기술할 것이지만 초기 버전에서는 특정 라우팅 방식을 채용하고 있었기 때문에 어플리케이션의 종류에 따라서는 효율이 좋지 않게 될 수도 있었다. 이 때문에 어플리케이션에 따라 최적의 라우팅 방법이 선택 가능하도록 여러 개의 라우팅 방식을 확장 방식 형태로 제안되고 있다.

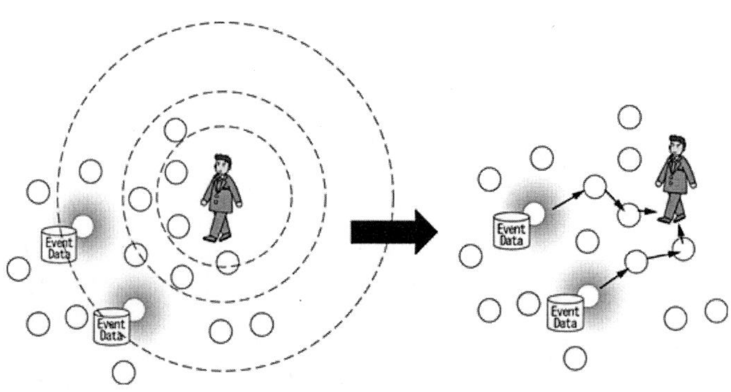

그림 3.26 로컬 스토리지 방식

① Two-Phase Pull Diffusion

로컬 스토리지 방식의 초기 메커니즘을 Two-Phase Pull Diffusion이라 한다. 이는 관찰자가 우선 노드들을 탐색한 다음에 노드가 관찰자에로의 최적 경로를 탐색하는 2단계의 처리가 필요로 했기 때문이다. 이 메커니즘에서는 우선 관찰자가 interest라는 메시지를 네트워크 내의 모든 노드들에 플러딩으로 배포한다. interest 메시지를 받은 노드들은 송신한 노드를 gradients로 기록해 둔다. interest에 적합한(matching) 데이터를 가진 노드는 관찰자에게 데이터를 송신하는데, 이 시점에서는 관찰자와의 경로가 확립되어 있지 않기 때문에 네트워크내로 유사하게 플러딩한다. 이때 플러딩되는 데이터를 exploratory라 한다. exploratory를 받은 노드들은 interest 메시지를 중계할 때 설정한 gradients에 대해 데이터를 중계한다(단순한 플러딩이 아님에 주의). gradients를 찾아가다 보면 최종적으로 관찰자까지 exploratory가 전달되게 된다.

exploratory를 받은 관찰자는 노드와 최적의 경로(일반적으로 exploratory가 최초로 보내져 들어온 경로)를 결정하기 위해 exploratory를 보낸 노드로 reinforce를 전송한다. reinforce를 수신한 노드는 자신에게 exploratory를 보내온 노드와의 경로로 reinforce를 전송한다. 이러한 것을 반복함으로써

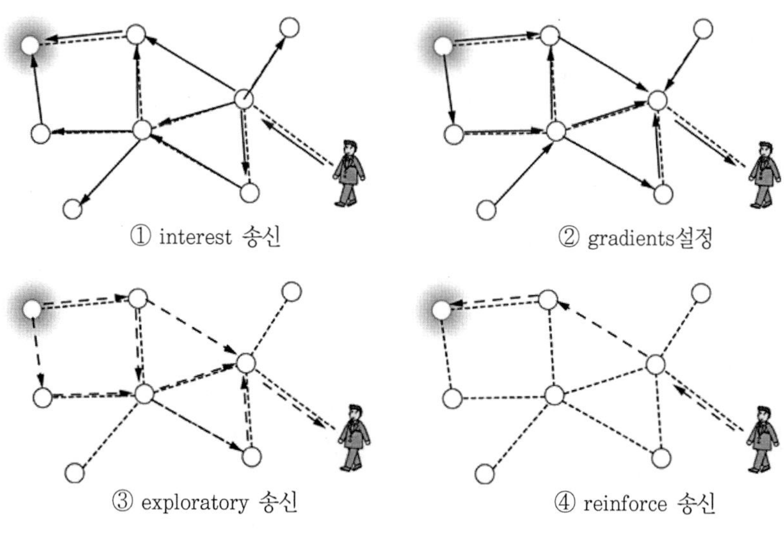

그림 3.27 Two-Phase Pull Diffusion

최종적으로 exploratory를 송신한 노드까지 reinforce를 전송하게 된다. 이렇게 reinforce된 경로가 나중에 데이터 배송용 경로로서 이용된다. 그림 3.27은 Two-Phase Pull Diffusion의 처리 이미지를 나타낸다.

일단 한번 결정된 경로는 토폴로지의 변화에 의해 계속 유지되는 것이 아니며, 또한 negative reinforcements에 의해 파손되거나 소프트한 상태(soft-state)이기 때문에 관찰자는 정기적으로(30초 정도) interest를 송신하고 아울러 센서는 exploratory를 정기적으로(90초 정도) 송신하거나 하여 최적화를 수행한다.

② Push Diffusion

Two-Phase Pull Diffusion은 관찰자의 수가 센서 노드의 수에 비해 적은 센서 네트워크를 상정하고 있기 때문에 관찰자 수가 많은 어플리케이션에서는 그 효율이 좋지 않다. 왜냐하면 모든 센서 노드들이 관찰자들마다 interest와 gradients를 유지하여야 하기 때문이다.

Push Diffusion에서는 데이터의 관찰자가 수동적이며 interest의 처리를 하지 않고 센서 노드들이 exploratory를 네트워크로 송신한다. interest의 정보를 미리 센서 노드들이 가지고 있다고 가정하면, exploratory를 수신하고 데이터에 관심이 있는 노드는 reinforce 메시지를 이용하여 경로를 결정하는 메커니즘이다. 그림 3.28에 Push Diffusion의 처리 이미지를 나타내었다.

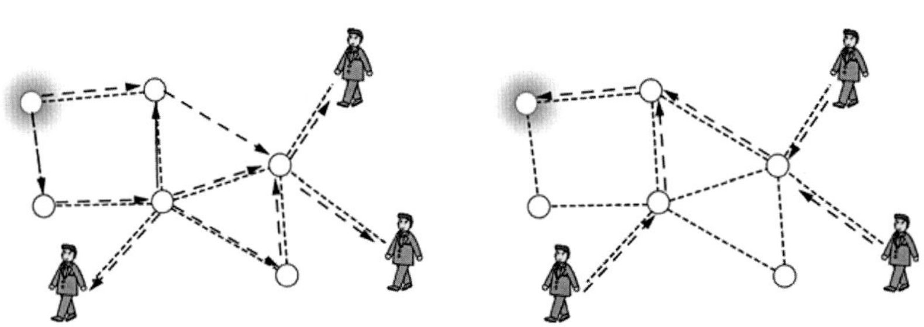

① exploratory 송신 ② reinforce 송신

그림 3.28 Push Diffusion

③ One-Phase Pull Diffusion

One-Phase Pull Diffusion의 가장 두드러진 특징은 대칭 링크를 상정하는 것이다. 비대칭 링크는 무선 네트워크에서는 잘 알려진 문제이지만 링크 층에

서의 확인 응답을 이용하고 있는 IEEE 802.11과 같은 MAC층 프로토콜들이 다수 존재하기 때문에 상위층에서는 대칭 링크만을 필터링할 수 있다.

대칭 링크를 상정하기 때문에 Two-Phase Pull에 있어서 exploratory와 reinforce의 처리를 생략할 수 있다. 관찰자로의 경로에는 interest를 최초로 (지연이 가장 적은 경로로) 중계해 준 노드를 다음 홉으로 설정한다. 여러 관찰자들을 식별하기 위해 interest에는 흐름(flow) 식별자를 붙이도록 되어 있다. 그림 3.29는 One-Phase Pull Diffusion의 처리 이미지를 나타내고 있다.

TAG(Tiny Aggregation)는 로컬 스토리지 방식을 채용하고 있으며 네트워크 내부 처리에 착안한 방식이다. TAG에서는 데이터를 수집하는 루트 노드(root node)를 상정해 두고 모든 노드들과 루트 노드 간에는 적어도 하나의 경로를 가지고 있으며 루트 노드로부터 송신되는 쿼리는 네트워크 내의 모든 노드들에게 도달할 수 있는 트리 구조에 기반을 둔 라우팅을 상정하고 있다.

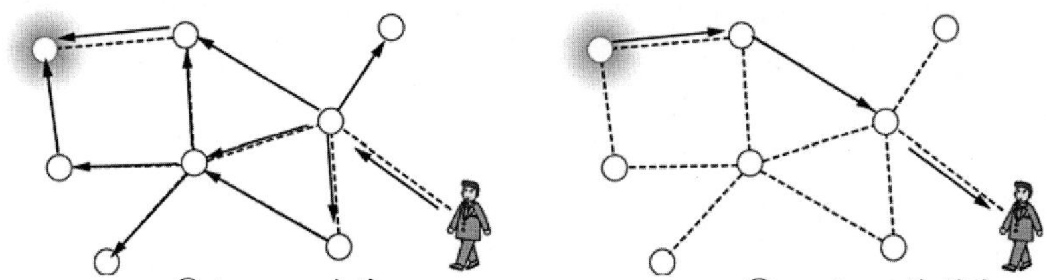

그림 3.29 One-Phase Pull Diffusion

수신한 쿼리에 ID와 LEVEL을 부가하여 송신한다. 자신들의 LEVEL이 결정되어 있지 않은 노드들은 LEVEL+1을 자신의 레벨로 하여 송신 노드를 자신의 Parent로 설정한다.

그림 3.30과 같은 SQL 구조에 가까운 쿼리를 송신한다. TAG는 2단계(Phase: Distribution과 Collection)로 구성되어 있다. Distribution 단계에서는 쿼리가 네트워크내의 모든 노드들에게 유포될 수 있도록 하고 Parent가 Children으로 쿼리를 브로드캐스트로 배포한다.

Collection 단계에서의 Parent는 모든 Children으로부터 데이터 반환을 기다려서 집약한 데이터를 전송한다. 이때 Children은 Parent로부터 지정된 시간 내에 데이터를 송신하지 않으면 안 된다.

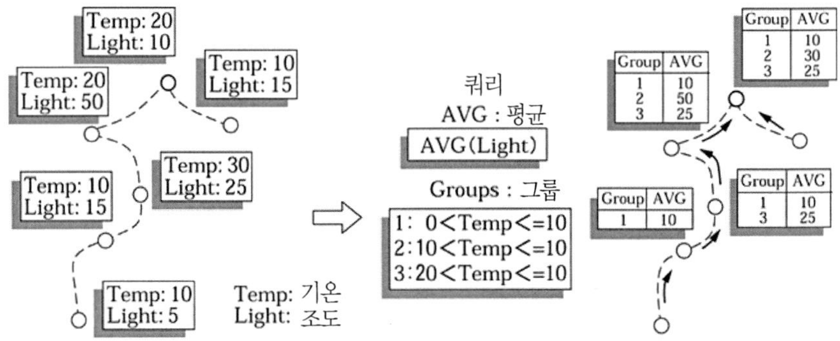

그림 3.30 TAG에 의한 데이터 수집

또한 TAG에서는 SQL의 GROUP을 실현하기 위해서 노드가 획득한 정보(예를 들어 온도/10으로 그룹을 구성)를 통해 Group의 지정 방법을 가능토록 하고 있다. 그림 3.30은 TAG에 의한 데이터 수집을 하는 이미지를 나타내고 있다. 예에서는 기온에 기반을 두고 3가지 그룹을 구성하고 있다. 그룹마다 평균화된 조도를 최종적으로 수집하는 모습을 나타내고 있다.

(3) 데이터 중심 스토리지 방식

데이터의 이름에 의해 저장 장소를 결정하는 방식을 데이터 중심 스토리지 방식이라 한다 [3.43, 3.44]. 노드는 획득한 데이터의 속성에 의해 데이터를 네트워크 내의 노드에 대응시킨다. 대응하도록 지정된 노드는 네트워크 내에 있어서 그 속성에 관한 데이터를 저장하는 역할을 하게 된다.

노드가 데이터를 로컬에 보관하지 않는 이러한 방법으로 데이터를 처리함으로써 얻을 수 있는 최대 이점은 소비 전력의 절약이다. 관찰자는 데이터를 얻어낼 때에 요청 패킷을 네트워크 전체로 흘려보내지 않아도 된다. 관찰자는 요구하는 데이터 속성의 요구에 의해 데이터를 저장하고 있는 장소인 노드를 탐색하는 것이 가능하기 때문에 그 노드에 대해 유니캐스트에 의한 요청 패킷을 보낼 수 있다. 이런 방식에서는 쿼리를 직접 축적할 곳에 송신할 수 있기 때문에 많은 방식이 유효하다.

데이터 중심 스토리지의 기본적인 기능은 다음의 2가지 점을 들 수 있다.

① Put(k, v) : 데이터의 이름을 키(k)로서 데이터 값 v를 보존한다.
② Get(k) : 데이터 이름이 키(k)로 표현된 데이터 값을 읽어 들인다.

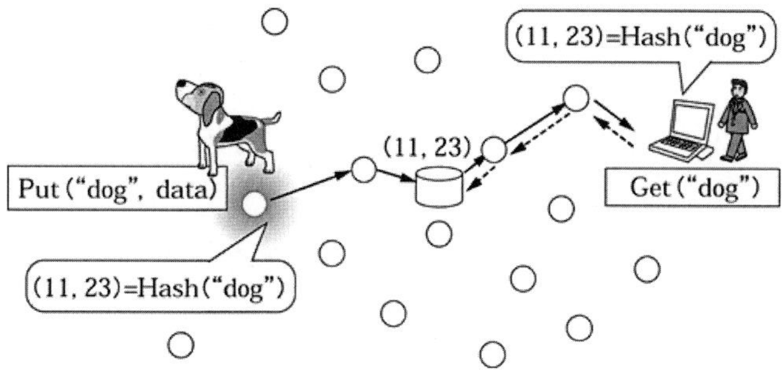

그림 3.31 데이터 중심 스토리지 방식의 이미지

키가 되는 데이터의 이름으로부터 센서 노드로 어떻게 맵핑시킬 수 있는지가 과제가 된다. 그림 3.31에 데이터 중심 스토리지 방식의 이미지를 나타내고 있다.

데이터 중심의 스토리지를 실현하는 방법으로 GHT(Geographic Hash Table)을 이용한 방법이 있다 [3.45]. GHT는 키를 지리적인 좌표에 대응시키는 해쉬 함수이다.

GHT에서 결정되는 지리적인 좌표는 실제 노드의 위치를 고려하여 계산되는 것은 아니다. 그렇기 때문에 결정된 좌표에 노드가 존재하지 않을 가능성도 있다. GHT에서는 위치정보에 기반을 두고 라우팅을 수행하는 GPSR(Greedy Perimeter Stateless Routing) [3.46] 프로토콜을 이용하고 있다. GPSR에서는 수신노드의 위치에 대해 자신보다 가까운 이웃노드들이 없는 경우는 시계방향으로 선회시키는 규칙이 있다. 이러한 선회를 끝낸 패킷이 다시 동일한 노드로 되돌아 왔을 때, 그 노드가 그 키의 홈 노드가 된다.

노드의 고장이나 이동에 대응하기 위해 홈 노드 주위에 존재하는 주변 노드들이 데이터를 복사해 둔다. 홈 노드는 일정 간격으로 리프레쉬(refresh) 패킷을 GPSR에 의해 GHT로 결정된 지리 좌표를 향해 송신한다. 이는 네트워크 변동에 따라 GHT를 이용하여 구해낸 그 키의 좌표에 대해 현재의 홈 노드보다 더 가까운 노드가 존재할 가능성이 있기 때문이다. 리프레쉬 패킷이 주위를 선회한 후 되돌아 온 노드가 홈 노드가 된다. 토폴로지가 변경되지 않은 경우에는 리프레쉬 패킷을 송신한 홈 노드로 다시 돌아가게 된다.

주변 노드는 홈 노드로부터의 리프레쉬 패킷이 일정 시간 내에 송신되지 않을 경우에 홈 노드의 고장을 상정하고 스스로 리프레쉬 패킷을 송신한다.

데이터를 획득할 때에 유의할 점은, 네트워크 내로 흘려지는 패킷들의 총수를 큰 폭으로 감소시켜야 할 뿐만 아니라 국소적으로는 특정 노드들의 부하가 많아 지지 않도록 하는 점도 중요하다. 당초의 연구들은 로컬 스토리지나 외부 스토리지와 같은 형태의 방식을 효율적으로 실현하는 것에 주목해 왔었다. 하지만 센서 네트워크의 형태로는 발견되는 이벤트가 많은 경우나 수시로 통지할 필요가 없을 경우도 있다. 이처럼 실제로 관찰자로의 송신이 필요한 데이터가 이벤트 수보다 적은 경우나 센서 네트워크 노드들의 수가 많고 모든 노드들에 문의하는 플러딩에 대한 비용이 높아지게 되는 상황에서는 데이터 중심의 스토리지가 유효하다. 이러한 관점에서 데이터 중심의 스토리지 방식이 주목받고 있다.

3.4 트랜스포트층

노드나 관찰자가 송신하는 데이터의 전송이 하위층에서 보증되어 있는지 여부는 어플리케이션 층의 설계자에게는 중요한 것이다. 트랜스포트층의 설계에 따라 손실률이 높은 무선 링크에서의 재송신 처리나 네트워크의 폭주를 회피하기 위한 전송제어를 어플리케이션 층에서는 수행하지 않아도 될 수 있게 하는 것이다.

3.4.1 신뢰성

신뢰성이 높은 통신이란 송신한 데이터가 확실하게 전달되는 것이 보장되어야 한다. 손실률 p의 링크가 n개의 홉으로 구성되어 있는 통신에서 데이터가 도착할 확률은(1-p)n이다. 이 때문에 손실률 p와 홉 개수 n이 큰 센서 네트워크에서는 인터넷에서 이용되고 있는 TCP와 같은 종단 사이에서 재전송하는 방법 [3.47]보다, 각 홉에서 재전송하는 방법 [3.48, 3.49]들이 효율적이다. 그림 3.32는 링크의 손실률과 홉 개수가 종단간의 송신 성공률에 미치는 영향을 나타낸 그래프를 의미한다.

또한 어플리케이션에 따라서 일부 일정 비율의 노드들이나 특정 영역의 노드들 등에 대해 데이터의 신뢰성을 실현하고자 하는 경우가 있다. 이전의

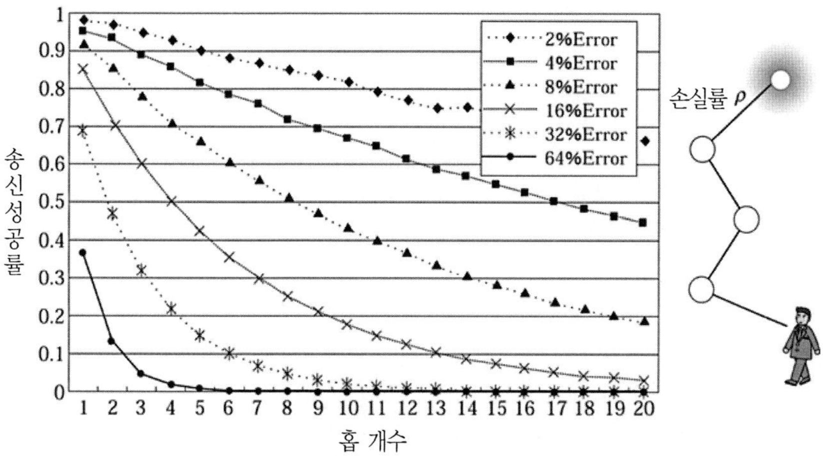

그림 3.32 패킷 송신 성공률

인터넷상에서 신뢰성 있는 데이터 전송의 메커니즘과는 별도의 새로운 설계도 시도되고 있다 [3.50].

(1) PSFQ(Pump Slowly Fetch Quickly)

PSFQ [3.48]는 브로드캐스트에 기반을 둔 네트워크내로의 플러딩에 신뢰성을 가져다주기 위한 목적으로 설계된 것이다. 송신 노드는 플러딩할 때에 어느 정도 영역의 노드들에게 데이터를 송신할 것인가를, 홉 개수로 표시되는 존속 시간(TTL: Time To Live)으로 지정한다. 네트워크의 최대 전송크기(MTU: Maximum Transmission Unit)를 초과하는 데이터들은 여러 패킷으로 단편화되어 송신하게 된다. 중계 노드들에서는 패킷을 중계할 때마다 TTL을 1 감소시킨다. TTL이 0으로 되면 중계를 중지한다.

PSFQ의 주요한 기능은 Pump, Fetch, Report의 3가지이다. 이러한 기능은 이름을 살펴보면 알 수 있듯이 Pump는 천천히 수행하고 Fetch는 신속히 수행한다. Pump는 송신 처리에 대한 것이고, Fetch는 패킷에 에러가 발생한 경우에 대한 재송신 요청 처리에 관한 것이다. PSFQ에서는 전달되지 못한 패킷만을 수신 노드가 요청하는 NACK(Negative ACK)라는 방식을 채용하고 있다. Report는 송신 상황을 송신 노드에 통지하기 위한 것이다. 이 기능을 통해 어느 정도의 노드들에게 데이터가 유포되었는가를 송신 노드가 확인할 수 있다.

송신 노드는 일정한 간격(T_{min})으로 패킷을 이웃 노드에 대해 브로드캐스트로 송신한다. 패킷에는 파일 식별자, 파일 크기, 시퀀스 번호, TTL 등이 포함되어 있다. 패킷을 수신한 노드들의 시퀀스 번호를 확인하여 수신한 패킷이 순서대로인 경우 TTL을 감소시킨 뒤 중계한다. 이때 송신 노드로부터 패킷을 수신한 이웃노드들도 동일한 타이밍으로 패킷을 송신하면 충돌에 의해 성능이 악화될 가능성이 있다. 이 때문에 T_{min}과 최대 지연 시간(T_{max}) 사이에서 선택된 랜덤시간을 대기하고 있다가 송신하도록 되어 있다.

한편 수신 노드가 순서가 틀린 패킷을 수신한 경우 재전송 요청 메시지인 NACK를 $T_r(T_r < T_{max})$ 시간이내에 송신하게 된다. 이 NACK 메시지에는 손실된 시퀀스 번호 영역을 지정할 수 있도록 되어 있다. T_r 시간이내로 송신하면 되기 때문에 만약 여러 개의 패킷이 손실된 경우에는 한번의 NACK 송신으로 그 손실된 여러개의 패킷들을 지정할 수 있도록 되어 있다.

또한 이웃 노드들도 동일한 패킷을 수신하지 못하고 있어서 동일한 패킷에 대한 NACK 메시지를 송신할 가능성도 있다. 이웃 노드들로부터 NACK 메시지의 확인이 가능할 경우에는 자신의 NACK 메시지는 취소한다. 왜냐하면 이웃 노드들에 대한 송신 노드의 재전송은 브로드캐스트로 수행되기 때문에 결과적으로 자신도 재전송 패킷을 수신할 수 있기 때문이다. NACK를 송신한 후 일정시간(T_r)이 경과해도 패킷이 전달되지 않으면 다시한번 송신한다. NACK 메시지를 수신한 노드들은 $T_r/4$과 $T_r/2$의 시간내에서 선택된 랜덤시간을 기다리다 재전송을 한다. 대기하던 중에 다른 노드에 의한 해당 패킷의 재전송 요청을 감지한 경우에는 이를 중지한다. 그림 3.33은 PSFQ에 의한 데이터 중계와 재전송에 대한 예시를 나타내고 있다.

NACK 방식에서 에러가 발생한 패킷의 판단에는 뒤따르는 패킷이 도착하는 것이 전제로 되어 있다. 이 때문에 에러가 발생한 패킷보다 시퀀스 번호에서 바로 다음번호의 패킷이 도착하지 않거나 존재하지 않는 경우에 문제가 된다. 이러한 문제를 해결하기 위해 PSFQ에서는 Proactive Fetch라 하는 타이머에 의해 NACK 메시지의 송신기능이 제공되고 있다. 모든 패킷은 T_{max} 시간 이내에 송신이 된다고 가정하고 있기 때문에 $\alpha^*(S_{max} - S_{last})^* T_{max}(\alpha > 1)$가 타이머 값으로 설정된다. S_{max}는 파일크기이고 S_{last}는 최후에 수신한 데이터의 시퀀스 번호이다.

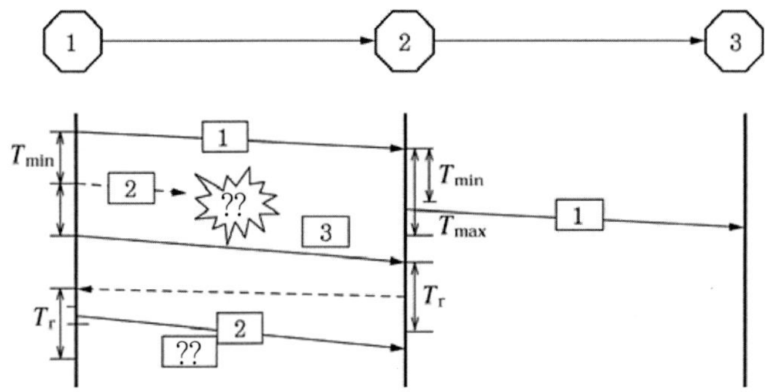

그림 3.33 PSFQ에 의한 데이터 전송

송신노드가 어떤 노드가 어디까지의 시퀀스 번호의 패킷을 수신하였는지를 알고자 하는 경우 송신 패킷의 TTL 영역에 Report Bit를 포함하여 송신한다. 이 패킷을 최후(TTL이 0)에 수신한 노드가 Report 메시지를 송신하다. Report 메시지에는 송신 노드의 ID가 포함되어 있다. Report 메시지를 수신한 노드는 이 송신 노드의 ID로부터 패킷을 수신받은 하나 이전의 노드에 대해 전송한다. 이러한 처리를 통해 최종적으로 Report 메시지를 송신 노드로 전송시킨다.

3.4.2 폭주제어

많은 수의 노드들로부터 적은 수의 관찰자에게 정보가 통지되는 센서 네트워크에서는 정보량이 증가됨에 따라 데이터가 네트워크의 허용량을 초과해 버릴 수 있다 [3.41]. 특히 특정 이벤트를 관찰하는 센서 네트워크에서는 이벤트가 발생한 장소에서 부분적으로 트래픽이 포화될 가능성도 고려할 수 있다. 센서 네트워크는 인터넷처럼 네트워크 자원이 예약되지 않기 때문에 네트워크 폭주를 회피하기 위한 메커니즘이 필요하다 [3.45, 3.51].

Fusion [3.52]는 홉마다의 흐름 제어, 전송 제한, 최우선 MAC 액세스 방식의 3가지 메커니즘으로 구현되어 있는 센서 네트워크용 폭주 제어 방식이다. 센서 네트워크에 있어서의 폭주 제어 기술은 아직 여러 방안들을 찾아보고 있는 단계이다. Fusion은 상정한 어플리케이션이나 상정하는 네트워크 디바이스 등에 기인하는 제한점을 가지고 있고 모든 환경에서 이용 가능한 것은 아니지만 센서 네트워크의 폭주제어 방향성과 가능성을 나타낸다는 점에서 중요하다.

홉마다의 흐름 제어 방식에서는 각 노드들이 출력 큐의 상태를 모니터링하고 있다가 큐의 여유 공간이 전체의 25%이하가 되면 폭주상태로 인식하여 출력패킷에 폭주비트를 추가하여 전송한다. 그림 3.34를 이용하여 Fusion의 처리방식을 설명한다. 노드 A와 B의 데이터를 노드 D로 중계하는 노드 C가 폭주 상태를 인식하여 폭주 노드가 되었다고 가정한다. 노드 C가 노드 D에게 송신하는 폭주비트를 포함한 패킷은 무선 전파 도달 거리 내의 노드 A와 B에도 전달이 된다. 이 패킷을 모니터링 함으로써 노드 A와 B는 노드 C가 하나의 패킷을 상태임을 알 수 있다. 상위의 노드 C가 폭주 상태임을 감지하게 되면 노드 A와 B는 노드 C로의 송신량을 감소시키지만 송신을 완전히 정지시켜 버리면 노드 A나 B에 패킷을 송신하고 있는 하위 노드들이 노드 A나 B의 폭주 상태를 감지할 수 없게 되어 버린다. 이 때문에 노드 C가 하나의 패킷을 송신할 때마다 노드 A와 B도 노드 C에 대해 패킷을 하나씩 송신한다.

전송 제한 방식은 특정한 하위 노드가 대역을 점유하지 않고 공평한 대역이용을 실현하기 위해 제안된 방식이며, 위에서 기술한 각 홉마다 흐름 제어 방식과 독립적으로 동작하는 방식이다. 구체적으로 각 노드들은 송신 노드가 몇 개의 하위 노드로부터 패킷을 수신하고 있는지를 조사한다. 예를 들어 노드 C가 노드 A와 B 같이 2개의 노드로부터 패킷을 수신하고 있는 경우 노드

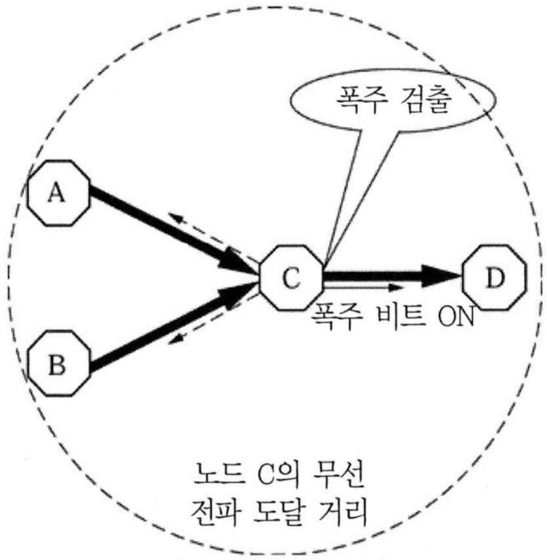

그림 3.34 Fusion에 의한 홉마다의 폭주 제어

A와 노드 B는 노드 C가 송신하는 패킷을 모니터링 함으로써 수신여부를 알 수 있다. 노드 A와 B는 토큰을 관리하며 노드 C가 2개의 패킷을 송신할 때마다 토큰을 하나씩 증가시킨다. 토큰을 증가시키는 패킷의 수는 하위 노드의 수와 같게 설정한다. 각 노드들은 토큰이 있는 경우에만 패킷 송신이 가능하고 송신한 후에는 토큰을 하나 감소시킨다.

게다가 Fusion에서는 다음과 같은 MAC층의 우선순위 제어를 채용해 두고 있다. CSMA에서는 프레임의 충돌이 발생하면 임의의(random) 시간을 대기한 후 다시 송신을 시도한다. 이 랜덤시간은 백오프 윈도우에 의해 제한되며 이 윈도우 값은 다시 전송할 때마다 지수적으로 증가한다. Fusion에서는 폭주 노드의 백오프 윈도우를 통상적인 크기의 4분의 1로 설정한다. 이렇게 함으로써 폭주 노드는 비폭주 노드와 비교하여 높은 확률로 통신 매체를 이용할 수 있게 된다.

[참고문헌]

[3.1] D. Mills, "Network Time Protocol (Version 3) Specification, Implementation and Analysis", RFC 1305, 1992

[3.2] D. Mills, "Internet Time Synchronization: The Network Time Protocol", IEEE Transactions on Communications, Vol. 39, No. 10, 1991

[3.3] J. Elson, L. Girod and D. Estrin, "Fine-Grained Network Time Synchronization using Reference Broadcasts", Proceedings of the ACM Symposium on Networked Embedded Systems (SenSys), 2003

[3.4] S. Ganeriwal, R. Kumar, M. B. Srivastava, "Timing-sync protocol for sensor networks", Proceedings of the Fifth Symposium on Operating Systems Design and Implementation (OSDI), 2002

[3.5] N. Priyantha, A. Chakraborty and H. Balakrishnan, "The Cricket Location-Support System", Proceedings of ACM/IEEE MOBICOM'00, 2000

[3.6] P. Bahl and V. Padmanabhan, "RADAR: An In-Building RF-Based User Location and Tracking System", Proceedings of IEEE Infocom, 2000

[3.7] J. Hightower, R. Want, and G. Borriello, "SpotON: An Indoor 3D Location Sensing Technology Based on RF Signal Strength", UW CSE 2000-02-02, University of Washington, Seattle, WA, 2000

[3.8] A. Harter, A. Hopper, P. Steggles, A. Ward, and P. Webster, "The Anatomy of a Context-Aware Application", Proceedings of ACM/IEEE MOBICOM'99, 1999

[3.9] T. He, C. Huang, B. Blum, J. Stankovic, and T. Abdelzaher, "Range-Free Localization Schemes for Large Scale Sensor Networks", Proceedings of ACM/IEEE MOBICOM'03, 2003

[3.10] N. Bulusu, J. Heidemann, and D. Estrin, "GPS-less Low Cost Outdoor Localization For Very Small Devices", IEEE Personal Communications Magazine, Vol. 7, No. 5, 2000

[3.11] W. Heinzelman, J. Kulik, and H. Balakrishnan, "Adaptive Protocols for Information Dissemination in Wireless Sensor Networks", Proceedings of ACM/IEEE MOBICOM'99, 1999

[3.12] K. Sohrabi and G.J. Pottie, "Performance of a novel self-organization protocol for wireless ad-hoc sensor networks", Proceedings of the IEEE 50th Vehicular Technology Conference(VTC), 1999

[3.13] K. Sohrabi, J. Gao, V. Ailawadhi and G. Pottie, "Protocols for Self-Organization of a Wireless Sensor Network", IEEE Personal Communications, Vol. 7, No. 5, 2000

[3.14] A. Woo and D. Culler, "A Transmission Control Scheme for Media Access in Sensor Networks", Proceedings of ACM/IEEE MOBICOM'01, 2001

[3.15] W. Ye, J. Heidemann, and D. Estrin, "An energy-efficient MAC protocol for wireless sensor networks", Proceedings of IEEE INFOCOM, 2002

[3.16] T. Dam, and K. Langendoen, "An Adaptive Energy-Efficient MAC Protocol for Wireless Sensor Networks", Proceedings of the ACM Symposium on Networked Embedded Systems (SenSys'03), 2003

[3.17] W. Heinzelman, A. P. Chandrakasan, and H. Balakrishnan, "An Application-Specific Protocol Architecture for Wireless Microsensor Networks", Proceedings of Hawaiian International Conference on System Sciences (HISS'00), 2000

[3.18] W. Ye, J. Heidemann, and D. Estrin, "Medium access control with coordinated adaptive sleeping for wireless sensor networks", IEEE/ACM Transactions on Networking, Vol.12, No.3, pp.493-506, 2004

[3.19] C. Schurgers, V. Tsiatsis, S. Ganeriwal, and M.B. Srivastava, "Optimizing sensor networks in the energy-density-latency design space", IEEE Transactions on Mobile Computing, Vol.1, No.1, 2002

[3.20] Y. Xu, J. Heidemann, and D. Estrin, "Geography-Informed Energy Conservation for Ad Hoc Routing", Proceedings of ACM/IEEE MOBICOM'01, 2001

[3.21] B. Chen, K. Jamieson, H. Balakrishnan, R. Morris, "Span: An energy-efficient coordination algorithm for topology maintenance in ad hoc wireless networks", Proceedings of ACM/IEEE MOBICOM'01, 2001

[3.22] T. Clausen and P. Jacquet, "Optimized Link State Routing Protocol (OLSR)", RFC-3626, 2003

[3.23] D. Johnson, D. Maltz, and Y.-C. Hu, "The Dynamic Source Routing Protocol for Mobile Ad Hoc Networks", draft-ietf-manet-dsr-09.txt, 2003

[3.24] R. Ogier, F. Templin, and M. Lewis, "Topology Dissemination Based on Reverse-Path Forwarding (TBRPF)", RFC3684, 2004

[3.25] C. Perkins, E. Belding-Royer, and S. Das, "Ad hoc On-Demand Distance Vector (AODV) Routing", RFC3561, 2003

[3.26] F. Ye, H. Luo, J. Cheng, S. Lu, and L. Zhang, "A two-tier data dissemination model for large-scale wireless sensor networks" Proceedings of ACM/IEEE MOBICOM'02, 2002

[3.27] W. Heinzelman, A. Chandrakasan, H. Balakrishnan, "Energy efficient communication protocol for wireless microsensor networks", Proceedings of the 33rd International Conference on System Sciences (HICSS'00), 2000

[3.28] J. Heidemann, F. Silva, C. Intanagonwiwat,. R. Govindan, D. Estrin, and D. Ganesan, "Building efficient wireless sensor networks with low-level naming", Proceedings of the 17th ACM Symposium on Operating Systems Principles (SOSP'01), 2001

[3.29] G. Finn, "Routing and Addressing Problems in Large Metropolitan-scale Internetworks", Tech. Rep., ISI/RR 87-180, Information Sciences Institute, 1987

[3.30] P. Bose, P. Morin, I. Stojmenovic and J. Urrutia, "Routing with guaranteed delivery in ad hoc wireless networks", Proceedings of the International Workshop on Discrete Algorithms and Methods for Mobile Computing and Communications, 1999

[3.31] F. Kuhn, R. Wattenhofer, and A. Zollinger, "Worst-Case Optimal and Average-Case Efficient Geometric Ad-Hoc Routing", Proceedings of ACM/IEEE MOBICOM'03, 2003

[3.32] B. Karp and H.T. Kung, "GPSR: Greedy Perimeter State Routing for Wireless Networks, Proceedings of ACM/IEEE MOBICOM'00, 2000

[3.33] J. Gao, L. J. Guibas, J. Hershberger, L. Zhang, and A. Zhu, "Geometric Spanner for Routing in Mobile Networks", Proceedings of ACM MOBIHOC'01, 2001

[3.34] D. Couto, D. Aguayo, J. Bicket, and R. Morris, "A high-throughput path metric for multi-hop wireless routing", Proceedings of ACM/IEEE MOBICOM'03, 2003

[3.35] K. Seada, M. Zuniga, A. Helmy, and B. Krishnamachari, "Energy efficient forwarding strategies for geographic routing in lossy wireless sensor networks", Proceedings of ACM SenSys'03, 2003

[3.36] C. Intanagonwiwat, R. Govindan, and D. Estrin, "Directed Diffusion: A Scalable and Robust Communication Paradigm for Sensor Networks", Proceedings of ACM/IEEE MOBICOM'00, 2000

[3.37] B. Krishnamachari, D. Estrin, and S. Wicker, "The Impact of Data Aggregation in Wireless Sensor Networks", Proceedings of International Workshop Distributed Event-Based Systems, 2002

[3.38] S. Madden, M. Franklin, J. Hellerstein, and W. Hong, "TAG: a tiny aggregation service for ad-hoc sensor networks", Proceedings of Fifth Symposium on Operating Systems Design and Implementation (OSDI), 2002

[3.39] W. Adjie-Winoto, E. Schwartz, H. Balakrishnan, and J. Lilley, "The Design and Implementation of an Intentional Naming System", Proceedings of the 17th ACM Symposium on Operating Systems Principles (SOSP'99), 1999

[3.40] M. Esler, J. Hightower, T. Anderson, and G. Borriello, "Next Century Challenges: Data-Centric Networking for Invisible Computing", Proceedings of ACM/IEEE MOBICOM'99, 1999

[3.41] S. Tilak, N. Abu-Ghazaleh and W. Heinzelman, "Infrastructure Tradeoffs for Sensor Networks", Proceedings of WSNA'02, 2002

[3.42] B. Sibbald, "Use Computerized Systems to Cut Adverse Drug Events: Reports", Canadian Medical Association Journal (CMAJ), Vol. 164, No. 13, 2001

[3.43] S. Ratnasamy et al., "Data-Centric Storage in SensorNets", First Workshop on Sensor Networks and Applications (WSNA), 2002

[3.44] J. Newsome and D. Song, "GEM: Graph EMbedding for Routing and Data-Centric Storage in Sensor Networks Without Geographic Information", Proceedings of the ACM Symposium on Networked Embedded Sensor Systems, SenSys, 2003

[3.45] C.Y. Wan, S. B. Eisenman, and A.T. Campbell, "CODA: Congestion Detection and Avoidance in Sensor Networks," Proceedings of the ACM Symposium on Networked Embedded Sensor Systems (SenSys'03), 2003

[3.46] M. Weiser, "The Computer of the 21st Century", in Scientific American, Vol.265, No.3, 1991

[3.47] Z. Fu, P. Zerfos, H. Luo, S. Lu, L. Zhang, and M. Gerla, "The impact of multihop wireless channel on TCP throughput and loss", Proceedings of IEEE Infocom, 2003

[3.48] C.Y. Wan, A.T. Campbell, and L. Krishnamurthy,"PSFQ: A Reliable Transport Protocol for Wireless Sensor Networks", Proceedings of WSNA'02, 2002

[3.49] F. Stann and J. Heidemann, "RMST: Reliable Data Transport in Sensor Networks", Proceedings of SNPA'03, 2003

[3.50] S. Park, R. Vedantham, R. Sivakumar, and I. Akyildiz, "A scalable approach for reliable downstream data delivery in wireless sensor networks", Proceedings of ACM MOBIHOC'04, 2004

[3.51] Y. Sankarasubramaniam, O. B. Akan, and I. F. Akyildiz, "ESRT: Event-to-Sink Reliable Transport in Wireless Sensor Networks", Proceedings of ACM Symposium on Mobile Ad Hoc Networking and Computing (MOBIHOC), 2003

[3.52] B. Hull, K. Jamieson, and H. Balakrishnan, "Mitigating Congestion in Wireless Sensor Networks", Proceedings of ACM SenSys'04, 2004

04

센서 데이터 정보의 처리

Sensor Network Technology

센서 네트워크의 주요한 서비스는 관측 데이터에 대한 질의(Query)이다. 이를 위해서는 클라이언트로부터의 질의에 대한 센서 데이터를 신속하게 제공할 필요가 있다. 또한 필요에 의해 데이터를 집약, 상황해석, 마이닝 등의 고도한 서비스를 제공하는 것도 필요하다. 따라서 이러한 서비스들은 영속적이고 동적인 환경변화에 대해서 견고하면서도 적응적일 필요가 있다.

질의 서비스에 있어서는 데이터베이스와 유사한 인터페이스가 제공되고 있다. 클라이언트는 센서 네트워크 전체를 하나의 데이터베이스로서 다룰 수가 있기 때문에 편리성이 높다. 질의 처리 방법(네트워킹)은 전제로 하는 센서 네트워크(센서 노드들)에 따라 요구사양이 다르다. 현재 센서 네트워크를 구성하는 노드는 소형이면서 경량인 모트(mote, 먼지 또는 티끌의 의미)형의 노드들과, PC에 접속된 카메라나 마이크 등의 고기능을 가진 노드들의 2가지 형태로 크게 나눌 수 있다. 전자는 UC 버클리에서 연구 개발되고 있는 MOTE [4.1] 등이 있으며, 제한된 리소스를 유용하게 활용하여 네트워크의 수명을 높이기 위한 소비전력 절약 프로토콜, 플러딩형 라우팅, 네트워크상에서의 정보 전송과 동시에 데이터 집약 등의 처리를 수행하는(in-network processing) 등이 포인트로 되어 있다. 후자는 고기능의 센서 노드들을 이용한 시스템으로서 Intel사에서 연구하고 있는 IrisNet [4.2] 등이 있다. 이러한 연구들은 인터넷을 모방한 센서 네트워킹, 오픈 아키텍처, QoS(Quality of Service) 등이 포인트가 된다.

마지막으로 센서 네트워크에서 정보처리에 대한 논의를 하기 위해서는 타깃이 되는 서비스 이미지가 중요하다. 따라서 이번 장에서는 센서 네트워크를 새롭게 시작되는 서비스 인프라로서의 명확한 설명을 한 후에 센서 네트워크의 기본 서비스인 질의에 대해 기술하고, 센서 네트워크의 서비스 구축을 위한 프로그램 기술 방법 및 서비스 구축에 관련한 요소 기술에 대해 기술한다.

4.1 고도 센서 네트워크 환경

이전의 데스크탑형 컴퓨터가 인간과 컴퓨터의 두 요소 사이에 액티브한 상호작용(active interaction)을 규정해 온 것에 비해 센서 네트워크는 인간, 컴퓨터, 자연환경의 세 요소 사이의 패시브(passive)한 상호작용을 규정하는 새로운 컴퓨팅 패러다임을 개척하는 기술이라 할 수 있다. 여기서 액티브한 상호작용이란 인간이 의식적으로 컴퓨터에 어떤 작용을 시켜서 서비스를 이용하는 것을 의미한다. 또한 패시브한 상호작용이란 인간이 의식하지 않는 상황에서 컴퓨터를 통해 서비스를 이용할 수 있는 상태를 의미한다. 센서 네트워크를 이용하면 상시 물리세계의 상태를 관측하고 데이터를 컴퓨터로 처리하게 함으로써 모니터링 대상의 이상을 감지하여 경고(alarm)를 전송하거나, 환경 특성에 따라 기기를 제어하며, 사용자 인터페이스를 자동화하는 등의 인간이 의식하지 못한 상황에서도 동작하는 다양한 서비스를 실현할 수 있다. 또한 이전의 인간과 컴퓨터간의 서비스 틀을 인간, 컴퓨터, 자연 환경의 세 요소 사이로 확장함으로써 인간 주위의 자연환경을 고려한 서비스의 제공도 가능하게 될 것이다. 예를 들면 사용자의 몸 상태나 날씨의 센싱 데이터에 의한 실내의 온도/습도/조명을 자동적으로 조절하는 것을 통해 사용자와 자연환경을 배려한 쾌적한 공간의 자동 제어 등을 가능하게 한다. 그러므로 사용자는 의식하지 않고 자신과 자신을 둘러싼 자연 환경과 공존해 나갈 수 있다. 여기서는 앞에서 설명한 바와 같이 센서 네트워크를 포함하여 새로운 네트워크 서비스의 인프라스트럭처(infrastructure)를 “고도 센서 네트워크 환경”이라 부른다.

그림 4.1은 고도 센서 네트워크 환경과 컴퓨팅 패러다임과의 관계를 나타내고 있으며 다음으로 이에 대한 설명을 해 나갈 것이다. 센서 네트워크에 의해 관측을 수행하는 대상으로는 인간과 사물 그리고 자연환경을 포함하고 있다. 현재로서는 각각의 대상에 대해 다음과 같은 컴퓨팅 패러다임들이 대응하고 있다고 할 수 있다.

- 웨어러블 컴퓨팅 [4.3]은 인간이 컴퓨터를 착용하여 이용하는 세계이다. 인간이 착용한 센서나 컴퓨터가 네트워크에 접속되도록 함으로써 개인의 관측 데이터에 따른 다양한 서비스를 제공할 수 있게 된다. 인간을 관측하는 센서 네트워크에 대응될 수 있다.
- 유비쿼터스 컴퓨팅 [4.4]는 사물에 포함된 컴퓨터들에 의해 언제 어디에서나 컴퓨터에 액세스가 가능하고 공간에 기반을 둔 서비스를 제공하는 패러다임이다. 사물을 관측하는 센서 네트워크에 대응될 수 있다.

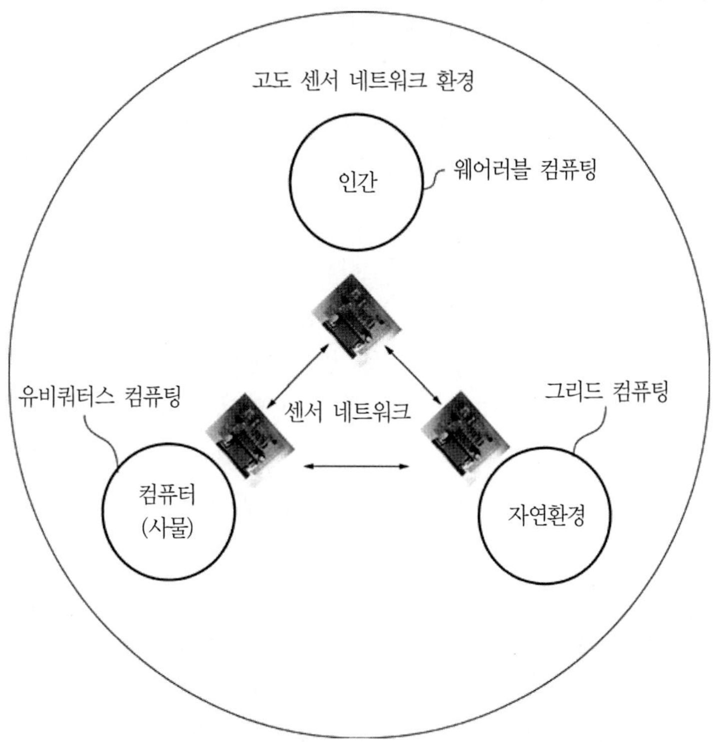

그림 4.1 고도 센서 네트워크 환경의 세계

• 자연환경을 관측하고 데이터를 분석, 수행하는 예제로는 SETI@HOME [4.5]와 같이 인터넷에 연결되어 있는 컴퓨터의 처리능력을 동적으로 배분하는 그리드 컴퓨팅을 이용하여 전파 망원경의 데이터를 분석하고, 지구 이외에서 지적 생명체에 대한 탐사(SETI)를 수행하는 패러다임 등이 있다. 또한 자연과 인간, 자연과 인공적인 사물(컴퓨터)의 인터페이스를 규정한 “네이처 인터페이스(nature interface)”라는 개념도 제창되고 있으며, [4.6] 자연환경을 관측하는 센서 네트워크에 대응될 수도 있다.

이러한 맵핑들은 엄밀하게 말해서 반드시 정확하다고 할 수는 없지만, 중요한 것은 현재 독립적인 패러다임으로서 파악되기 쉬운 상기의 3가지 패러다임들이 고도 센서 네트워크 환경에 있어서는 서로 밀접하게 연계되어 있으며, 또한 사람, 사물(컴퓨터), 자연환경을 대등하게 연결하는 인프라를 형성해 나갈 것이라는 점이다. 그리고 이러한 때에 사람을 둘러싼 사물(컴퓨터)과 자연환경을 포함한 종합(total)적인 서비스 제어가 가능해 짐으로써 사람, 사물, 자연환경 상호간의 참다운 공생이 가능해 질 수 있을 것으로 기대된다.

그러면 고도 센서 네트워크 환경의 근간이 되는 센서 네트워크를 실현하기 위한 소프트웨어로 화제를 옮겨 보자. 우선 전제가 되는 센서 네트워크의 구성과 정보처리의 기본이 되는 “데이터 중심(data centric)”에 대한 개념에 관해 기술한다.

센서 네트워크는 클라이언트인 PC, 데이터베이스, 막대한 수의 센서 노드들로 구성되어 있으며 클라이언트는 센서 데이터의 질의를 시도한다. 또한 데이터베이스는 네트워크상에 연결되어 있으며, 센서 네트워크로부터 획득한 데이터를 축적한다. 센서 노드들은 무선 멀티 홉 통신을 수행한다. 일반적으로 센서 네트워크에서는 노드들의 수가 막대하게 많고 네트워크 토폴로지도 동적으로 변화하기 때문에 특정 센서 디바이스를 ID에 의해 지정하여 네트워크에 대해 액세스하는 것은 곤란하고 의미도 없다. 오히려 “이 빌딩의 컴퓨터실의 기온 데이터”, “아무도 없는 실내의 조도 데이터” 등과 같이 얻고자 하는 데이터의 속성을 지정하는 것만으로도 그 정보원이 센서 디바이스에 액세스할 수 있는 데이터 중심의 방법들이 유효하다. 이 경우 센서 노드로의 액세스는 어플리케이션 레벨에서 제공되는 속성 데이터(이 빌딩의 컴퓨터실)나 센서 데이터 값(실내에 있는 사람의 유무)을 참조하면서 수행할 필요가 있다.

어플리케이션
이벤트 처리(질의 등)
데이터 중심 라우팅
로컬 신호 처리
패킷 송신(플러딩, 지리적 라우팅)
무선 MAC 층(토폴로지 관리)
물리층(센서, 무선)

그림 4.2 센서 네트워크 서브시스템

그림 4.2는 센서 네트워크를 구성하는 소프트웨어 서브시스템을 나타내며 다음과 같이 설명할 수 있다. 이는 주요한 서브시스템에 대한 구성을 나타내며 계층화를 의미하지는 않는다.

- 물리층 서브시스템은 디바이스 및 무선기기로 구성되어 있다. 이들은 배터리로 구동된다.
- 무선 MAC층 서브시스템은 센서간의 접속을 수행한다. 소비전력의 최소화를 위해 통상 센서 디바이스는 주위에 있는 디바이스들과의 근거리 통신을 수행한다.
- 패킷 송신 서브시스템은 정보전송을 위한 기본 기능으로서 플러딩, 지리적(geographic) 라우팅 등을 통해 멀티홉 통신을 수행한다.
- 로컬 신호처리 서브시스템은 센서 디바이스가 얻어낸 파형 데이터를 센서 네트워크에서 다룰 粒度(granularity)가 큰 데이터(이벤트)로 변환한다. 이벤트는 이벤트 타입, 타임스탬프, 신호강도, 데이터의 신뢰도(confidence) 등의 속성을 가지고 있다.
- 데이터 중심의 라우팅 서브시스템은 어플리케이션 레벨에서 이벤트의 라우팅을 수행한다.
- 이벤트 처리 서브시스템은 다른 센서로부터 수신한 이벤트를 처리한다. 이벤트의 예로는 "질의", "라우팅 트리의 생성" 등이 있다. 또한 크기가 작고 리소스의 제약이 많은 센서 노드에서는 저전력 소비를 목적으로 데이터의 양을 감소시키기 위해서 센서 노드 사이에서 데이터를 전송하는 것과 동시에 네트워크에서 데이터 집약을 수행하는 경우가 많다(in-network aggregation).

• 어플리케이션 서브시스템은 이벤트 처리의 인터페이스를 이용하여 어플리케이션 커맨드를 실행하며, 여러 개의 어플리케이션에 대해 공통적인 처리는 서비스로 모듈화하기도 한다.

4.2 질의의 기술

센서 네트워크는 사용자의 입장에서는 환경관측 데이터베이스의 역할을 수행한다. 따라서 사용자에게는 센서 네트워크의 상세한 구성(센서의 위치, 데이터 포맷)을 숨기고 보다 직관적인 데이터 액세스를 가능하도록 하는 인터페이스를 제공하는 것이 더 중요하다. 이를 위해 센서 네트워크에서는 명칭 정보 [4.7]나 SQL [4.8]과 같은 고급 언어를 이용하여 데이터 액세스 수단을 제공하는 것을 더 바람직하게 여기고 있다.

명칭 정보를 이용한 접근법 [4.9]에서는 질의의 대상이 되는 데이터를 속성, 값, 연산자의 묶음으로 지정하고 메시지 타입 interest를 통해 질의의 종류를 규정한다. 예를 들면 location =[(100, 100),(10, 200)], temperature = [10, 20]으로 지정함으로써 지정한 장소에 포함된 센서들 중에서 지정된 범위의 온도를 측정하고 있는 선세들로부터의 응답을 얻어낼 수 있다. 명칭 정보를 이용한 접근법에는 질의에 대한 정보의 전송을 어플리케이션 레벨에서 수행할 수 있는 것들이 많다. 관련 정보에 대해서는 4.4절에서 기술한다.

TinyDB [4.10]이나 Cougar [4.11]에서는 센서 네트워크를 데이터베이스로 인식하여 센서 네트워크에 대한 질의를 SQL과 같은 선언적인 언어를 이용하여 기술한다. 이러한 접근법에서는 센서 네트워크에 대해 가상적인 테이블이 작성된다. 하나의 센서 데이터는 속성 값들의 쌍(튜플, tuple)으로 표현되며 새로운 데이터가 생성되면 테이블에 추가된다. TinyDB에서의 질의는 통산의 SQL문과 유사하게 SELECT-FROM-WHERE구문에 의해 기술되고, 센서 네트워크 특유의 SAMPLE INTERVAL절을 이용하여 각 센서에 대한 샘플링 간격을 지정할 수 있다. TinyDB에서의 질의 예제는 다음과 같이 나타낼 수 있다. 여기서는 테이블 “sensors”의 속성으로 nodeid(센서 ID), light(조도), temp (온도), loc(위치), timestamp(시각)을 가정하고 이러한 속성들의 값들의 쌍을 통해 각 센서 데이터가 표현된다고 가정한다.

```
SELECT nodeid, light, temp
    FROM sensors
    WHERE loc IN(0,0,100,100) AND light > 1000 lux
    SAMPLE INTERVAL 10s
```

이 예제는 10초마다 샘플링하고 지정된 장소에 포함되어 있는 조도 센서에 의한 측정치가 지정된 값 이상인 센서에 대해 그 ID와 조도, 그리고 온도의 계측치를 통지하도록 요구하는 것이다.

이 이외에는 XPATH를 이용한 질의표현 등을 구현할 수도 있다 [4.2].

4.3 질의 처리

센서 네트워크에서는 다수의 센서 노드들 사이에서 멀티홉으로 질의정보를 전송하여 처리함으로써 다른 지역에 관측 정보를 제공한다. 일반적으로 센서 네트워크에서는 전원이나 통신대역 등의 리소스에 관한 제약이 많고, 노드의 고장이나 통신 링크의 절단에 따른 토폴로지의 변화가 생길 수 있기 때문에 에너지 소비를 감소시키면서도 강건성(robust)을 보장하는 적응적인 질의 메커니즘이 중요하며 확장 가능성(scalability)도 중요하다. 또한 이용하는 측면에서는 센서 데이터의 연산이나 통합 등이 필요하다. 질의에 관한 연구로는 네트워킹의 관점에서 데이터 중심이나 in-network processing을 고려한 라우팅을 타깃으로 한 것들과 데이터베이스의 관점에서 센서 데이터의 질의 인터페이스나 연산처리, 데이터 통합 등을 타깃으로 하는 것들이 많다.

4.3.1 플러딩(Flooding)

센서 네트워크에 있어서 가장 기본적인 정보 전송 방법은 플러딩이다. 플러딩 방식에서는 각 노드가 브로드캐스트를 통해 정보를 전송하기 때문에 정보가 네트워크 전체로 전송된다. 그림 4.3은 플러딩에 의한 질의의 기본적인 구조(architecture)를 나타내고, 아래에서 그에 대해 설명하고자 한다.

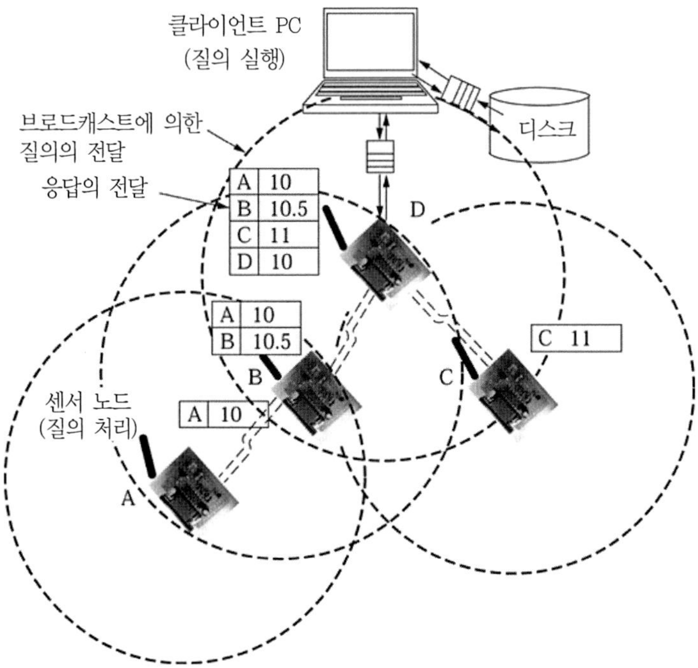

그림 4.3 플러딩에 의한 질의

질의의 메시지를 전송하는 경우 루트(root, 질의의 소스) 센서 노드가 수신 노드를 식별할 수 있는 정보(ID나 위치 속성 등)와 함께 질의 정보를 브로드캐스트 한다. 질의 정보를 수신한 노드는 자신이 수신 노드에 해당되면 질의에 대한 처리를 수행하고 응답을 송신한다. 최종 수신 노드에 해당되지 않는 경우에는 질의 정보를 브로드캐스트를 통해 전송한다. 이 때 동일한 질의 정보를 여러 노드들로부터 수신하는 것을 방지하기 위해 패킷의 이중 수신을 검출하여 억제하는 방법을 이용한다. 또한 각 노드들은 질의에 대한 응답을 전달하기 위한 경로 정보로 질의 정보를 송신하는 소스 노드를 기록한다. 다른 노드로부터의 응답을 수신하면 경로 정보를 참조하여 질의를 요청한 본래 소스 노드 방향으로 전송할 수 있게 응답을 전달한다. 그림 4.3에서는 클라이언트로부터의 수신 노드를 임의로 질의를 수행한 경우에 응답이 처리되는 모습을 나타내고 있다. 노드 A, B, C는 각각 노드 B, D, D를 경로 정보로 기록한다. 노드 A의 질의 결과가 노드 B에 전달되고 노드 B는 자신의 질의 결과와 함께 노드 D에 결과를 전달한다. 동일하게 노드 C는 결과를 노드 D에 전달한다.

노드 D는 노드 B와 노드 C로부터 전달받은 결과와 자신의 결과를 함께 클라이언트로 전달한다.

4.3.2 라우팅 트리(Routing Tree)의 구축

플러딩은 가장 간단한 질의 정보를 전송하는 수단이지만 네트워크에서 전송되는 메시지 수의 증가나 보안(security)의 저하를 일으킬 수 있는 단점이 있다. 이것을 극복하기 위해서는 브로드캐스트를 대신하여 원하는 방향으로만 정보를 전송하는 것이 필요하며, 이와 같은 상황을 위해서는 라우팅이 필요하다. 센서 네트워크에서의 라우팅 방법으로 가장 기본적인 것이 라우팅 트리를 구축하는 방법이다. 라우팅 트리는 정보의 수신측이 되는 노드를 루트 노드로 하고 정보원이 되는 노드를 잎 노드(leaf node)로 하는 트리이다. 잎 노드로부터 루트 노드로 정보를 전송하고자 하는 경우 잎 노드는 자신의 부모 노드로 정보를 전송한다. 잎 노드의 부모 노드가 또 다시 자신의 부모 노드로 정보를 전송하게 함으로써 루트 노드를 향해 트리를 따라 전송되고 최종적으로는 루트에 정보가 전달된다. 라우팅 트리를 이용한 전형적인 질의 처리의 순서는 아래와 같다.

질의 정보의 송신 노드가 플러딩에 의해 질의 패킷을 송신한다. 이 과정에서 질의의 송신 노드를 루트 노드로 하는 라우팅 트리를 구축한다. 질의 패킷을 수신한 정보원이 되는 노드가 라우팅 트리를 참조하여 부모 노드를 통해 루트 노드에게 응답을 송신한다. 라우팅 트리를 이용한 질의 시스템으로는 UC 버클리 대학의 TinyDB [4.10], 코넬 대학의 Cougar [4.11] 등이 있다.

다음은, 센서 네트워크에서의 라우팅 트리의 구축 방법을 설명한다. 라우팅 트리의 루트 노드가 되는 노드는 라우팅 트리 구축의 패킷을 플러딩에 의해 네트워크 전체로 송신한다. 이 패킷에는 패킷의 본래 송신 노드의 ID와 루트 노드로부터의 거리(레벨) L이 포함되어 있다. 패킷을 수신한 노드는 자신의 레벨값을 알아본다. 이 값이 아직 설정되지 않던가 $L+1$보다 큰 경우는 자신의 레벨에 $L+1$을 설정하고 패킷의 송신 노드에 자신의 ID와 레벨을 설정하여 전송한다. 그리고 패킷의 본래 송신 노드는 부모 노드로 기록한다. 이러한 처리를 모든 노드에 대해 레벨과 부모 노드가 설정되기까지 반복적으로 수행하여 라우팅 트리를 구축되게 한다. 루트 노드가 라우팅 트리 구축 패킷을 정기적으로 송신하여 라우팅 트리를 지속적으로 갱신한다. 이렇게 함으로써 토폴로지의 변화나 노드의 추가 그리고 삭제에 대해서도 대응할 수 있게 된다.

4.3.3 데이터 중심 라우팅

처음에 기술했었던 것처럼, 센서 네트워크에서는 어플리케이션 레벨의 정보를 이용한 데이터 중심의 질의가 가능하다. 데이터 중심의 센서 네트워크의 예로는 남캘리포니아 대학의 Directed Diffusion [4.9](이하 Diffusion이라 한다)를 들 수 있다. Diffusion의 특징은 질의를 interest 메시지를 이용하여 기술한다는 점이다. 이 interest 메시지는 속성과 값의 쌍으로 구성되어 있다(Diffusion에서는 이러한 데이터를 "named data"라 하고 있다). interest 및 응답을 기술하는 예를 아래에서 각각 나타낸다. 이 질의에는 직사각형의 지역에서 동물을 검출하는 데에 흥미가 있음을 나타내고 있다. 그리고 동물을 검출한 경우에는 20 밀리초의 간격으로 10초간 응답(이벤트)을 반환하도록 지시하고 있다. 이에 대한 응답에는 코끼리를 검출한 장소, 정확도, 신호 강도, 시각 등의 정보를 포함하여 이벤트를 반환하고 있다.

```
type = four-legged animal       : 다리 4개의 동물의 장소를 특정한다.
interval = 20ms                 : 20 밀리 초마다 이벤트를 받는다.
duration = 10seconds            : 10초간
rect = [-100, 100, 200, 400]    : 사각형 내에 있는 센서들로부터

type = four-legged animal       : 검출한 동물의 타입
instance = elephant             : 검출한 동물의 인스턴스
location = [124, 220]           : 센서 노드의 위치
intensity = 0.6                 : 신호의 세기
confidence = 0.85               : 질의의 정확도
timestamp = 01:20:40            : 이벤트 발생 시각
```

그림 4.4는 Diffusion에서 데이터 중심의 라우팅에 대해 나타내고 다음과 같이 설명한다.

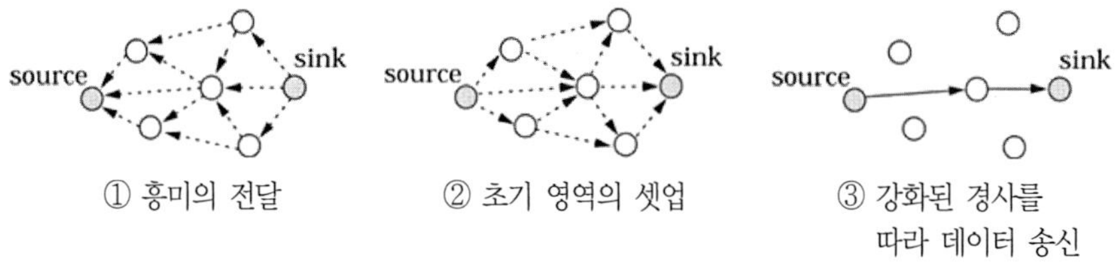

그림 4.4 Diffusion에 의한 질의의 프로세스

① interest는 질의 정보의 송신 노드(싱크: sink)에 의해 생성되고 멀티홉으로 센서 네트워크에서 전송된다. 이 때 interest에 해당되는 데이터를 가지고 있지 않는 노드들만이 메시지를 이웃 노드로 전송한다. interest의 수신 노드는 interest의 데이터와 노드의 속성에 따라 결정된다(데이터 중심의 라우팅). 예를 들면 위치속성에 기반을 두고 전송하는 경우는 interest에서 지정된 장소에 해당되는 노드를 선택한다.

② 각 노드는 메시지를 전송함과 동시에 라우팅 테이블을 구축한다. Diffusion에서의 노드는 자신이 수신한 interest에 대응하여 송신 노드에 관한 정보를 기록한다. 이 정보를 경사(傾斜)라 하며, 경사는 시간에 따라 소멸된다.

③ interest에 해당되는 데이터를 가진 노드(정보원: source)는 응답을 생성하여 송신한다. 응답은 라우팅 테이블에 의해 싱크(sink) 방향을 향해 멀티홉으로 전송된다.

4.3.4 네트워크내의 데이터 집약

센서 네트워크에서의 통신은 에너지 소비량이 가장 높은 동작이기에 모든 질의 결과를 전송한다면 에너지 효율의 저하를 불러일으킨다. 따라서 질의 결과를 전송함과 동시에 데이터 집약을 수행하도록 하여 메시지의 수를 가능한 감소시키는 것이 중요하다. 또한 통신의 신뢰성도 낮기 때문에 강건성(robustness)이 확보되어야 한다. 네트워크 내에서 데이터 집약에 관한 연구는 주로 부분 결과가 송수신되는 집약 트리를 구축하는 방법이 이용되고 있다. 집약 트리에 있어서 자식의 결과를 집약하여 부모에게 전송하고 정보량을 감소시킨다. 그림 4.5는 데이터 집약의 예를 나타내며 다음과 같이 설명할 수 있다. 정보원 A, B, C, D로부터 싱크 노드로 향해 집약 트리가 구성되어 있다고

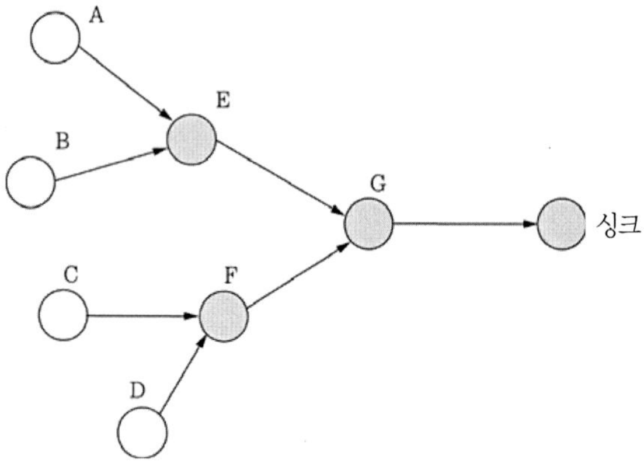

그림 4.5 정보 집약의 예

가정하면, A, B로부터 송신된 데이터는 E에서, C, D로부터 송신된 데이터는 F에서 집약된다. 또한 E, F로부터 송신된 데이터는 G에서 집약되며 그 결과가 G로부터 싱크 노드로 송신된다. 이처럼 네트워크상에서 정보를 1회 전송할 때마다 다른 노드로부터의 정보가 있는 경우에는 정보를 집약하면서 전송하도록 함으로써 각 노드들은 한번씩만 정보를 전송하는 것으로 전체적인 통계정보를 구해낼 수가 있다(in-networking processing). 예를 들면 어플리케이션에 있어서 임의의 장소에 있는 그늘의 평균기온을 구할 경우, 잎 노드의 센서 노드에 있어서 조건에 맞는 센서 데이터가 있을 때 그것을 트리를 통해 다음 노드로 전송하고 데이터를 수신한 노드에 다른 노드들로부터 송신 데이터가 있는 경우에는 그것도 집약하여 최종적으로 질의하고자 하는 통계정보(평균기온)를 구해낸다.

네트워크 내의 데이터 집약을 실현하는 시스템으로는 앞서 기술한 Diffusion이 이에 해당된다. Diffusion은 라우팅에 의해 특정 정보를 특정 방향으로 전송하고 노드에서 데이터의 가공(예를 들어 데이터 집약)을 수행한다. 이때 국소적인 알고리즘을 사용하여 정보 전송의 지연(latency)이 적어지도록 라우팅 트리를 구축한다 [4.12]. 이 라우팅 트리는 서로 다른 정보원들로부터 싱크 노드까지의 트리들에 대해 정보원들로부터 싱크 노드까지의 패스가 처음으로 중첩되는 노드를 찾아내고, 그 노드에서 서로 다른 정보원들로부터의 데이터를 집약하여 하나의 데이터를 생성하도록 한다. 이것에 대하여 문헌 [4.23]에서는 소비전력의 최소화를 위해 최적화된 집약 트리의 구축방법을 제안하고 있다. 구체적으로는 여러 개의 정보원들이 있을 경우에 처음 하나의 정보원에 대해서만 최단 패스로 트리를 구축하고 나머지 정보원들은 이 트리에 있어서 가장 가까운 노드에 접속한다. 그런데 라우팅과 동시에 데이터의 가공을 수행하는 방식에 대한 착안은 액티브(active) 네트워크 [4.14]에 대한 연구에서 처음으로 제안되었다. 액티브 네트워크에 의해 네트워크는 단순히 점대점(end-to-end) 서비스를 제공하는 것에서 정보처리 서비스를 제공하는 것으로 발전했다고 할 수 있다.

한편 데이터베이스의 관점으로부터 데이터 집약을 SQL 형식의 오퍼레이션의 일부로 보고 다양한 연구가 수행되고 있다. 문헌 [4.15]에서는 데이터 집약을 위한 SQL 오퍼레이션으로 COUNT, MIN, MAX, SUM, AVERAGE 등의 다섯 가지를 들어 이들의 실현을 위해서 메시지 양의 삭감과 네트워크의 절단에 대한 강건성을 고려한 최적화 수법으로서 파이프라인 집약(pipeline aggregation)과 가설 테스트 방법(hypothesis test)을 제안하고 있다. 일반적으로 데이터 집약에서는 네트워크가 절단되면 일부 정보원들로부터의 데이터가 수신되지 않기 때문에 집약 결과가 정확하지 않게 된다. 이를 피하기 위해서는 여러 번 데이터를 집약하여 올바른 결과를 추정할 수 있는 방법을 생각해 낼 수 있는데, 반복할 때마다 데이터 집약의 메시지 양이 증가하는 단점이 있다. 파이프라인 집약에서는 노드의 처리시간 단위를 i로 하고 i 시간 동안에 각 노드는 자식 노드로부터 받은 데이터를 집약하고 부모 노드로 송신하는 처리를 한번만 수행한다. 그림 4.5의 토폴로지에 관한 파이프라인 집약의 예를 다음과 같이 설명한다.

시각 t일 때 각 노드들은 자신의 데이터를 부모 노드로 송신한다. 이때 시각 $t-i$에 자식 노드들로부터 수신한 데이터가 있을 경우에는 데이터를 집약하고 그 결과를 송신한다. 그 다음에 시각 t일 때 각 노드들의 데이터를 $d(node)_t$로 나타내고 동작의 예를 설명한다. 정보원 A, B는 자신의 데이터 $d(A)_t$, $d(B)_t$를 부모 노드인 E로 송신한다. 같은 방법으로 정보원 C, D는 자신의 데이터 $d(C)_t$, $d(D)_t$를 부모 노드인 F로 송신한다. 노드 E는 시각 $t-i$에 노드 A, B로부터 수신한 데이터 $d(A)_{t-1}$, $d(B)_{t-1}$와 자신의 데이터 $d(E)_t$를 집약하여 부모 노드 G로 송신한다. 노드 F는 시각 $t-i$에 노드 C, D로부터 수신한 데이터 $d(C)_{t-1}$, $d(D)_{t-1}$와 자신의 데이터 $d(F)_t$를 집약하여 부모 노드 G로 송신한다. 노드 G는 시각 $t-i$에 노드 E, F로부터 수신한 데이터 $d(E)_{t-1}$, $d(F)_{t-1}$와 자신의 데이터 d(G)t를 집약하여 부모 노드인 싱크 노드로 송신한다. 즉 데이터는 단말 노드에서 싱크노드를 향해 파이프라인형태로 집약된다. 이 방법에서는 i의 시간차 순서대로 데이터가 송수신되기 때문에 만약 어떤 노드에서 시각 t에 데이터 집약 메시지를 잃어버린다 하더라도 시각 $t+i$까지는 자식 노드들로부터 다음 데이터 집약 메시지가 전송되어 오기때문에 데이터 집약을 다시 시작할 수 있다. 이 방법은 한번 집약에 있어서 메시지의 수가 일반적인 데이터 집약에 비해서 많아지는 단점이 있지만, 가설 테스트 등의 최적화를 수행함으로써 메시지 수의 증가를 억제할 수 있다. 가설 테스트 방법에는 처음에 일부의 경로(path, 예를 들면 A, B, E, G)에 대해서만 데이터 집약을 수행하여 그 결과를 전체에 주지시킨다. 이때 주지된 데이터 집약 결과와 다른 데이터를 가지고 있는 정보원들만이 응답을 반환하게 함으로써 데이터 집약의 메시지 양을 삭감시킬 수 있다.

4.3.5 센서 데이터베이스에 대한 선언적 질의

데이터베이스 분야에는 센서 네트워크에 대한 질의를 선언적으로 기술하는 접근법들을 살펴볼 수 있다 [4.10, 4.11, 4.16, 4.17, 4.18]. SQL과 같은 선언적 질의 언어(declarative query language)를 이용함으로써 MOTE와 TinyOS 등의 하드웨어나 오퍼레이션시스템의 상세한 정보를 몰라도 관계형 데이터베이스(Relational Database)에 대한 질의를 기술하는 것과 유사하게 각 센서에 대한 질의를 기술할 수 있다. 이러한 접근법들은 센서 네트워크를 구성하는 각 센서 노드들로부터 획득한 데이터를 집중 관리하는 데이터베이스 시스템은 고려하지 않는다. 오히려 각 센서 노드들을 데이터베이스 사이트들로 여기고 센서 네트워크를 다수의 데이터베이스 사이트로 구성된 분산 데이터베이스로 취급한다. 이와 같은 센서 데이터베이스에 대한 질의 처리는 일반적으로 다음과 같은 순서로 구성되어 있다.

① 질의의 최적화 (query optimization)
② 질의의 분배 (query dissemination)
③ 질의의 실행 (query execution)

센서 네트워크로의 질의에 대해 우선 질의의 최적화가 수행되고 각 센서 노드들에서 실행될 쿼리 플랜(plan)이 작성된다. 질의의 최적화는 센서 네트워크에 관한 메타 데이터(센서의 위치정보나 소비전력, 샘플링 간격, 네트워크 토폴로지 등)의 기반 위에 수행되고 각 쿼리 플랜은 데이터베이스 연산의 계열로 표현된다. 생성된 쿼리 플랜은 센서 네트워크를 구성하는 센서 노드들로 전송되고 각 노드 상에서 실행된다. 그 결과, 질의 처리는 각 센서 노드 상에서 분산/병렬적으로 수행하게 된다. 앞 절에서와 같이 센서 네트워크내의 집약(in-network aggregation) 방법을 이용한 경우에 질의 처리(집약 처리)의 결과는 멀티홉에 의해 루트 노드로 전송된다 [4.15, 4.19].

TinyDB [4.10]는 TinyOS상에서 동작하는 질의 처리를 위한 미들웨어이다. 각 TinyDB에 등록된 질의는 그 센서 노드 상에서 지속적으로 실행된다. 예를 들어 4.3절에 나타낸 것과 같이 SAMPLE INTERVAL 구절을 이용하여 샘플링 간격을 지정하여 능동적으로 센서 데이터를 요구하고 그 결과를 통지하도록 요구할 수 있다. 이 샘플링 간격은 epoch라고도 하며 EPOCH DURATION 구절을 이용하여 기술하는 경우도 있다. 통신, 전원, 계산 기능 등의 센서 네트워크의 물리적인 제약 하에서 소비전력을 줄여가면서 각 센서 노드상의 질의 처리를 지속적으로 수행하기 위해서는 샘플링 간격이나 통신간격을 지정하는 것이 효과적이다. 문헌 [4.17]에서는 이에 대한 논의를 더 진행하여 "언제, 어디서, 어느 정도의 빈도로 센서 데이터를 획득하여 배송할 것인가"에 관련된 센서 네트워크에 있어서의 획득적인(acquisitional) 성질에 주목하여 Acquisitional Query Processing(ACQP)를 제안하고 있다. ACQP에서는 샘플링이나 집약 연산뿐만이 아니라 window query, event-based query, life time-based query 등의 질의를 전력 소비를 고려하여 처리하는 방법에 대해서 논의하고 있다. 예를 들어 TinyDB의 구조를 이용하여 다음과 같은 질의를 처리할 수 있다.

```
SELECT COUNT(*)
    FROM sensors As s, recentLight As r1
    WHERE r1.nodeid=s.nodeid AND s.light < r1.light
    SAMPLE INVERVAL 10s
```

개념적으로의 *sensors*는 무한한 센서 데이터의 스트림을 나타내고 있지만 실제로는 센서 노드 상에서 모든 튜플들(tuple, 스트림 데이터의 일부)이 유지되고 있는 것은 아니라서 SORT(소트) 등의 데이터베이스 연산을 실행할 수 없다. 이 질의 예제에 있어서는 사전에 recentLight라는 길이가 정해진 테이블을 작성하고 지정된 행의 개수 중에서 최신의 센서 데이터를 유지하고 있다. 따라서 이 예제는 샘플링 간격으로 지정된 간격에 센서 데이터 *s*가 도착할 때마다 테이블 r1과의 통합연산을 수행하고 과거의 조도 센서 값 *r1.light*가 *s.light*보다 큰 행의 개수를 통지하도록 요청하는 예제이다.

또 다음의 예제는 음량 데이터(volume)를 1초 간격으로 샘플링 하여 과거 30초간의 평균치를 5초마다 통지하도록 요청하는 예제이다.

```
SELECT WINAVG(volume, 30s, 5s)
    FROM sensors
    SAMPLE INTERVAL 1s
```

이 예제에서는 지정된 구간의 센서 데이터를 받아내는 것 뿐만 아니라 그 받아오는 구간을 시간 폭에 따라 이동시키고 있다. 이러한 질의는 일반적으로 sliding window query라하며 4.3.6절에서 기술한 것처럼 스트림 데이터에 대해 이용하는 경우가 많다.

Event-based query는 "새 둥지 안에 새가 있을 때의 조도 센서와 온도 센서의 값을 1분 간격으로 통지하시오" 등과 같이 어떤 이벤트가 발생한 경우에 수행될 처리를 기술하는 질의이다. 또한 모니터링 어플리케이션에서는 일정 기간동안 센서 노드를 지속적으로 가동시킬 수 있는 것이 중요하지만 다음과 같이 LIFETIME 구절을 이용하여 각 센서 노드의 동작기간을 명시적으로도 지정할 수 있다.

```
SELECT nodeid, light
    FROM sensors
    LIFETIME 30 days
```

이 예제에서는 지정한 기간(30일간), 센서 ID와 조도 센서 값을 통지하도록 요청하고 있다. 이러한 질의는 lifetime-based query라 하며 LIFETIME 구절을 지정함으로써 보다 더 직접적으로 전력 소비 문제를 다룰 수 있다. ACQP는 샘플링이나 통신에 필요한 소비전력을 계산하여 그 결과를 고려해 쿼리 플랜을 생성함으로써 지정된 기간중에 센서 노드상의 질의 처리를 스케줄링할 수 있도록 되어 있다.

Cougar [4.16]에서는 오브젝트 관계형 데이터베이스(object relational database)의 아이디어를 도입하여 센서 데이터의 표현으로 추상 데이터형(Abstract Data Type: ADT)을 지원하고 있다. 센서 노드의 종류마다 센서 ADT를 정의하고 각 노드 상의 신호 처리(센서 데이터 처리) 함수를 대응되는 센서 ADT의 메서드(method)로 정의한다. 여기서 센서 데이터의 관계(relation)로 *R(loc point, floor int, s SensorNode)*을 고려한다. *loc*은 센서의 위치, *floor*는 센서 설치 계수, *s*는 온도센서, *SensorNode*는 기온 센서의 ADT를 나타낸다. 예를 들면 “3층에 설치되어 있는 모든 센서들에 의해 계측되는 온도 데이터를 5분마다 알려 주시오”라는 질의는 다음과 같이 기술할 수 있다.

```
SELECT R.s.getTemperature()
   FROM R
   WHERE R.floor=3 AND $every(60)
```

*getTemperature()*는 *SensorNode*의 메서드로 정의되어 있으며 온도 센서의 측정치를 반환한다. 이 예제는 매우 간단한 예제이지만 보다 복잡한 센서 데이터 처리도 메서드로서 정의하는 것이 가능하다.

이상과 같이 TinyDB나 Cougar 등의 선언적 질의를 이용한 접근법들은 어플리케이션에 따라 각 센서 노드들 상의 질의 처리를 유연하게 기술할 수 있다. 무선 센서 네트워크에서의 질의 처리에는 센서 디바이스에 대한 능동적인 액세스나 다른 노드와의 통신을 동반하지만 선언적인 언어를 이용함으로써 그러한 센서 네트워크의 제약을 고려한 질의 처리를 어플리케이션 개발자가 간단하게 기술할 수 있다. 이러한 관점에서 선언적인 질의를 이용한 접근법들은 in-network processing과 밀접한 관계가 있으며 단순한 프로그래밍 인터페이스만을 제공할 뿐만 아니라 센서 네트워크상의 리소스도 유효하게 활용하는 수단을 제공하고 있다고 할 수 있다.

논문 [4.18]은 지금까지 센서 네트워크를 대상으로 한 연구들은 각 센서 노드가 동일한 성능을 가진 동종(homogeneous)의 노드들임을 상정한 센서 네트워크들이지만, 성능이 서로 다른 센서 노드들로 구성된 이종(heterogeneous) 센서 네트워크를 상정한 연구가 필요하다고 기술하고 있다. 예를 들어 IrisNet [4.2]와 같은 고도의 처리 능력을 가진 센서 노드를 이용하여 함께 센서 네트워크를 구성할 수 있다면 이러한 노드들에게 복잡한 집약 처리나 집약 결과의 축적 등을 수행시킬 수 있을 것이다. 높은 빈도로 확실하게 데이터를 획득해 내고자 한다면 유선 센서 네트워크를 함께 이용하는 것도 생각할 수 있다. 또한 서로 다른 종류의 센서 노드들과 다른 종류의 통신 매체등이 광역 네트워크에 접속할 수 있는 환경을 고려하는 경우에는 다양한 계층의 이종성(異種性, heterogeneity)에 대응한 질의 처리 메커니즘이 필요할 것이다.

그리고 센서 네트워크에 대해 여러 번의 질의가 발생하는 상황을 고려하는 경우에는 센서 노드라는 리소스를 서로 공유하는 것이 되기 때문에 이러한 질의들을 최적화해야 하는 문제가 발생할 수 있다. 질의 최적화의 관점에서는 동적으로 변화하는 센서 네트워크의 정보를 메타 데이터로 관리하는 방법들에 대한 논의도 중요하다. 센서 네트워크를 시공간 데이터베이스로 인식하는 경우에는 센서 네트워크 특유의 제약조건들을 고려하면서 시계열 데이터를 처리하기 위한 연산이나 공간 데이터에 대한 집약 연산을 지원하는 방식에 관한 논의도 진행시키는 것이 필요할 것이다.

4.3.6 스트림 데이터의 데이터베이스 연산

센서는 시계열적(時系列的)으로 연속한 데이터를 출력하는 스트림형 정보원(情報源)에 해당한다. 스트림 데이터를 생성하여 발신하는 정보원으로는 센서뿐만 아니라 RFID 등의 전자 태그, 주가 데이터베이스, 뉴스나 일기예보 등의 웹 사이트, 그리고 다양한 센서를 탑재한 로봇이나 자동차 등도 들 수 있다. 이러한 스트림 데이터를 이용하는 어플리케이션들로는 “5분마다 샘플링되는 여러 개의 데이터를 시간축상에서 분석하여 상황변화를 예측하기” 등, 매우 많은 수의 시계열 데이터를 다뤄야 할 필요가 발생한다. 또한 데이터를 실시간이나 실시간에 가까운 속도로 분석함으로써 현재의 데이터를 바탕으로 미래에 발생할 것으로 예측되는 화재나 고장의 전조 등을 미리 예측하는 것에 대한 요구도 많다.

표 4.1 대표적인 스트림 연구 프로젝트

프로젝트 명	연구 기관
STREAM [4.20]	스탠포드 대학교
TelegraphCQ [4.21]	UC버클리 대학교
NiagaraCQ [4.22]	위스콘신 대학교(메디슨)
Aurora [4.23, 4.24], Borealis [4.25]	브라운 대학교, 브란티스 대학교, MIT

데이터베이스 분야에는 시시각각 연속적으로 도착되는 스트림 데이터를 위한 질의 처리나 구조(architecture)에 관한 연구가 왕성하게 이뤄지고 있다. 대표적인 프로젝트로는 표 4.1과 같은 것들이 있으며 스트림 처리에 대해서도 많은 논문들이 발표되고 있다.

스트림 데이터에 대한 질의 처리를 수행하는 시스템은 데이터 스트림 관리 시스템(Data Stream Management System: DSMS) 또는 스트림 프로세서라 불린다. 모니터링 등 지속적으로 데이터를 수집하는 어플리케이션에 대해 DSMS에서는 데이터가 도착할 때마다 질의(쿼리)를 실행하여 실시간적으로 처리 결과를 응답하는 것이 요구된다. 종래의 데이터베이스 관리 시스템(Database Management System: DBMS)을 이용하는 경우에는 도착한 데이터는 스토리지에 저장된다. 그러나 DBMS에 대한 질의를 수행할 때마다 몇 번이고 반복하여 스토리지에 액세스하게 되기 때문에 연속적으로 도착하는 데이터에 대해 실시간적인 응답은 수행하기 힘들다. 따라서 많은 DSMS에서는 스트림 데이터에 대한 질의를 한번 등록하여 DSMS상에서 그 질의 처리를 연속적이면서도 지속적으로 수행할 수 있는 방식을 제공하고 있다. 이와 같은 질의들을 일반적으로 연속적인 질의(Continuous Query: CQ) [4.20, 4.21]라고 한다.

연속적인 질의는 논문 [4.20]에서 제안된 아이디어인데 처음에는 주로 뉴스 사이트 등의 인터넷 상에서 동적으로 변화하는 정보원을 모니터링 하는 방식으로서 연구가 진행되어 왔었지만, [4.21] 지금은 인터넷상의 데이터 리소스로부터 센서 디바이스나 스마트 디바이스와 같은 다양한 정보원을 대상으로 하여 이들로부터의 스트림 데이터에 대한 연속적인 질의에 관련된 연구도 다수 수행되고 있다 [4.22, 4.23, 4.24, 4.25].

연속적인 질의는 스트림 데이터에 대해 반복 질의 처리를 수행하기 때문에 이전의 처리결과와의 차이가 나는 결과를 생성할 수도 있다. 예를 들어 5분마다 빌딩내 각 방의 실내온도를 계측하여 온도가 일정 값 이상인 방을 알려주는 경우를 들 수 있다. 시각 TS_i로부터 TS_{i+1} 동안에 방 R_k의 실내 온도가 일정치를 넘긴 경우, 시각 TS_{i+1}에 도착한 데이터를 처리한 결과, 어플리케이션에는 그 차이 정보로서 R_k가 통지된다. 질의의 예제로서는 스트림 데이터에 대한 집약 연산이나 윈도우 질의, 여러 개의 스트림 데이터에 대한 결합(join)연산 등 다양한 것들을 들 수 있다. STREAM 프로젝트 [4.22]에서는 스트림 데이터에 대한 질의를 기술하기 위해 CQL(Continuous Query Language)라는 언어를 제안하고 있다. STREAM은 스트림을 구성하는 튜플의 계열을 잘라내는 연산으로서 슬라이딩 윈도우 질의(sliding window query)를 지원하고 있다. 예를 들어 스트림 S에 대한 슬라이딩 윈도우 질의는 CQL을 이용하여 다음과 같이 기술할 수 있다.

```
SELECT * FROM S [Rows 1000]
SELECT * FROM S [Range 2 Minutes]
```

전자는 tuple-based sliding window라 하며 스트림 S를 구성하는 튜플(tuple)에서 Rows에 지정한 수만큼의 최신 튜플(tuple)을 잘라내어 반환한다. 후자는 time-based sliding window라 하고 과거 2분간에 도착한 모든 튜플을 잘라내어 반환한다. Rows이나 Range에 의해 지정된 윈도우는 시간과 함께 스트림 데이터 상을 이동해 가기 때문에 잘라내지는 튜플도 변하게 된다. 잘라 내어진 결과들을 시계열로서 표현되고 SUM(합계)이나 AVERAGE(평균)와 같은 집약 연산을 적용할 수 있다. 또한 CQL에서는 스트림 *S*1, *S*2에 대한 결합 연산도 다음과 같이 기술할 수 있다.

```
SELECT *
   FROM S1 [ROWS 1000], S2 [Range 2 Minutes]
   WHERE S1.A=S2.A AND S1.A>10
```

이 예제는 스트림 S1의 1000개의 최신 튜플들과 *S*2의 과거 2분간의 튜플들을 대상으로 하여 공통의 속성 A에 대해 *S*1.A〉10의 조건 하에 두 스트림 *S*1,

*S*2의 결합 연산이 수행되는 예제이다.

또한, STREAM 프로젝트에서는 Stream Query Repository(SQR) [4.26]이라는 사이트에서 온라인 경매(online auction), 습성 모니터링, 교통정보 모니터링 등의 어플리케이션 영역(domain)마다 적절하게 CQL을 이용하여 기술된 질의의 구체적인 예제를 탑재해 두고 있다.

스트림 처리 시스템에서는 다수의 사용자들로부터 질의가 발생된다는 것을 상정하고 있기 때문에 스트림 데이터에 대한 이러한 각각의 질의를 효율적으로 실행하기 위한 복수개의 질의에 대한 최적화 방법들이 필요하다. 여러 개의 질의에 대한 최적화는 질의 연산에 착안해서 공통의 연산을 그룹화 하여 처리 결과를 공유하게 함으로써 효율화를 꾀하는 것이다 [4.27]. [4.24, 4.25, 4.28, 4.29]의 논문들에서는 스트림 데이터에 대한 연속적인 질의의 최적화 방법들이 제안되어 있다. 또한 시간의 유사성을 고려하여 여러 개의 질의를 그룹화 하는 결합 연산으로 윈도우 결합이 제안되어 있다 [4.30]. 논문 [4.28]에서 제안되어 있는 최적화 방법은 이 윈도우 결합에도 적용될 수 있으며 여러 개의 연속적인 질의에 대한 실행 타이밍의 차이에 따른 참조 범위의 차이를 고려하여 스트림 데이터에 대한 실행 처리 플랜을 생성하도록 하고 있다. 논문 [4.29]에서는 논문 [4.28]에서 제안한 방법을 스트림 데이터와 관계형 데이터베이스와의 통합 처리를 위한 처리 방법으로도 확장시키고 있다.

그 외에 연속적인 질의 방식과 매우 유사한 형태로는 데이터베이스 트리거(trigger) 시스템이나 액티브 데이터베이스(ECA 룰) [4.32]를 들 수 있다. 트리거는 로컬 또는 원격(remote)의 데이터베이스를 감시하면서 추가나 변경 등의 데이터 조작을 동작 개시 조건으로 하여 미리 지정되어 있는 데이터베이스 연산을 실행하는 기능이다. 논문 [4.31]에서는 정수 이외는 동일한 구조를 가진 트리거가 많다는 점에 착안하여 대량의 트리거를 효율적으로 처리하기 위한 데이터 구조를 제안하고 있다. 연속적인 질의와 ECA 룰(rule)에 대한 비교에 대해서는 논문 [4.21]를 참조해 주기 바란다.

UC 버클리 대학교의 Fjord [4.33]은 센서 데이터 스트림에 대한 표준적인 데이터베이스의 오퍼레이터들을 제공하는 프레임 워크이다. 종래의 데이터베이스는 pull형인 것에 비해 센서 네트워크에서의 스트림 데이터는 push형 데이터이다. Fjord에서는 push/pull 양쪽의 데이터에 대한 질의를 가능하도록 하여 스트림 데이터가 도착할 때마다 쿼리 플랜에 push함으로써 AVERAGE, SORT 등의 오퍼레이션을 실현한다. 스트림 데이터에 대한 논블로킹(non-blocking)한 연산 처리를 실현하는 것뿐만 아니라 push형 스트림 데이터와 기존 pull형 데이터베이스에 대한 통일된 방식을 제공함으로써 이들의 통합 처리도 지원하고 있다. Push형 스트림 데이터와 pull형의 정적 데이터와의 결합 처리도 지원하고 있다. 이러한 처리들은 지연이 있는 스트림 데이터에 대해 논블로킹으로 동작한다. 또한 여러 센서 노드와의 중개를 수행하기 위한 센서 프록시(sensor proxy)를 도입하고 사용자들로부터 센서 네트워크의 은폐, 사용자의 요구에 따른 센서 샘플링 간격의 조절, 여러 질의들에 대해 공통처리를 하기 위하여 그룹화를 통한 효율화를 실현하고 있다.

Fjord와 다른 센서 네트워크들(코넬 대학교의 Cougar [4.11]이나 UC버클리대학교의 TinyDB [4.10] 등)을 비교하면 Fjord는 센서 프록시를 통해 여러 정보원을 통합한 데이터 스트림의 레벨에서 스트림을 제어하고 있는데 Cougar나 TinyDB에서는 센서 노드 상의 프로그램을 이용하여 노트 레벨에서의 스트림 제어를 수행하고 있다고 할 수 있다.

고도의 교통 정보 시스템, 지진 방재 시스템, 공장 플랜트 등의 실세계로부터 센서 데이터를 감시하도록 하는 모니터링 어플리케이션에 있어서 실시간성을 고려하는 것은 매우 중요한 일이다. 특히 센서 데이터를 다루는 경우에는 각 센서 데이터에 대한 발생한 시각이 중요하며 신선도가 높은 최신의 정보로서 어플리케이션에 제공하는 것이 중요하다 [4.34, 4.35, 4.36]. Aurora [4.37, 4.38]은 모니터링 어플리케이션을 위한 시스템으로서 제안되고 있지만 실시간성의 실현이라는 요구에 대응하기 위해서 QoS나 load shedding이라는 개념을 도입하고 있다. Aurora에서는 사용자가 지정한 QoS의 프로파일에 기반을 두고 오퍼레이터(연산자)의 스케줄링을 수행하고 있다. Load shedding은 스트림 데이터의 도착율이 상승하는 등의 원인으로 시스템의 처리 능력을 초과하여 데이터 처리를 제대로 수행하기 힘든 경우에, 스트림 데이터의 일부(즉 튜플)를 삭제함으로써 처리의 효율화를 꾀하는 것이다. 또한 Aurora에서는 스트림 데이터를 스토리지에 축적하여 과거의 데이터를 아카이브로서 이용하는 어플리케이션이나 현재 데이터와 과거 데이터를 비교/통합하는 어플리케이션도 상정하고 있다 [4.37]. 논문 [4.35, 4.36]에서는 센서 데이터의 신선도를 유지하면서 동시에 센서 데이터 스트림을 영속화하는 방법을 제안하고 있다. 그래서 영속화된 과거 데이터와 현재 스트림 데이터와의 비교 처리를 수행할 수 있기에 시계열 데이터의 예측, 분석, 마이닝과 같은 처리에 도움이 된다고 할 수 있다. 또한 [4.36]에서는 유사한 시계열 데이터(시퀀스)를 검색하는 기능이나 센서 데이터를 지속적으로 감시하는 기능도 제공하고 있다.

스트림 데이터에 관한 연구는 관계형 데이터베이스를 전제로 한 것이 많다. 하지만 예를 들어 5분마다 계측된 일련의 실내 온도 데이터에 액세스하여 분석하는 것을 고려하면 이러한 센서 데이터들이 센서 ID, 시각, 값을 속성으로 하는 테이블 형태로 저장되고 있는 경우에는 여러 번의 결합 연산을 실행하여 스토리지중에 서로 떨어져 있는 영역에 액세스할 필요가 발생한다. 그래서 IBM에서는 Time Series DataBlade [4.39]라는 모듈(module)을 제고하고 있으며 각 센서마다 대응하는 시계열 데이터를 유지함으로써 스트림 데이터를 관계형 구조가 아닌 수천 개의 데이터 포인터로 구성된 벡터로서 취급하여 처리의 효율화를 꾀하고 있다. 스트림 데이터를 시계열 벡터로 취급함으로써 관련된 모든 데이터를 한곳에 배치할 수 있게 된다면 분석에 필요한 시계열 데이터를 효율적으로 읽어 낼 수 있으리라 생각한다.

4.3.7 센서 데이터의 통합 이용

지금까지는 주로 센서 네트워크내의 질의처리나 스트림 데이터에 대한 질의 처리에 대해 설명해 왔다. 센서 네트워크내의 센서 데이터의 집약 결과 또는 각 센서들로부터 일정한 간격으로 공급되는 실시간 센서 데이터, 이와 더불어 그러한 센서 데이터들의 축적 결과인 시계열 데이터는 전문가들이나 연구자들에게만 유용한 것이 아니라 사용자들에게도 유용한 경우가 많다. 현재 상황에서도 기상정보나 교통정보에서부터 대기오염 상황, 강이나 하천의 수위/수질 정보 등 다양한 센서 데이터가 웹 사이트에 공개되어 누구나 살펴볼 수 있게 되어 있다(표 4.2).

표 4.2 온라인 센서 데이터 리소스

리소스 명	제공 데이터
원클릭 기상정보 사이트 [4.41]	날씨, 지진, 해일(쓰나미), 태풍 등
대기 오엽 물질광역 감시 시스템 [4.42]	NO, NO_2, SO_2, O_x 등
하천 방재 정보 [4.43]	수위, 수질, 강우량 등
일본 도로 교통 정보 센터 [4.44]	정체정보, 공사 정보 등
고감도 지진 관측망(Hi-net) [4.45]	진원정보, 최신 지진 정보 등

이러한 웹사이트들 중에서는 일정 간격으로 갱신되는 실시간 관측 데이터뿐만 아니라 시계열 데이터도 축적하고 있으며 과거의 정보 또한 참조할 수 있다. 무선 네트워크의 형태도 아니며 센서 노드들로부터의 액티브한 정보 전송이 아니더라도 여러 종류의 다양한 센서들로 구성된 다른 형태의 관측 네트워크가 존재하고 관측 데이터가 기록 시각(time stamp)과 함께 데이터베이스에 축적되는 형태로 서비스된다. 마찬가지로 이후의 센서 네트워크에 대한 연구 성과로서 다양한 센서 네트워크로부터의 실시간성을 내포하고 있으면서도 시계열성을 가지고 있는 정보가 인터넷을 통해 공개되어 통합 이용 가능하게 된다면 화재시의 상황 파악이나 방재 대책은 물론이고 사용자 자신이 생활하고 있는 환경상태를 이해하는 데에도 많은 도움이 될 수 있을 것으로 여겨진다.

사용자들의 생활환경 상태를 관측하는 옥외 또는 넓은 지역에 설치된 센서들의 대다수는 지리적인 위치 정보와 관련되어 있기 때문에 그 위치 정보를 근거로 센서 데이터의 정보처리를 수행하는 것이 효과적인 정보를 제공한다는 측면에서 중요하다. 최근 Geo Sensor Networks 2003이라는 국제 학술회의도 개최되었고 지리정보라는 관점에 주목한 센서 네트워크나 센서 데이터 처리에 관한 연구성과들이 발표되고 있다 [4.40]. 위치정보를 포함한 데이터, 즉 공간 데이터로서의 센서 데이터 처리를 수행하기 위해서는 공간 데이터베이스 분야에 있어서의 검색, 통합, 마이닝과 같은 기술 [4.41, 4.42]들은 스트림이나 시계열과 같은 특성을 고려하면서 적용할 필요가 있다. 정보의 시각화라는 관점에서는 지리정보 시스템(GIS: Geographic Information System) 분야에서 제안하고 있는 공간정보 처리 기법들 [4.43]이 유효하다고 여겨진다.

논문 [4.44]에서는 시계열의 센서 데이터를 축적하고 있는 데이터베이스가 네트워크상에 여러 개가 존재하는 환경을 상정하여 이러한 것들의 분산 데이터베이스로부터 센서 데이터를 검색하는 방법을 제안하고 있다. 데이터베이스를 관리하는 서버가 시계열 데이터뿐만 아니라 센서의 위치정보도 관리함으로써 이에 기반을 두고 지속적이고(seamless) 끊임없이 검색을 지원하고 있다. 또한 논문 [4.45]에서는 이 검색 결과인 센서 데이터를 지리적인 위치정보를 이용하여 통합하기 위한 방법도 제안하고 있다. 구체적으로는 지리 정보 시스템 분야에서 제안hk고 있는 공간 분석 방법을 센서 데이터의 시각화에 적용하고 있다.

지리적인 위치정보에 기반을 두고 센서 데이터를 처리하기 위해서는 그 위치정보를 포함한 센서 데이터를 어떠한 형태로 기술할 것인가가 중요하다. 그 한 가지 방법을 예로 들면 XML(eXtensible Markup Language)을 이용하는 접근법을 생각할 수 있다. 공간 데이터나 지리정보를 표현할 수 있는 XML사양으로서 G-XML [4.46], GML [4.47], RWML [4.48] 등이 제안되고 있다. G-XML은 일본에서 진행되고 있는 표준화 프로젝트이며 공간 데이터를 기술하기 위한 XML 사양을 공개하고 있다. GML은 Open Geospatial Consortium (OGC)에 의해 제안되어 그 활용이 진행되고 있는 XML 사양이다. 지리정보의 표준화는 ISO/TC211 [4.49]에서도 수행되고 있다. 또한 RWML은 도로 관련 정보를 기술하는 XML 사양으로서 제안되고 있으며 도로 정보뿐만 아니라 기상 관측 기관이 발표하는 기상정보를 기술할 수 있다. 도로 정보로서는 도로 측면의 기상 관측 정보, 노면 상태, 정체 정보 등이 포함되고 전체적으로 다양한 센서 데이터를 기술할 수 있는 메커니즘으로 되어 있다. 실제로 RWML을 이용한 내비게이션 실험 등도 진행되고 있다.

XML은 텍스트 데이터라서 문서 해석 등의 처리 비용이나 송수신 데이터의 크기도 커져 버리기 때문에 센서 네트워크내의 데이터 교환 포맷으로서 적합하지는 않다. 하지만 In-Network Aggregation의 결과 등이 데이터베이스에 축적되어 사용자들로부터 참조 가능한 환경을 가정하는 경우에는 그러한 센서 데이터들과 다른 정보를 통합하여 보다 광범위하면서도 다방면의 어플리케이션을 실현하기 위해서 인터넷 상의 교환 포맷으로서 XML 표현을 이용하는 것도 고려할 수 있다.

또한 OGC에서는 Sensor Modeling Language(SensorML)에 관한 논의도 진행되고 있다 [4.50]. SensorML은 원격 센싱이나 시장 관측 등에 이용되는 다양한 센서들이나 관측 플랫폼에 관한 정보, 즉 센서 데이터에 대한 메타 데이터를 기술하는 것을 목적으로 하고 있으며 이를 위한 모델로 XML 스키마를 제안하고 있다. SensorML을 이용함으로써 센서의 형태, 정밀도, 크기 등의 일반적인 정보와 센서의 위치 정보도 함께 기술할 수 있다. 인터넷상에 분산된 센서 데이터의 리소스로부터 사용자가 필요한 데이터를 획득하기 위해서는 이러한 메타 데이터에 관한 논의가 반드시 필요하게 된다. 현재 권장 드래프트(draft)이기는 하지만 앞으로의 전개가 주목된다. 또한 이러한 통일된 형식으로 센서에 관한 정보가 제공되는 것은 어플리케이션 개발자에게 있어서도 대단히 유용하다.

4.4 프로그램 기술

센서 네트워크에 의해 물리적인 세계를 관측하는 서비스를 구현하기 위해서는 환경 내에 스며들어 있는 상황 인식(context-aware) 임베디드 시스템들과 이러한 임베디드 시스템과 연계되는 모든 네트워크에 걸친(network-wide) 소프트웨어 인프라스트럭처(software infra-structure)가 필요하다. 환경 임베디드형 시스템들은 소형 센싱 디바이스로 구성되어 있고, 이러한 디바이스들이 물리적인 공간의 상태를 관측하며, 센서 데이터나 다른 입력 신호에 따라 이벤트를 생성함으로써 액티브하게 처리하는 것이다(사용자는 패시브(passive)하게 서비스를 받는다). 이때 이러한 시스템들은 동적으로 동작을 변경하거나 디바이스간이나 디바이스와 PDA사이 또는 PC간에서 연계하도록 하여 이벤트를 보다 광범위하게 전달하도록 해서 고도한 처리를 제공할 필요가 있다. 또한 리소스에 대한 제약으로 인해 이러한 프로그램들은 가능하면 심플하면서도 경량인 형태이어야 한다. 한편, 모든 네트워크에 걸친 소프트웨어 인프라스트럭처는 막대한 수의 환경 임베디드 시스템을 수용하는 확대 가능성(scalability)과 임베디드 시스템에 의해 관측된 물리적인 세계의 상황이나 임베디드 시스템의 토폴로지 변화 등에 있어서 동적인 환경 변화에 대한 추적이 가능하도록 하는 유연하면서도 적응적인 구조가 요구된다.

UC 버클리대학교와 Intel사의 연구 그룹에 의해 개발된 MOTE [4.1]은 트랜시버나 센서에 간단한 컴퓨터를 장착시킨 소형 자율형 센서노드이다. MOTE는 TinyOS라는 기본 소프트웨어에서 동작하며, 기동한 순간 주위의 MOTE와 자동적으로 접속한다. TinyOS는 콤팩트하면서도 네트워크 중심적인 OS (network centric OS)이고 모듈 구조를 취하고 있다. 소형화, 소비 전력의 최소화, 저비용을 실현하기 위해 TinyOS는 센서 노드가 이용하지 않는 OS의 기능을 자동적으로 삭제한다. 또한 영구적으로 어플리케이션을 실행하기 위해서 MOTE나 그 네트워킹 프로토콜은 각 MOTE가 그 99%의 시간은 슬립(sleep)상태로 있다가 나머지 1%의 시간에 활동하여 전력을 소비하도록 설계되어 있다. MOTE는 전력이나 처리 능력에 제한은 있지만 많은 수를 모으면 주위 상황을 파악하는 센서 네트워크를 스스로 구축한다. 예를 들면 삼나무과의 세쿼이아(redwood)숲에 여러 군데의 큰 가지들에 붙여두면 나무들 주위의 미약한 기후 변동을 기록할 수 있다. 최근 여름에 바닷새의 둥우리 내부나 그 주변에 150개의 MOTE를 설치하고 특정 장소에 알을 낳아 품는 바닷새의 생태를 살피는 연구에도 이용되었다.

SmartIts [4.51]은 센싱, 액추에이션, 계산 처리, 커뮤니케이션의 기능을 제공하는 스마트 태그이다. 독일의 칼스루헤(Karlsruhe)대학의 TecOS 연구소에서 개발된 것은 전력 소비의 효율이 좋고 무선에 의한 데이터 송수신이 가능하기 때문에 유비쿼터스 플랫폼으로 많은 연구 기관에서 이용되고 있다 [4.52]. 어플리케이션 개발자는 C언어를 이용하여 소프트웨어를 구현하고 무선 통신을 통해 SmartIts 디바이스에 전송해 넣어 어플리케이션에 특화된 디바이스 동작 로직을 정의할 수 있다. 벽면에 SmartIts를 부착해 놓으면 소리의 발생에 대해 센싱해 낼 수 있다. 프로그램을 작성한 샘플을 나타내면 다음과 같다.

```
if(get_audiosamples(200)) //200ms로 샘플링
{
        a=calc_audio_volume();  //음량의 평균을 계산
        if(a>10) RED_LED_ON;     //소리를 검출했다면 LED를 붉은색
으로 점등
        else RED_LED_OFF;
        AUDIO_ADD(a);              // 이 상태값을 패킷에 삽입한다.
        ACLsendPacket(50);      // 논블러킹으로 송신
}
```

오사카 대학교와 NEC가 공동 개발한 AhroD [4.53]는 이벤트 구동형 언어인 ECA 룰 방식을 이용한 유비쿼터스 컴퓨터이다. ECA 룰이란 액티브 데이터베이스 분야에서 이용되고 있는 룰을 기술하는 방식으로 이벤트(E: event), 컨디션(C: condition)과 액션(A: action)의 쌍으로 기술한다. 디바이스는 입력 포트 5개, 출력 포트 12개, 통신 포트 2개를 가지고 있으며 입력이나 통신 포트와 5비트 내부 변수를 룰로 조작할 수 있도록 되어 있다. 디바이스의 동작 기술을 ECA 룰을 이용하여 기술함으로써 AhroD는 접속한 다양한 외부 기기로부터의 입력을 기반으로 접속되어 있는 외부 기기들을 제어한다. 그림 4.6에 "문이 열린 후 5초 뒤에 부저를 울린다."와 같은 동작을 수행하기 위한 ECA 룰 예제를 나타낸다. AhroD는 문의 개폐를 검출하는 입력기기 Input1 (문이 연린 경우에 ON=0이 된다)과 부저를 울리는 출력기기 Output1(부저를 울리는 경우에 ON=0이 된다), 상태 변수 State1을 이용한다. 도어가 열리면 룰1이 기동하고 타이머가 5초로 세트된다. 타이머가 발화하면 룰2가 기동되고 부저를 울린다. 문이 닫힌 것을 검출하면 룰3에 의해 상태를 초기화하여 타이머와 부저를 클리어 한다.

Intel사의 IrisNet [4.2]는 PC에 접속한 카메라나 마이크 등 처리 능력이 높은 센서와 인터넷상의 분산 데이터베이스를 이용한 모든 네트워크에 걸친 개방형(open) 센서 네트워크 아키텍처이다. 센서 네트워크는 신뢰성 있는

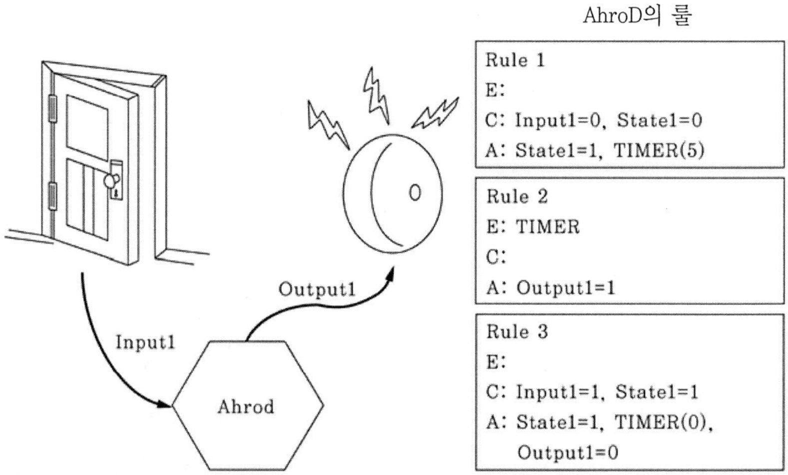

그림 4.6 AhroD에 있어서의 ECA룰의 예

유일한 기관(authority)에 의해 관리된다는 것을 전제로 하고 있다. 센서의 제공자는 센서의 타입에 관계없이 범용적인 데이터 액세스 인터페이스를 제공한다. 어떤 지역에서 주차장의 빈 곳을 검색하는 서비스의 경우, 그 지역에 있는 모든 주차장의 감시 카메라에 질의 명령을 보내고 그 결과를 로컬 데이터베이스에서 관리한다. 분산 데이터베이스의 정보를 통합하여 처리함으로써 주차장의 빈 곳을 알려준다.

모바일 에이전트란 어떤 호스트(host)의 태스크(task)를 실행하기 위해 호스트로부터 다른 호스트로 네트워크 환경을 이행할 수 있는 프로그램 코드이다. 모바일 에이전트 방식을 이용하여 센서 네트워크의 어플리케이션을 기술함으로써 네트워크상에 분산된 자원을 동적으로 검색하여 할당하면서 어플리케이션의 처리를 실행할 수 있다. 도시바에서 연구 개발된 picoPlangent [4.60]에서는 사용자의 요구를 에이전트가 관리하고 에이전트가 포터블 디바이스나 사용자의 PC, 인터넷 상의 서버 등 모든 환경으로 이동하여 사용자가 필요로 하는 정보를 수집하여 적절한 타이밍으로 제시한다 [4.61]. NTT에서 연구되고 있는 Ja-Net [4.62, 4.63]에서는 관련이 있는 서비스나 정보를 유지하는 에이전트들 사이에서 관계성(relationship)이라 하는 논리적 링크를 동적으로 생성하여 에이전트의 그룹 제어를 수행하는 메커니즘을 제공하고 있다 [4.64, 4.65]. 또한 논문 [4.66]은 Ja-Net을 그리드 컴퓨팅 환경으로 확장한 형태를 제안하고 있다.

4.5 상황인식 시스템(Context-aware System)

콘텍스트(context)란 “문맥”을 뜻하며 사용자나 사용자를 둘러싼 상황을 의미하고 사용자의 위치, 체온, 맥박 등의 생체 정보, 개인 정보, 동반자, 태스크, 그리고 이용하고 있는 서비스들이나 기기들, 스케줄 등과 같은 정보들에 의해 표시된다 [4.61]. 상황인식 시스템이란 사용자의 상황(콘텍스트)에 따라 서비스를 제어하는 시스템이다 [4.62, 4.63]. 고도 센서 네트워크 환경에서는 센서 네트워크를 이용하여 사람, 물건, 자연 환경을 관측해서 실세계와 연동하는 상황 인식 서비스를 제공할 수 있다고 볼 수 있다.

4.5.1 센싱과 상황 핸들링(Context Handling)

종래의 컴퓨팅 기능(웨어러블, 유비쿼터스, 그리드 등)에 센싱 기능을 부가함으로써 다양한 상황을 추출하는 것이 가능하다. MIT에서는 1996년에 웨어러블 단말을 이용하여 기억 지원 서비스(Rememberance Agent) [4.64]를 개발하였다. 이것은 웨어러블 컴퓨터의 콘텍스트를 영속적으로 모니터링 하여 현재의 콘텍스트에 관련된다고 여겨지는 텍스트 정보를 컴퓨터 화면상에 표시하는 것이다. 콘텍스트로는 위치, 가까이에 있는 사람, 메일의 제목, 날짜 및 시간, 노트의 본문 등 웨어러블 컴퓨터로 취득할 수 있는 정보가 사용되고 있다. 예를 들어 현재의 콘텍스트에 관련된다고 생각되는 노트 파일의 요약(summary)이나 오래된 E-메일 등이 표시된다.

웨어러블 센서를 이용하여 생체 정보(심박, 체온)나 가속도 등을 센싱하여 몸 상태의 관리, 운동 폼(form)의 추정, 활동 상태 추정 등을 수행함으로써 개인의 특정 상태에 따른 개인적인(personal) 서비스를 제공하는 시스템에 관해서도 다양한 연구들이 수행되고 있다. 동경대학교가 설립한 NPO 법인 WIN(웨어러블 환경 정보 네트워크 추진 기구)에서는 생체 정보(맥박, SPO_2값,

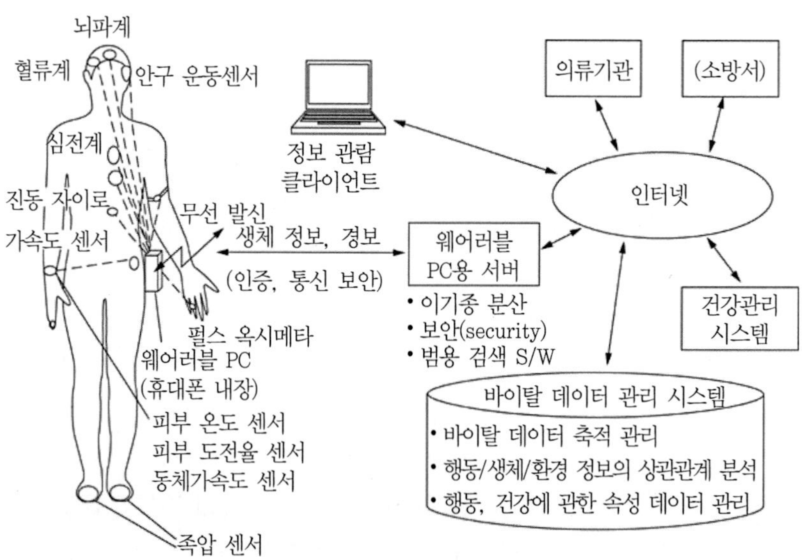

그림 4.7 바이탈케어 네트워크의 개념도

운동가속도 등)의 모니터링을 통해 병변(病變)의 징후에 대한 조기 발견이나 일상적인 건강관리를 수행하는 "바이탈케어 네트워크(vital-care network)" [4.65]를 제안하고 있다. 논문 [4.66, 4.67]에서는 가속도 데이터 등을 이용하여 운동의 상황을 관측하는 손목 시계형 센서 단말에 대한 연구 개발이 보고되고 있으며, 논문 [4.68]에서는 손목, 발목, 허리에 부착한 가속도 센서의 정보로부터 사용자의 자세, 운동 상태를 추정하는 시스템에 대해 제안하고 있다. 이 시스템에서는 템플릿 매칭에 의한 패턴 인식을 수행한다. 이 시스템의 응용으로 사람의 활동 상태에 따라 적절한 타이밍을 제어하고 정보 송신을 수행하는 서비스를 제안하고 있다.

유비쿼터스 컴퓨팅에 센싱 기능을 부가하는 것을 목표로 하는 조지아공과대학교의 AwareHome [4.69]에서는 집 한 채를 모두 사용하여 센서나 컴퓨터들을 설치해 다양한 어플리케이션을 구축하고 있다. 여기서는 사용자에게 부담을 증가시키지 않으면서도 상황 인식 서비스를 제공할 수 있도록 하는 것을 목표로 하고 있다. 예를 들어 제스처 액세서리는 펜던트형 디바이스가 손의 움직임을 인식하여 가전제품 제어를 위한 명령(command)으로 변환된다. 디지털 가족 초상화 사진(digital family portrait) [4.70]은 멀리 떨어져 살고 있는 할머니의 초상화 사진 액자 모양이 할머니의 콘텍스트에 따라 변화하여 할머니의 안부 확인을 일상적으로 수행할 수 있도록 해주는 것이다(그림 4.8).

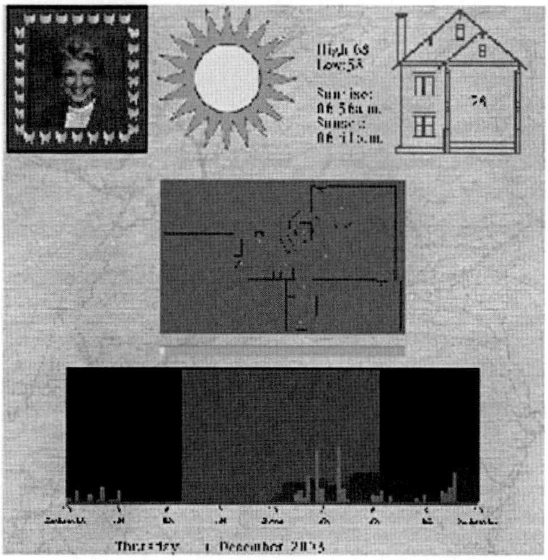

그림 4.8 Digital Family Portrait(AwareHome)

동경대학교나 게이요대학교에서도 실내에 센서를 설치하여 스마트 스페이스(smart space)의 구축이 진행되고 있다 [4.71, 4.72]. 스마트 스페이스란 센서나 무선 기술을 이용하여 사용자들의 상황을 관측하고 적절하게 지원하는 공간을 의미한다.

한편 센싱을 통해 획득한 데이터를 바탕으로 하여 콘텍스트 정보로서 어플리케이션에서 이용하기 위해서는 센서로부터의 데이터 자체를 신호처리 하여 어플리케이션에서 해석 가능한 높은 수준의 데이터로 가공하는 콘텍스트 핸들링 기술이 필요하다. 일반적으로 센서 데이터로부터 콘텍스트를 유도해 내는 프로세스는 크게 나눠서 다음의 4가지 단계(step)로 되어 있다 [4.73].

① 센서로부터 데이터를 획득한다.
② 모델링의 전처리로 신호의 특징을 추출한다.
③ 특징 추출된 신호를 이용해서 통합 연산이나 통계적인 모델화를 수행한다.
④ 수행 후 얻어진 정보를 어플리케이션에 제공한다. 어플리케이션은 구해낸 정보를 바탕으로 콘텍스트를 해석해 의사결정을 수행한다.

콘텍스트 핸들링에 관한 연구들로는 조지아공과대학교의 AwareHome 프로젝트의 일환으로 수행되고 있는 Context Toolkit [4.61], MIT의 웨어러블 플랫폼 MIThril에 내장되어 있는 콘텍스트 엔진 [4.73], NTT의 콘텍스트 핸들링 프레임워크(context handling framework) CHANSE [4.74] 등이 있다. 콘텍스트의 해석은 어플리케이션에 따라서 다른 결과를 가져오기 때문에 센서 데이터를 서로 다른 어플리케이션 사이에서 효율적으로 공유하는 방법이나 해석을 위한 공통적인 시맨틱스(semantics)의 정의 등이 중요하게 된다.

4.5.2 위치 인식 컴퓨팅(Location-aware Computing)

위치 정보는 사용자의 상황에 관한 시맨틱스를 매우 많이 포함하고 있기 때문에 가장 중요한 콘텍스트 정보 중의 하나이다. 위치에 관한 시맨틱스를 바탕으로 어플리케이션의 동작을 제어하는 장치를 위치 인식 컴퓨팅이라 한다. 종래의 고정적인 어플리케이션에 비해서 위치를 키(key)로 한 사용자의 상황에 따른 유연한 서비스 제공이 가능하게 된다. 일반적으로 위치 인식 컴퓨팅에서는 모바일 사용자가 위치 인식 디바이스를 휴대하여 이러한 장치들이 환경 내에 설치되어 있는 정보 통신 인프라와 동적으로 연계해 위치를 키로 하여 내용이 변화하는 서비스를 제공한다. 이러한 시스템은 위치 정보의 센싱 기술과 와이어리스 통신 기술을 이용하여 구현할 수 있다.

Schilit은 1994년에 논문 [4.62]에서 위치 인식 어플리케이션 프레임워크를 최초로 제안하였다. 이는 "사용자의 주위 공간이 사용자에 대해 가장 흥미가 있는 공간이다"라는 생각을 바탕으로 "사용자에게 가까운 위치에 있는 엔티티(entity)일수록 선택되기 쉽다"라는 인터페이스를 제안하고 있다. 이때 "가까이 위치하고 있는 엔티티"에서 "위치"의 종류로 다음의 3가지를 들 수 있다.

① 전화, 팩스, 프린터 등 물리적으로 설치되어 있는 것
② 현재 인터랙션(interaction)하고 있는 사람을 비롯하여 소프트웨어에 의한 접속이 가능할 것
③ 레스토랑 정보, 비상구 등 찾고 싶다고 생각되는 것의 위치

예를 들면 사용자가 프린터를 이용할 때에는 사용자의 위치에 가장 가까운 곳에 있는 프린터를 자동적으로 선택한다.

랭커스터대학교의 GUIDE [6.75]는 여행자를 위한 가이드 정보 시스템이다. 사용자들은 휴대 단말기를 가지고 WaveLAN을 이용하여 통신한다. WaveLAN의 셀(cell)은 자신이 커버(cover)하는 지역에 관한 정보를 브로드캐스트해서 사용자를 가이드한다. 또한 사용자가 명시적으로 정보를 요구(request)하는 경우는 사용자의 디바이스가 서비스 받고 있는 셀의 ID를 이용하여 사용자의 위치를 추정한다. 이에 대해 1996년에서 1999년까지 3년동안 랭커스터시내에서 필드 테스트(field test)가 진행되었다.

4.5.3 실세계 지향 컴퓨팅

실세계 지향이란 인터넷 등의 가상적인 세계에서 물리적 공간의 제약이나 현상을 투영함으로써 실세계와 가상 세계를 융합하는 것을 목적으로 하는 접근 방식이며 인터페이스 관점에서의 연구가 성행하고 있다 [4.76]. 고도 센서 네트워크 환경에서는 인터페이스에 그치지 않고 센서 네트워크로부터 인터넷 상의 서비스까지 연계한 다양한 실세계 지향 서비스에 대한 제공이 가능하게 될 것이다. 이때 센서 네트워크를 활용하여 물리적인 공간의 관측 데이터를

바탕으로 물리적인 공간의 현상을 인식하고 그것에 기반을 두어 모델을 생성하고 가상 세계의 서비스를 제어함으로써 실세계를 반영한 서비스의 제공을 수행할 수 있을 것으로 기대된다.

MIT의 MemoryGlass [4.77]은 실세계에 대한 설명(annotation)정보를 헤드 마운트 디스플레이(head mount display)에 표시하여 사람의 기억이나 실세계의 이해를 지원한다. 예를 들어 사용자가 이동하여 누군가에 가깝게 되면 상대방의 IC 태그로부터 그 사람의 이름에 대한 정보를 읽어 내고 헤드 마운트 디스플레이에 표시한다.

동경대학교의 유비쿼터스 몬스터(monster) [4.78]은 센서나 무선 통신 기술에 의해 실제공간과 가상공간을 융합하여 가상공간에서 서식하는 몬스터를 실제공간에서 잡을 수 있는 몬스터 컬렉션 게임(monster collection game)이다. 그림 4.9는 유비쿼터스 몬스터의 구조(architecture)를 나타내고 아래에서 설명한다. 여기서는 센서 네트워크에 의해 획득된 데이터와 인터넷 상의 몬스터를 CE(cyber entity)라 하는 Ja-Net [4.57]상의 모바일 에이전트로서 구현하고 있다. 센서 데이터를 나타내는 CE가 인터넷 상의 Ja-Net 노드사이를 이동하고 그곳에서 만난 몬스터 CE와 인터랙션 하여 몬스터의 서식 장소나 수를 실세계의 센서 데이터에 따라 변화시킨다.

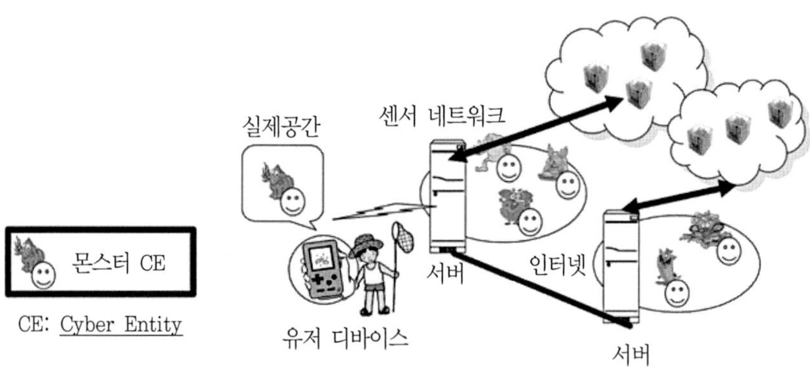

그림 4.9 유비쿼터스 몬스터의 아키텍처

[참고문헌]

[4.1] D.E. Culler and Hans Mulder, "Smart Sensors to Network the World", Scientific American, Vol.6, pp.85-91, June 2004.

[4.2] P. Gibbons, B. Karp, Y. Ke, S. Nath, and S. Seshan, "IrisNet: An Architecture for a Worldwide Sensor Web", IEEE Pervasive Computing, Vol.2, No.4, pp.22-33, 2003

[4.3] 板生清「ウェアラブルコンピュータとは何か」NHKブックス999, 日本放送出版協会, 2004

[4.4] M. Weiser, "The Computer of the Twenty-First Century", Scientific American, Vol.265, No.3, pp.94-104, 1991

[4.5] SETI@HOME, http://setiathome.ssl.berkeley.edu/

[4.6] 板生清、苗村潔「センサ通信網端末としてのウェアラブル情報機器」情処研究報告モーバイルコンピューティングNo.8-3, Feb.1999

[4.7] W. Adjue-Winoto, E. Schwartz, H. Balakrishnan, and J. Lilley, "The Design and Implementation of an Intentional Naming System", Proc. 17th ACM Symposium on Operating System Principles (SOSP), pp.186-201, 1999

[4.8] ANSI, SQLStandard, X3.135-1992, 1992

[4.9] C. Intanagonwiwat, R. Govindan and D. Estrin, "Directed diffusion: a scalable and robust communication paradigm for sensor networks", Proceedings of the Sixth Annual International Conference on Mobile Computing and Networking (MobiCOM'00), pp.56-57, 2000

[4.10] S. Madden, W. Hong, J. Hellerstein, and M. Franklin, "TinyDB: A. Declarative. Database for. Sensor. Networks", http://telegraph.cs.berkeley.edu/tinydb

[4.11] Y. Yao and J. Gehrke, "The Cougar Approach to In-Network Query Processing in Sensor Networks," SIGMOD Record, Vol. 31, No. 3, pp.9-18, 2002

[4.12] J. Heidemann, F. Silva, C. Intanagonwiwat, R. Govindan, D. Estrin, and D. Ganesan, "Building Efficient Wireless Sensor Networks with

Low Level Naming", Proc. of the 18th ACM Symposium on Operating System Principles (SOSP), pp. 146-159, 2001

[4.13] C. Intanagonwiwat, D. Estrin, R. Govindan, and J. Heidemann, "Impact of network density on data aggregation in wireless sensor networks", Proc. of the 22nd International Conference on Distributed Computing Systems (ICDCS'02), 2002

[4.14] D. Tennenhouse, "Active Networks", Proc. the Second USENIX Symposium on Operating Systems Design and Implementation (OSDI), 1996

[4.15] S.R. Madden, R. Szewczyk, M.J. Franklin, and D. Culler, "Supporting Aggregate Queries Over Ad-Hoc Wireless Sensor Networks", Proc. 4th IEEE Workshop on Mobile Computing and Systems Applications (WMCSA), pp.49-58, 2002

[4.16] P. Bonnet, J. Gehrke, and P. Seshadri, "Towards Sensor Database Systems", Proc. 2nd International Conference on Mobile Data Management, pp.3-14, 2001

[4.17] S.R. Madden, M. Franklin, J. M. Hellerstein, and W. Hong, "The design of an acquisitional query processor for sensor networks," Proc. ACM SIGMOD Conference, pp. 491-502, 2003

[4.18] J. Gehrke and S. Madden, "Query Processing in Sensor Networks", IEEE Pervasive Computing, Vol. 3, No. 1, pp. 46-55, 2004

[4.19] S. Madden, M. Franklin, J. Hellerstein, W. Hong, "TAG: a tiny aggregation service for ad-hoc sensor networks", Proc. Fifth Symposium on Operating Systems Design and Implementation (OSDI), 2002

[4.20] D. Terry, D. Goldberg, and D. Nichols, "Continuous Queries over Append-Only Databases", Proc. ACM SIGMOD Conference, pp.321-330, 1992

[4.21] L. Liu, C. Pu, and W. Tang, "Continual Queries for Internet Scale Event-Driven Information Delivery", IEEE Transactions on Knowledge and Data Engineering (TKDE), Vol.11, No.4, pp.610-628, 1999

[4.22] The STREAM Project, http://www-db.stanford.edu/stream/

[4.23] S. Chandrasekaran, O. Cooper, A. Deshpande, M. Franklin, J. Hellerstein, W. Hong, S. Krishnamurthy, S. Madden, V. Raman, F. Reiss, M. Shah, "TelegraphCQ: Continuous Dataow Processing for an Uncertain World", Proc. 1st Biennial Conference on Innovative Data Systems Research (CIDR2003), pp.269-280, 2003

[4.24] J. Chen, D. DeWitt, F. Tian, and Y. Wang, "Niagara CQ: A Scalable Continuous Query System for Internet Databases", Proc. of the ACM SIGMOD Conference, pp.379-390, 2000

[4.25] S. Madden, M. Shah, J. M. Hellerstein, and V. Raman, "Continuously Adaptive Continuous Queries over Streams," Proc. ACM SIGMOD Conference, pp.49-60, 2002

[4.26] Stream Query Repository, http://www-db.stanford.edu/stream/sqr/

[4.27] P. Roy, S. Seshadri, S. Sudarshan and S. Bhobe, "Efficient and Extensible Algorithms for Multi Query Optimization," Proc. ACM SIGMOD Conference, pp.249-260, 2000

[4.28] 渡辺陽介, 北川博之「連続的問合せに対する複数問合せ最適化手法」電子情報通信学会論文誌, Vol.J-87-D-I, No.10, pp.873-886, 2004

[4.29] 渡辺陽介, 北川博之「問合せ最適化機構を備えたデータストリーム統合システムの開発」電子情報通信学会 第15回データ工学ワークショップ(DEWS2004), 2004

[4.30] J. Kang, J. F. Naughton, and S. D. Viglas, "Evaluating Window Joins over Unbounded Streams", Proc. 19th International Conference on Data Engineering(ICDE), pp.341-352, 2003

[4.31] E. N. Hanson, C. Carnes, L. Huang, M. Konyala, and L. Noronha, "Scalable trigger processing", Proc. 15th International Conference on Data Engineering (ICDE), pp.266-275, 1999

[4.32] N. Paton and H.O. Diaz, "Active Database Systems", ACM Computing Surveys, Vol.31, No.1, pp. 63-103, 1999

[4.33] S. Madden and M.J. Franklin, "Fjording the Stream: An Architecture for Queries over Streaming Sensor Data", Proc. 18th International Conference on Data Engineering, pp. 555-566, 2002

[4.34] 宗像浩一, 吉川正俊, 植村俊亮「鮮度と同期度に基づく周期データの選択方式」情報処理学会論文誌: データベース, Vol.41, No.SIG1(TOD19), pp.98-109, 2000

[4.35] 川島英之, 遠山元道, 今井倫太, 安西祐一郎「リモートメモリを用いたセンサデータストリームの永続化」情報処理学会論文誌：データベース, Vol.44, No.SIG12(TOD 19), pp.98-109, 2003

[4.36] 川島英之, 今井倫太, 遠山元道, 安西祐一郎「センサデータベースシステムKRAFTの設計と実装」情報処理学会論文誌：データベース(TOD24), 2004

[4.37] The Aurora Project, http://www.cs.brown.edu/research/aurora

[4.38] D. Abadi, D. Carney, U. Cetintemel, M. Cherniack, C. Convey, S. Lee, M. Stonebraker, N. Tatbul, and S. Zdonik, "Aurora: A new model and architecture for data stream management", The VLDB Journal, Vol.12, No.2, pp.120-139, 2003

[4.39] J. Lumbley, "Smart Wells and Smarter Databases", DB2 Magazine, Quarter 4, 2003 Vol. 8, Issue 4, http://www.db2mag.com

[4.40] A. Stefanidis and S. Nittel, "Geo Sensor Networks", CRC Press, 2004

[4.41] P. Rigaux, M. Scholl, and A. Voisard, "Spatial Databases: With Application to GIS", Morgan Kaufmann, 2001

[4.42] S. Shekhar and S.Chawla, "Spatial Databases: A Tour", Prentice Hall, 2002

[4.43] P.A. Longley, M.F. Goodchild, D.J. Maguire, and D.W. Rhind, "Geographic Information Systems and Science", John Wiley & Sons, 2001

[4.44] 白石 陽, 安西 祐一郎「分散センサデータの閲覧のためのインクリメンタルなデータ提供方式」情報処理学会論文誌：データベース, Vol.44, No.SIG12(TOD19), pp.123-138, 2003

[4.45] 白石 陽, 安西祐一郎「センサデータの視覚化のためのインクリメンタルな空間集約手法」情報処理学会論文誌：データベース, Vol.45, SIG7(TOD22), pp.63-76, 2004

[4.46] G-XMLプロジェクト, http://gisclh.dpc.or.jp/gxml

[4.47] Open Geospatial Consortium, Inc. GML-the Geography Markup Language, http://opengis.net/gml/

[4.48] 道路用Web記述言語 (RWML), http://rwml.its-win.gr.jp/

[4.49] ISO/TC211, http://www.isotc211.org/

[4.50] Sensor Modeling Language (SensorML), http://vast.uah.edu/SensorML/

[4.51] H.W. Gellersen, A. Schmidt, and M. Beigl, "Multi-Sensor Context Awareness in Mobile Devices and Smart Artefacts", Mobile Networks and Application (MONET), Vol.7, No.5, pp.341-351, 2002

[4.52] TecOwebsite, http://smart-its.teco.edu/home

[4.53] 早川敬介, 塚本昌彦, 寺田 努, 義久智樹, 岸野泰恵, 柏谷 篤, 坂根 裕, 西尾章治郎「ユビキタスコンピューティングのためのルールに基づく入出力制御デバイス」, ヒューマンインタフェース学会論文誌, Vol.5, No.3, pp.341-354, 2003

[4.54] picoPlantent website, http://www.toshiba.co.jp/plangent

[4.55] 服部正典, 長健太, 大須賀昭彦, 一色正男, 本位田真一「ユビキタス環境におけるContext-Awareなパーソナルエージェントの構築とその実証実験」電子情報通信学会論文誌, Vol.J86-D-I, No.8, pp.543-552, 2003

[4.56] Ja-Net website, http://www.onlab.ntt.co.jp/jp/ni/janetweb/

[4.57] 須田達也, 松尾真人, 板生知子, 中村哲也, 今田美幸, 大塚卓哉, 田中聡「アプリケーション創発のための適応型ネットワーキングアーキテクチャ：Ja - Net」情報処理, Vol.43, No.6, pp.616-622, 2002

[4.58] 板生 知子, 中村 哲也, 松尾 真人, 田中 聡, 須田 達也, 青山 友紀「ユーザ嗜好に応じた動的なサービス構築のためのリレーションシップメカニズムの設計と評価」情報処理学会論文誌, Vol.44, No.3, pp.812-825, 2003

[4.59] T. Itao, S. Tanaka, T. Suda, and T. Aoyama, "A framework for adaptive UbiComp applications based on the jack-in-the-net architecture", Journal of Wireless Networks 10 (WINE), Kluwer Academic Publishers, pp.287-299, 2004

[4.60] 沼田哲史, 板生知子, 小川剛史, 塚本昌彦, 西尾章治郎「動的なグリッド環

境における効率的でセキュアなリソース利用のためのモバイルエー ジェントシステム Ja-Net on Grid」情報処理学会論文誌: データベー ス(TOD 24), 2004

[4.61] Anind K. Dey, "Providing Architectural Support for Building Context-Aware Applications", PhD thesis, College of Computing, Georgia Institute of Technology, 2000

[4.62] B.N. Schilit, N.I. Adams, and R. Want, "Context-Aware Computing Applications", Proc. the Workshop on Mobile Computing Systems and Applications, IEEE Computer Society, pp. 85-90, SantaCruz, 1994

[4.63] T. Itao and M. Masato, "DANSE: Dynamically Adaptive Networking Service Environment", The Transactions of IEICE, Vol.J82-B, No.5, pp.730-739, 1999

[4.64] B.J. Rhodes, "The Wearable Remembrance Agent: A system for augmented memory", The Proceedings of The First International Symposium on Wearable Computers, pp.123-128, Cambridge, 1997

[4.65] 板生清 他「ウェアラブルセンサを用いた健康情報システム」情報処理振興事業協会2002年度成果報告集, http://www.ipa.go.jp/SPC/report/02fy-pro/report/1607/paper.pdf

[4.66] 尾崎徹, 小見正幸, 杉本千佳, 柴健二, 苗村潔, 保坂寛, 板生清, 佐々木健「ヘルスケア用ウェアラブルセンシングユニットの開発研究」 マイクロメカトロニクス(日本時計学会誌), Vol.47, No.3, pp.12-19, 2003

[4.67] Sugimoto, et al., "Development of a wrist-worn healthcare system using bluetooth", Proc. MIPE'03, 2003

[4.68] Y. Kawahara, T. Hayashi, H. Tamura, H. Morikawa, and T. Aoyama, "A Context-Aware Content Delivery Service Using Off-the-shelf Sensors", Proc. the Second International Confernce on Mobile Systems, Applications, and Services (Mobisys 2004), 2004

[4.69] Aware Home website, http://www.cs.gatech.edu/fce/ahri/index.html

[4.70] E.D. Mynatt, J. Rowan, S. Craighill, and A. Jacobs, A, "Digital family portraits: Providing peace of mind for extended family members",

Proc. the ACM Conference on Human Factors in Computing Systems (CHI 2001), ACM Press, pp. 333-340, 2001

[4.71] Y. Kawahara, M. Minami, S. Saruwatari, H. Morikawa, and T. Aoyama, "Challenges and Lessons Learned in Building a Practical Smart Space", Proc. 1st Annual International Conference on Mobile and Ubiquitous Systems: Networking and Services (MobiQuitous'04), pp.213-222, 2004

[4.72] 中澤 仁, 徳田 英幸「Smart Space Computing」日本ソフトウェア学会コピュータソフトウエア, Vol.21(3), pp.55-65, 2004

[4.73] R.W. DeVaul, M. Sung, J. Gips, and S. Pentland, "MIThril 2003: Applications and. Architecture", Proc. IEEE International Symposium on Wearable Computers (ISWC), 2003

[4.74] T. Nakamura, M. Matsuo, T. Itao, "Context Handling Architecture for Adaptive Networking Service Environment", IPSJ Journal, Vol.43, No.02, 2002

[4.75] N. Davies, K. Mitchell, K. Cheverest, and G. Blair, "Developing a Context Sensitive Tourist Guide", Proc. 1st Workshop on Human Computer Interaction with Mobile Devices, GIST Technical Report G98-1, 1998

[4.76] 暦本純一「実世界指向インタフェースの研究動向」コンピュータソフトウェア, Vol.13, No.3, pp.4-19, 1996

[4.77] R.W. DeVaul, A. Pentland, V.R. Corey, "The Memory Glasses: Subliminal vs.Overt Memory Support with Imperfect Information", Proc. 7th IEEE International Symposium on Wearable Computers (ISWC), 2003

[4.78] 川西直、川原圭博、坂生知子、森川博之、青山友紀「実空間指向エンターテインメントアプリケーションの自律分散動作機構」 情報処理学会研究報告(「ユビキタスコンピューティングシステム」)UBI-002, 2003

05

센서 네트워크의 응용 시스템

기상 관측이나 도로의 혼잡 상태 파악, 공장 관리로부터 홈 시큐리티(home security)에 이르기까지 우리 주변에는 다양한 센서들을 이용한 많은 계측 시스템들이 이미 존재하고 있다. 원래 이러한 시스템들은 폐쇄형 시스템(closed system)이며 획득한 센서 정보들은 시스템에서 특정 목적에 따라 이용되는 것들이었다. 이러한 센서 정보들을 네트워크를 통한 개방형 시스템(open system)으로 유효하게 활용하는 것이 센서 네트워크 응용시스템의 중심적인 아이디어이다. 네트워크가 본래 가지고 있는 원격지로부터의 실시간적인 정보에 대한 액세스를 가능하게 함으로써, 네트워크상의 센서 노드들은 수집한 데이터를 다양한 목적을 가진 용도로 가공/적용하여 제공하는 서비스가 가능하게 되고, 지금까지 계측 시스템에서는 구해 낼 수 없었던 새로운 지식이나 현상에 대한 인식과 제어를 구현할 수 있게 된다.

한편 이러한 메커니즘의 실용화를 위해서는 계측한 데이터를 손쉽게 유통 가능하게 하는 네트워크 기술, 데이터의 성질에 따른 다양한 신호처리/진단 기술 및 이러한 것들의 시스템화 기술 등, 새로운 연구 개발에 대한 집중 투자가 요구된다. 또한 이러한 기술들을 지탱하기 위한 사회적인 체계에 대한 정비도 중요하다.

본장에서는 이러한 인식을 바탕으로 센서 네트워크의 응용 시스템을 개략적으로 살펴보고 앞으로의 발전 방향을 제시하는 것을 주목적으로 한다. 구체적으로는 이미 실용화 단계에 있는 유선 센서 네트워크 시스템으로 기상과 수문 계측/제어를 수행하는 시스템을 5.1절에 소개하고 5.2절에서 건축물의 건전성 진단에 관한 시스템을 개략적으로 설명한다. 5.3절에서는 앞으로 센서 네트워크 시스템의 주요한 아키텍처로 주목받고 있는 무선 센서 네트워크의 구체적인 응용의 예로서 환경 모니터링, 헬스케어 지원, 교육 지원, 비즈니스 지원들을 다룰 것이다. 5.4절에서는 무선 센서 네트워크의 실용화를 위해 해결해야 하는 모든 문제를 설명하고 앞으로의 연구 개발에서 집중해야 되는 방향에 대한 지침을 제시한다.

5.1 기상/수문 계측 시스템

5.1.1 데이터의 특징

기상 및 수문 데이터는 대규모에서 소규모(지구, 국가, 지방, 바다, 산, 평야, 하천, 호수 등)까지 광범위한 지역에 산재되어 있다. 이러한 데이터들에 대한 관측에는 위성, 존데(Sonde, 고공기상 측정기구), 항공기, 레이더, 지상기지국, 선박 등 다양한 수단을 이용하는 방법들이 있다(그림 5.1).

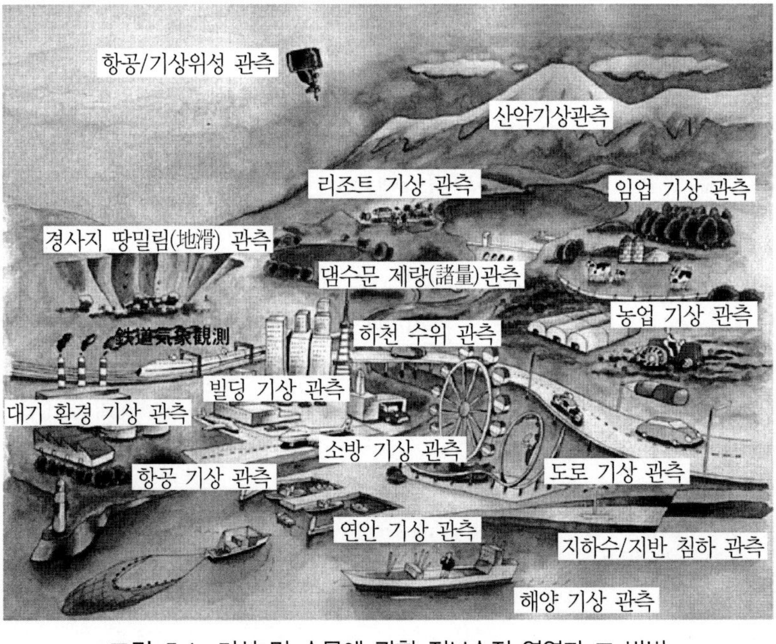

그림 5.1 기상 및 수문에 관한 정보수집 영역과 그 방법

이러한 데이터들은 시간과 시대에 따라 그 내용도 변화하고 있다. 이러한 정보를 사람들이 이용하기 위해서는 데이터의 집합들 중에서 필요한 데이터를 뽑아내어 사람들에게 통지하기 위한 정보나 미래의 예상에 관련된 정보가 될 수 있도록 가공 처리하지 않으면 안 된다. 공공기관이나 민간기관, 즉 방재나 행락, 생산에 이르기까지 다양한 시설이나 단체의 목적에 따라 데이터를 처리하게 함으로써 기상 및 수문 데이터가 이용되게 된다. 수집한 정보에는 예를 들어 기상 데이터의 경우, 날씨 예보나 현재 날씨 등 필요한 일반적인 기상 정보, 비행기의 이/착륙을 위해 필요한 항공 기상 정보, 도로의 교통에 필요한 도로 기상 정보, 식물을 재배하기 위한 농업 기상 정보 등이 있다. 여기에 필요한 기상 정보의 요소들로는 강우량, 풍향 풍속, 기온/습도, 일조량/일사량, 적설량, 기압, 시정, 영상, 구름 높이 등이 있다. 수문 데이터의 경우에는 댐 운용을 위한 댐의 저수량, 하천 방재를 위한 하천 수위 등이 있다. 여기에 필요한 수문 정보의 요소들에는 수위나 물 흐름의 양(흐름양, 온도, 강우량, 증발량으로 산출된다) 등이 있다. 또한 환경오염 분야에 있어서 대기 가스나 수용 성분 등에 대한 정보도 필요할 것이다.

5.1.2 기상/수문 센서의 종류

기상 즉, 지구를 둘러싼 대기의 현상을 관측하는 센서에는 강우량계, 일사/일조량계, 풍향풍속계, 온도/습도계, 적설계, 視程計, 기압계, 雲高計 등이 있다. 수문 즉, 강수에서 하천의 유출에 이르기까지 일련의 물 순환(cycle)에 관련된 센서로는 유량계, 수위계 등이 있다. 또한 관측지의 무인화 시스템에 따라 현장 상황을 카메라 영상으로 확인가능하게 될 필요성이 높아지고 있다. 현재 주위에서 입수 가능한 각 센서들의 일례를 간단하게 아래에 소개한다(그림 5.2, 그림 5.3).

• 강우량계

원통의 물받이(受水部) 부분으로부터 들어온 빗물이 대나무 물레방아[22)]와

22) 일본식 정원에 흔히 있는 대나무로 된 물받이 통, 또는 계곡 등의 물을 중간쯤을 받침점으로 한 대통의 한쪽으로 이끌어 물이 차서, 그 무게로 대통이 기울어져 물이 쏟아지면 그 반동으로 다른 쪽이 떨어지면서 돌이나 쇠붙이를 때려 소리를 내게 하는 장치. 농사를 해치는 짐승을 쫓기 위한 것이었으나, 나중에는 정원에 설치하여 그 소리를 즐기게 되었음.

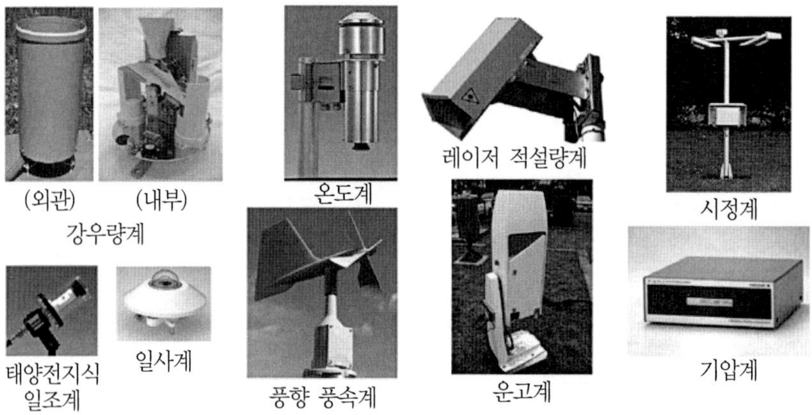

그림 5.2 기상 센서

그림 5.3 수문 센서

같이 일정량의 물이 저장되면 그때마다 물받이가 좌우로 전도(轉倒)되고 그것이 전도될 때마다 펄스 신호를 출력하는 전도형(轉倒型) 강우량계가 있다.

- 일사/일조계

열이나 빛과 같은 태양 방사 에너지를 일사(日射)라 한다. 하늘을 향한 반도체나 초전(焦電) 소자가 이 에너지를 전기 에너지로 변환하여 신호를 출력하는 센서가 일사계이다. 태양의 직사광이 지표를 비추는 것을 일조(日照)라

한다. 태양전지 일조계는 3가지의 태양전지를 사용함으로써 태양의 직사광만을 산출할 수 있는 구조로 되어 있다.

• 풍량/풍속계

풍차형 풍향 풍속계는 풍향과 풍속의 검출부와 함께 광전식을 채용하여 브러시(brush)가 없는 구조로, 미풍에서 초속 90m까지의 풍속을 한대로 관측할 수 있다.

• 온도/습도계

온도계는 대기의 온도를 관측한다. 백금 온도 측정 저항체를 이용하여 온도변화에 따른 저항치의 변화를 이용한다. 습도계는 습도 변화에 따른 정전기 용량의 변화를 이용한다.

• 적설계

이전에는 눈자(雪尺)를 이용하였지만 현재에는 초음파식 적설계나 레이저식 적설계 등을 이용하여 자동적으로 관측할 수 있다. 레이저식 적설계는 반사광의 파동차이로 눈의 깊이를 계측한다.

• 시정계(視程計)

적외선의 전반 산란광을 계측하여 시정(視程)을 측정하고, 기온 검출부나 감우부(感雨部)로부터의 데이터를 합성하여 연산함으로써, 시정거리와 강수 종류 그리고 강수량을 관측한다.

• 기압계

검출부의 기압에 따라 진동수가 변화하는 단결정 실리콘 진동자를 사용하고 있다.

• 운고계(雲高計)

운고계는 구름의 높이를 레이저로 측정하는 장치이다. 이것은 공항의 활주로 주변에 설치하여 항공기의 안전 운행을 위해 사용되고 있다.

• 유속계

하천, 용수로, 하수도 등에서 물의 흐름 속도를 마이크로파의 도플러 효과(Doppler effect)를 이용하여 비접촉 방식으로 측정하는 전파 유속계가 있다.

• 수위계

수심의 변화에 따른 수압의 변화를 수정 진동자나 실리콘 진동자의 감지부에서 검출하여 디지털 신호로 변환한다. 초음파 수위계는 수면에 비접촉 방식으로 수위를 측정할 수 있다.

• 영상

내압에 의한 폭발 방지 구조를 가진 CCD 컬러 카메라가 이용되고 있다.

5.1.3 측정 지점의 기능

(1) 관측 지점에서 요구되는 특성

기상관측이나 수문관측에서는 관측 목적이나 분야에 따라 다양한 센서를 조합하여 시스템을 구축한다. 일본에서 지명도 높은 AMeDAS(Automated Meteorolgical Data Acquisition System)는 일본 기상청이 일본 전국에 설치해 둔 지역 기상관측 시스템이며 기상예보나 재해예보 등 일상생활에 밀접한 시스템이다. AMeDAS의 관측 요소는 설치 지점에 따라 풍향/풍속, 기온, 강수량, 일조량 등의 4가지 요소를 관측하는 지점에 있는가 하면 적설량이나 강수량 등의 한 가지 요소만을 관측하는 지점도 있어 지역의 특성에 따라 다르다.

이처럼 관측 지점에서는 각 관측 요소에 따른 데이터 처리를 모듈화 하여 시스템 업그레이드를 손쉽게 하고 여러 개의 데이터들에 대한 처리 방법들을 모두 준비하여 다양한 분야에 대응할 수 있는 유연한 사양과 확장성이 요구되고 있다.

또한 상위 장치로의 실시간적인 데이터 송신이나 대규모/원격지의 관측 지점들에 있어서의 유지보수(maintenance)를 손쉽게 하기 위해 원격지에서의 고장 진단, 설정 값의 원격 조작, 프로그램 변경을 통한 기능 업그레이드도 중요한 고려 사항이며, 이러한 기능들을 원만히 처리하기 위해 필요한 "시스템의 네트워크화가 손쉽게 수행될 수 있다"는 점도 중요하다.

이러한 관점에서 개발된 것이 Fis(Field Information Server) [5.1, 5.2]이다. Fis는 각 관측 요소를 변환 모듈화 하여 공용의 모듈들을 조합함으로써 시스템을 구축할 수 있다. 이러한 모듈들을 통한 시스템의 구축 방법과 시스템의 일례를 그림 5.4에 나타낸다.

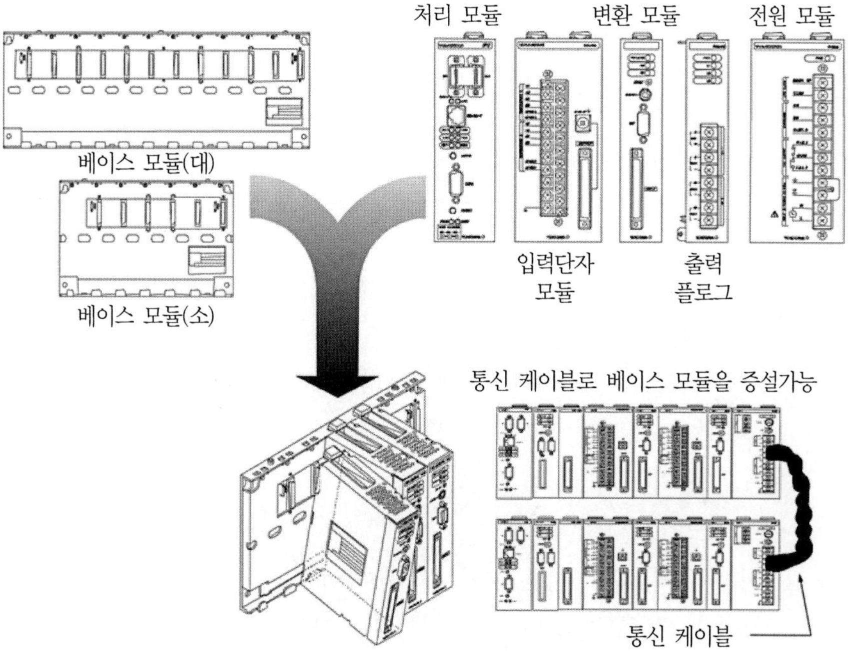

그림 5.4 Fis 시스템 구축 예

(2) 데이터의 통계처리

센서로부터 획득한 정보는 관측 요소마다 다른 통계 처리를 실행할 필요가 있다. 통계 처리로는 평균 풍속 등의 평균 처리, 최대 순간 풍속이나 최저 기온 등의 극한 값 처리, 하루의 강수량이나 일조 시간 등의 누적 계산 처리가 있으며 목적에 따라 연산 파라미터를 설정하여 데이터에 가중치를 두어 수행할 수도 있다.

자연계에 있어서 기상/수문 데이터는 실시간 지속적으로 변화하고 있기 때문에 통계처리에도 순시성이나 연속성을 확보할 필요가 있다. 예를 들어 최대 순간 풍속은 몇 초 동안에도 하루 중 가장 큰 값을 기록하기 때문에 쉼 없이 연속적으로 관측하는 것이 필수 조건이다. 이러한 조건들은 상위 장치와의 통신 중이나 연산 파라미터의 설정 중에도 동일하게 중요하다.

(3) 데이터의 품질관리

통계 처리를 통해 얻어 낸 각종 관측 데이터들은 기상 예보에서 운용되거나

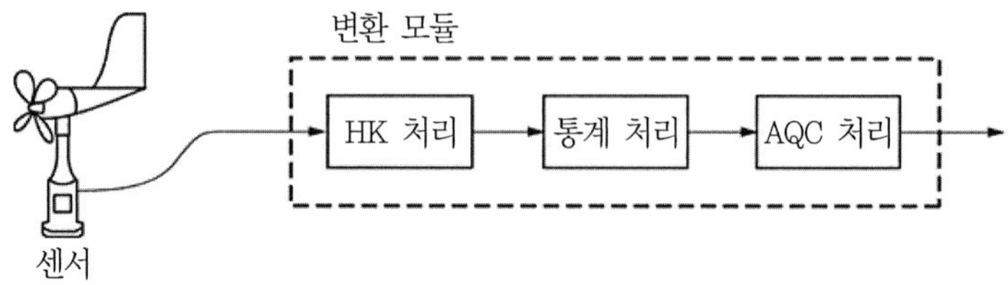

그림 5.5 품질 관리 처리의 흐름

다른 전문 기관에 송신되거나 한다. 따라서 개별 관측 데이터에는 높은 품질이 요구된다.

그림 5.5에 나타낸 것처럼 Fis에서는 보수(HK 처리)와 자동 품질 관리(AQC처리)를 변환 모듈로 내장하고 있어 관측 데이터를 높은 품질로 유지하도록 하고 있다.

- HK 처리

HK는 보수(保守, House Keeping)의 약어로 각종 기기들의 하드웨어 동작 상황이나 센서로부터 입력 값의 상태를 파악하기 위한 정보이다. 본 정보의 목적은 이상 상태를 빨리 검출하여 측정을 거르는 기간을 최소한으로 제한함과 동시에 관측 데이터의 연속성을 유지하는 데에 있다.

- AQC 처리

AQC는 자동 품질 관리(Automatic Quality Control)의 약어이며 통계처리에 의해 요청받은 관측 데이터를 감시함으로써 통상적으로는 생각할 수 없는 관측 데이터의 이상이 외부로 유출되지 않도록 하여 데이터의 품질을 유지하는 정보이다.

5.1.4 기상/수문 시스템의 네트워크화

(1) 네트워크에 의한 기상/수문 시스템의 광역화

그림 5.6에 나타낸 것처럼 기상/수문 시스템을 네트워크화하면 원격지에서 계측한 정보를 어디에서든지 수집할 수 있게 된다. 수집한 정보는 네트워크를 통한 정보공개나 다양한 장소에서 계측한 기상/수문 데이터와의 상호운용 등에 이용할 수 있게 된다.

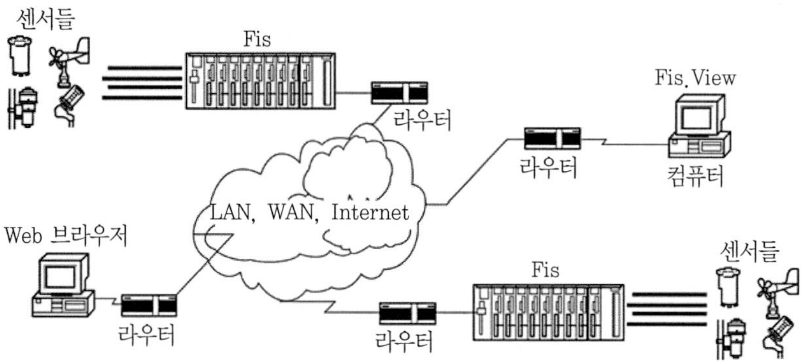

그림 5.6 기상/수문 시스템의 광역화

기상/수문 시스템을 네트워크화할 때의 단점으로는 지금까지 보호받아 왔던 시스템이나 데이터가 위험에 노출될 가능성이 높아진다는 것이다. 이를 위한 대책으로는 VPN(Virtual Private Network) 등에 의해 이용 가능한 사용자를 한정하는 등 정보 보안을 강화할 필요가 있다.

(2) 기상/수문 데이터의 이용

그림 5.6에 나타낸 것처럼 여러 개의 기상/수문 시스템이 네트워크로 접속되어 있는 경우에 필요한 것은 여러 곳의 데이터를 통합적으로 표시, 처리하는 기능이다.

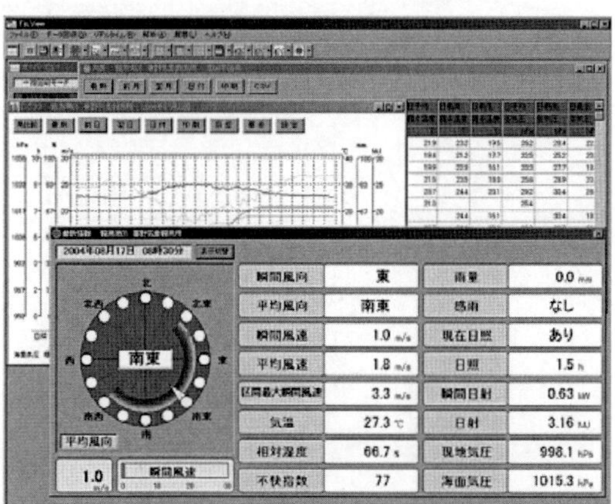

그림 5.7 Fis.View의 표시화면

이러한 관점으로부터 개발된 것이 Fis.View이다(그림 5.7). Fis.View는 네트워크를 통해 여러 Fis로부터 기상/수문 데이터, 화상 등의 정보를 수집하여 이러한 데이터들을 통합적으로 실시간 표시하고, 표 또는 그래프의 작성/편집/인쇄 등의 처리를 수행할 수 있다.

5.1.5 응용의 예

(1) 하천 정보

최근의 하천은 댐이나 제방의 정비로 인해 재해는 줄어들고 있다. 하지만 이전에는 없었던 국지적인 호우나 그에 따른 돌발적인 홍수(flash flood)나 토사 재해 등으로 많은 피해가 매년 발생하고 있어서 자연재해의 위협은 아직 가깝게 도사리고 있는게 현실이다. 이러한 상황에서 기상 정보와 네트워크를 이용하여 하천의 재해에 따른 피해를 최소화하는 응용의 예를 소개한다 [5.3, 5.4].

그림 5.8에 이러한 시스템의 이미지를 그림으로 나타내었다. 하천에 깔아둔 광파이버(fiber) 망에 여러 개의 관측 지점이 하천 상류로부터 하류까지

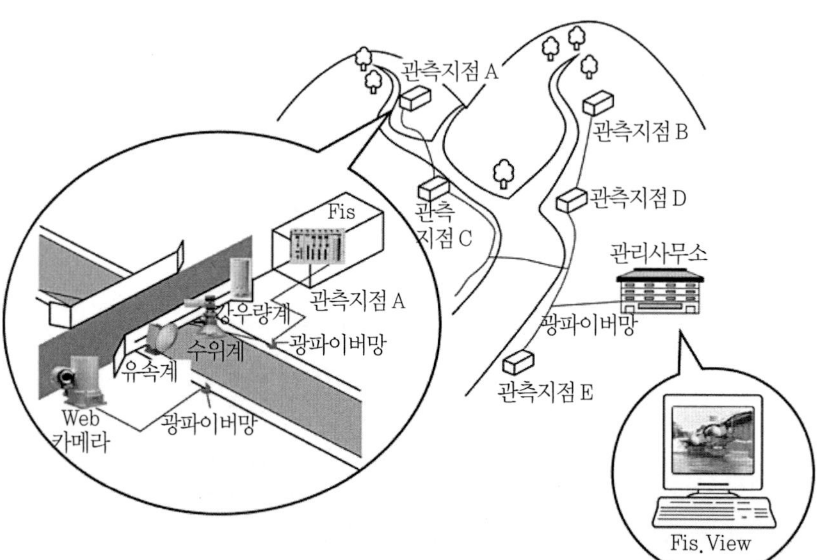

그림 5.8 하천 정보 시스템

설치되어 있다. 각 관측 지점마다 수위계, 유속계, 강우량계, Web 카메라, Fis를 설치한다. 하천 정보를 통괄하는 관리 사무실에 Fis.View를 설치하고 각 관측 지점마다 설치되어 있는 Fis로부터 실시간으로 관측 데이터를 수집한다. Fis.View를 통해 각 관측 지점의 데이터를 감시할 수 있다.

예를 들면, 상류 하천에서 집중 호우가 발생한 경우에 상류 하천에서 관측하고 있는 수위, 유량/유속, 강우량 데이터가 지정된 값 이상을 초과하면 Fis는 주의 정보를 메일로 송신하고 관리 담당자는 그것을 PC나 휴대 전화로 받아 볼 수 있도록 한다. 관리 담당자는 관리 사무소에 있는 Fis.View로 현장의 관측 데이터를 실시간으로 확인하고 Web 카메라를 통해 현장의 상황도 확인할 수 있다. 관리 담당자는 현지에 가지 않고도 관리 사무소에서 필요한 데이터를 입수할 수 있기 때문에 하류 하천에서 캠프를 하고 있는 사람들이나 낚시를 즐기고 있던 사람들에게 짧은 시간 내에 경계 정보를 알릴 수 있다.

Fis.View는 수집한 정보를 인터넷에 공개하고 각 관측 지점의 하천 정보를 실시간으로 누구든지 살펴볼 수 있도록 하여 재해 정보나 상황을 재빠르게 파악할 수 있게 해 준다.

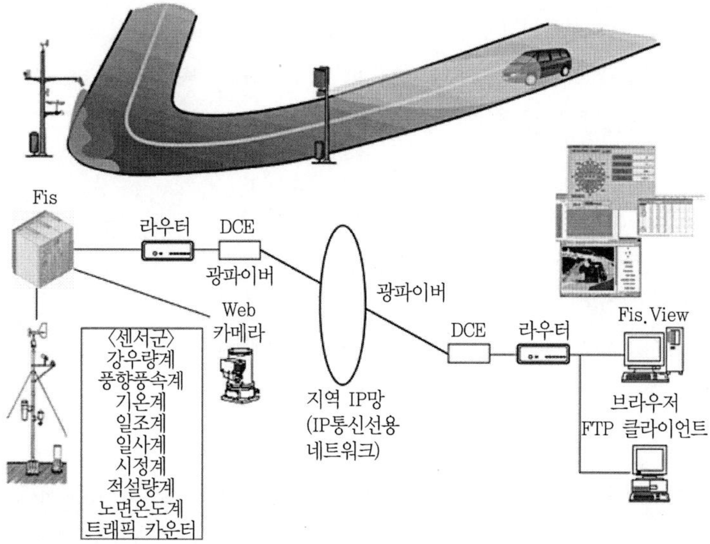

그림 5.9 도로 시스템

(2) 도로 정보

도로의 기상과 관련해서도 재빠르게 정보를 입수하여 제공하는 것은 매우 중요하다. 특히 동절기 동안의 도로 상황은 기상 조건에 의해 급격하게 변화하기 때문에 주요 간선 도로의 적설량에 따른 제설 작업, 노면 결빙에 따른 체인 규제 등의 기상 정보를 도로 이용자들에게 신속하게 제공할 필요가 있다 [5.5, 5.6].

그림 5.9에 이러한 시스템에 대한 예시를 그림으로 나타내었다. 도로에는 여러 관측 지점과 하나의 관리 사무소가 설치되어 있다. 각 관측 지점에서는 적설량, 강설량, 풍속, 시정, 노면 온도를 관측하는 것 외에 Web카메라로 현장의 상황을 관측한다. 이러한 관측 데이터들은 Fis에 의해 실시간으로 수집된다. 관측 지점과 관리 사무소는 광섬유로 연결되어 있으며 관리 사무소에 있는 Fis.View는 실시간으로 현장의 관측 지점들로부터 관측 데이터를 수집한다. 관리 사무소에서는 현장의 기상 상황 및 노면 상태를 확인하고 필요한 경우에 제설작업 차량을 투입한다. 도로 이용자들에게는 도로 게시판, TV, 라디오, 자동차 내비게이션을 통해 기상 정보, 통행규제 지점, 우회 도로의 정보를 재빠르게 제공함으로써 사고를 방지하고 교통 체증을 완화할 수 있다. 또한 Fis.View는 각 관측 지점의 관측 데이터를 데이터베이스에 보존하고 각 지점의 상황을 서로 비교하거나 과거의 정보와 비교를 통해 기상 예측을 가능하게 하며, 효율성 있는 제설 작업을 통해 운행 관리를 편리하게 한다.

5.1.6 센서 네트워크의 고도 이용

(1) 기상 패턴 계측

대상이 되는 정보의 측정/수집에 필요한 센서를 내장한 Fis를 하나의 유닛(unit)으로 하여 목적하는 지역에 배치한다. 이러한 유닛을 네트워크로 결합하고 서로의 정보를 공유하도록 한다. 이것을 표준 양식 형태로 나타낸 것이 그림 5.10이다. 여기서는 이를 바탕으로 강우량의 측정을 예제로 하여 설명한다.

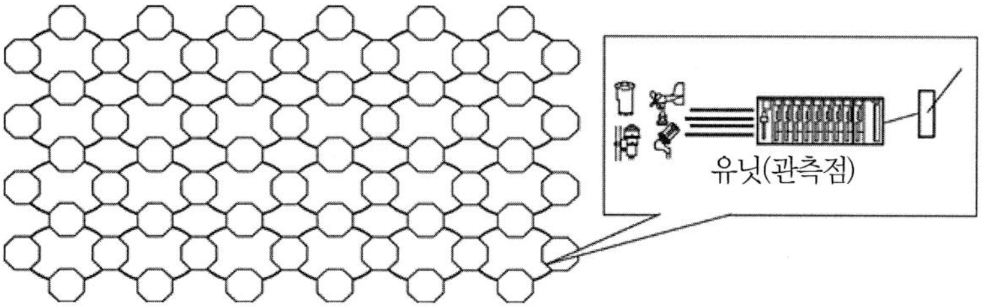

그림 5.10 유닛 배치

그림 5.11은 임의의 시간 t_1의 각 측정 지점에서 계량된 강우량과 t_1에서 일정 시간이 경과한 시간 t_2에 계량된 강우량을 나타내고 있다.

이러한 정보들은 각 측정 지점에서 공유되기 때문에 각 지점은 그 장소의 강우량뿐만 아니라 주변의 강우량과 그 시간에 따른 변화도 알 수 있다. 이렇게 하면 그 이후에 일정 시간이 경과된 t_3에서의 강우량 예측은 그림과 같이 되어 영역 X 범위는 꽤 위험한 상태가 됨을 시간적으로 여유를 가지고 측정할 수 있게 된다. 그렇게 함으로써 이 X 영역에 포함된 관측 지점들은 피난 정보 등을 사전에 알릴 수 있게 된다. 이 방법은 마치 네트워크의 이점을 살린 예보 시스템이다. 즉 실시간으로 관측 지점의 주변 데이터를 수집할 수 있기 때문에 그 근방의 데이터에 대한 패턴을 예측하는 것이 가능하다. 이로써 측정 지점만이 시간의 변화로부터 예측할 수 있을 뿐만 아니라 그 주위의 변화 경향도 보다 정확하게 파악할 수 있게 된다.

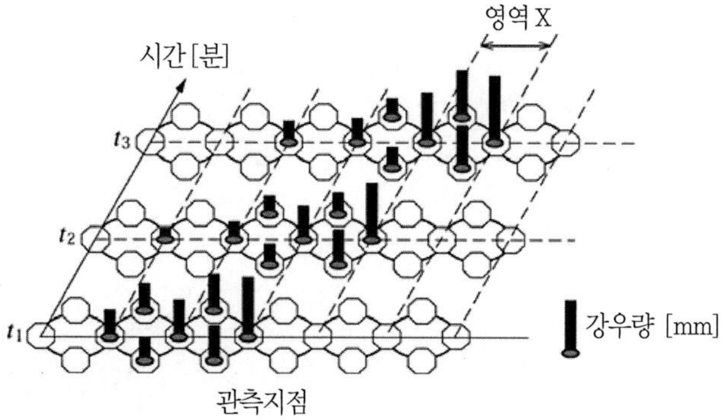

그림 5.11 t_1, t_2, t_3에서의 강우량

(2) 홍수 예보, 피난 경보 시스템

그림 5.12는 그림 5.8을 발전시킨 시스템을 나타낸 것이다. 하천은 비를 모아 지류에서 본류로 물 흐름의 양을 점점 증가시키게 된다. 실제로 비가 내리기 시작하여 그것이 하천의 본류에 이르기까지는 시간의 지연과 지점간의 계수가 존재한다. 강우량에 대한 측정 지점을 1, 2, …, n으로 하면 하천 흐름의 양 F와 강우량 A의 사이에는

$$F(t) = \sum a_i * A_i (t - t_i) \tag{5.1}$$

여기서 a_i : i 지점에서의 강우량과 하천 흐름양간의 계수
A_i : i 지점에서의 강우량
t_1 : 시간 지연

의 관계가 있다.

$F(t)$와 $A_i(t)$는 각각 전파 유량계와 강우량계로 측정하여 네트워크에서 데이터를 수집한다. 이 일차식 형태의 데이터를 충분히 긴 시간동안에 수집하면 다변량 해석 방법에 의해 계수 a_i를 구해 낼 수 있다. a_i는 계절에 따라 또는 시간의 경과에 따라 변화할 가능성을 가지고 있다. a_i을 사용하여 식 (5.1)을 통해 하천 흐름의 양을 예측하면 홍수가 발생하기 전에 예측할 수 있다. 또한 예측한 값은 실제 계측을 수행하기 때문에 그 예측이 어느 정도 정확한지는 실시간으로 오차를 측정하여 확인 할 수 있다. 따라서 식의 신뢰성을 확보하면서 오차가 많아지는 경우에는 a_i을 다시 계산하여 항상 식 (5.1)을 정밀도

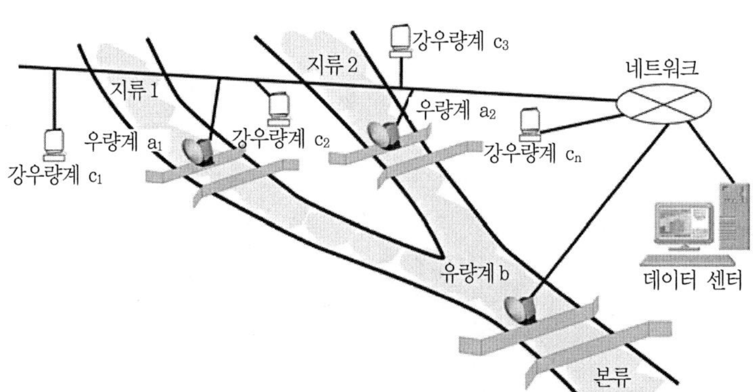

그림 5.12 홍수 예보, 피난 경보 시스템

높게 유지할 수 있다. 또한 지류의 흐름양을 f_i, 본류의 흐름양을 F라 한다면 식 (5.1)과 유사하게

$$F(t) = \sum b_i * f_i(t - t_i) \tag{5.2}$$

식이 구해진다. 이 b_i도 식 (5.1)과 같이 많은 데이터를 수집하여 식 (5.2)을 이용하여 구해낼 수 있다. 또한 F와 f를 실제 측정해 봄으로써 오차가 커지지 않도록 정기적으로 보정할 수 있다.

여기에 나타낸 예제에서는 측정 지점에서의 실 데이터의 수집과 네트워크에서의 공유 및 측정 지점에서의 계산 능력을 이용한 분산 계산을 수행하여 거대한 계산을 하지 않고도 유용한 데이터를 구해 낼 수 있는 가능성을 보이고 있다.

5.2 건축물의 건전성 진단 시스템

5.2.1 센서 네트워크 응용의 배경

2차 대전 후 오랜 시간 동안, 일본의 건설 투자가 GDP에서 차지하는 비율이 유럽과 미국의 2배에서 3배까지 되었었다. 하지만 인프라나 건물에 대한 수요가 유럽과 미국 수준에 가까워지고 있는 상황에서는 가까운 장래에 건설 투자 수준이 유럽이나 미국과 비슷한 수준으로 저하할 것으로 여겨지는 것이 자연스러운 일이다. 또한 지구 환경 문제의 측면에서도 이미 건설된 건물을 가능한 오랫동안 유효하게 활용할 수 있도록 하려는 움직임이 늘어나고 있다. 그렇게 하려는 경우, 건물은 안전성이나 기능성 뿐만 아니라 환경적인 측면에서의 부하 절감, 사회·경제적인 측면에서도 고도한 지속성을 실현할 수 있어야 한다. 또한 유지 관리 비용을 많이 절감하면서도 건물 수명 측면에서의 "건강수명"을 매우 크게 연장시킬 필요가 있다. 이러한 각종 복잡한 요구를 높은 수준으로 실현하기 위해서는 고려해야 할 사항들을 리스크로서 취급하여 그 통합적인 리스크를 최소화하도록 설계/유지 관리하는 것이 유효하다고 여겨지고 있다. 그러기 위해서는 대상이 되는 리스크를 정량화하는 것이 필요

하다. 하지만 현재 건물들의 상태를 리스크의 관점에서 보자면 그 대상이 되는 리스크의 대다수가 정성적인 형태로의 평가만이 가능하고 정량적인 평가는 충분하지 못한 실정이다. 예를 들면 정확하게 정량적인 평가가 이루어지고 있다고 여겨지는 건물의 내구력(耐力)조차도 붕괴가능성까지 고려하면 실제 그 정확도는 매우 낮은 상태이다. 합리적인 리스크 제어로는 모든 리스크를 통계적으로 정량화하여 리스크가 요구되는 레벨 이하의 구조인가에 대한 평가를 하는 것이 필요하다. 리스크의 정량화는 건물의 성능을 정확하게 평가하는 것과 실제로 거의 같다.

센서를 이용한 진단 시스템은 이러한 리스크의 정확한 정량화에 반드시 필요한 기술이다. 진단 시스템에서는 데이터를 취득하는 센서, 센서로부터 획득한 데이터를 집약하는 네트워크, 노이즈의 영향 등을 제거하기 위한 신호 처리, 그러한 신호들로부터 진단하기 등과 같은 단계들이 필요하다. 다만 현재의 기술은 특히 신호 처리 및 진단 부분에 전문가들의 판단이 필요한 경우가 많고 그 비용이 매우 비싸다. 진단 시스템을 광범위하게 보급시키기 위해서는 신호 처리 및 진단 부분의 자동화가 필요하고 이를 위한 기술 개발이 필요하다. 지금까지 설치된 지진 관측을 목적으로 하는 센싱 시스템은 많이 있지만 건물의 건전성을 진단하기 위해서 센싱 시스템을 설치한 사례는 거의 없는 형편이다. 그래서 이제부터는 그 대표적인 적용 사례에 대해 소개한다.

5.2.2 일본 여자 대학교 백주년 기념관

일본 여자 대학교의 메지로 캠퍼스에 건설된 지상 12층, 지하 1층, 연상면적(延床面積) 13,891m^2, 높이 60m, 철골조의 백주년 기념관(2001년 준공)에 세계 최초로 광섬유 센서를 이용한 모니터링 시스템이 (주)시미즈(清水)건설에 의해 설치되었다 [5.7]. 이 시스템은 신에너지/산업총합 개발기구(NEDO)와(재)차세대 금속/복합재료 연구 개발 협회(RIMCOF)가 공동으로 실시한 “지적 재료/구조 시스템의 연구개발” 프로젝트의 연구개발 테마 중 하나로 개발된 것이다. 이 건물에는 지진 발생 시 진동을 절감시키기 위해 간주(間柱) 댐퍼(damper)가 설치되어 있다. 간주 댐퍼는 간주와 대들보(beam)의 접합부 패널(panel)로 통상 사용되는 철강재가 아니라 낮은 응력(應力)에도 변형되어 높은 에너지 흡수 능력을 가진 극저항복점강(極低降伏点鋼)을 이용한 것이다. 따라서 이 부위의 건전성(健全性)은 건물 전체의 내진 성능에 크게 영향을 끼친다. 이 접합부 패널들 중에서 특별히 중요한 부위 12곳을 선택하여 FBG(Fiber Bragg Grating)을 이용한 광섬유 변위 센서를 설치해 두고 있다. 또한 기둥이나 바닥, 그리고 천정의 비틀림에 대한 계측을 위한 FBG 왜곡 센서 및 기온 측정을 위한 FBG 온도 센서가 설치되어 있으며, 총 64개의 광섬유 센서들도 설치되어 있다. 또한 지진이 발생할 때 가속도 응답에 대한 계측을 위해 서보(servo) 가속도 센서도 설치되어 있다. 지금도 관측이 계속 진행되고 있으며 일본 여자대학교의 이시가와 연구실과 함께 그 동태에 대해 연구가 진행 중에 있다. 이전에 사용되던 형태의 센서가 아닌 광섬유 센서를 이용하게 된 이유는 그 내구성이 높고 노이즈에 대한 내성도 높을 뿐 아니라 1가닥의 광섬유 케이블에 다수의 센서를 접속할 수 있다는 점에서 배선의 간소화를 도모하기 위해서 이다. 실제 이전에 사용되었던 스트레인 게이지(strain gauge)의 경우에는 그 수명이 길어도 수년 정도이고 건물 수명에 비해 너무 짧다는 문제점이 있었다. 광섬유 센서에 의한 계측은 현시점에서는 아직 고가의 시스템이며 경제적인 관점에서 보급을 위해서는 이러한 설비들의 가격이 저렴하게 될 필요가 있다.

그림 5.13 일본 여자 대학교 백주년 기념관에 설치된 FBG 변위 센서의 설치 상태

5.2.3 게이오 대학교 라이오사(來往舍)

게이오 대학교 히요시 캠퍼스에 건설된 지상 7층 높이 31m, 건축 면적 4,286.04m^2, 연상면적 18,606.28m^{2}의 면진(免震) 구조로 건설된 건물인 라이오사(2002년 준공)에 구조 헬스 모니터링 시스템을 (주)시미즈건설이 설치하였다 [5.8]. 그림 5.14에 이 건물의 외관을 나타내었다. 본 책의 원저자들이 개발한 최대치 기억형 변위 센서도 레이저 변위계와 나란히 하나가 설치되어 있다(그림 5.15). 이 건물은 1층의 기초 밑에 면진장치(免震裝置)가 설치되어 있으며 그에 대한 건전성의 확보가 높은 내진 성능을 유지하기 위해 반드시 필요한 것이다. 이러한 구조의 헬스 모니터링 시스템은 면진 건물의 건전성을 확보하기 위한 것이다. 센서로는 서보형(Servo) 가속도계를 16곳, 지진 발생 시 큰 변형을 일으키는 면진장치의 변형 계측을 위해 레이저 변위계를 3곳에 설치해 두고 있다. 그림 5.16, 그림 5.17에 관측 진단 시스템의 개요를 나타내고 있다. 이것은 인터넷을 통해 상시 액세스 가능한 시스템으로서 2005년 현재 게이오 대학교의 미다(三田) 연구실과 함께 시스템의 변경 및 진단 방법에 대한 연구를 수행하고 있다.

그림 5.14 게이오 대학교 라이오사 외관

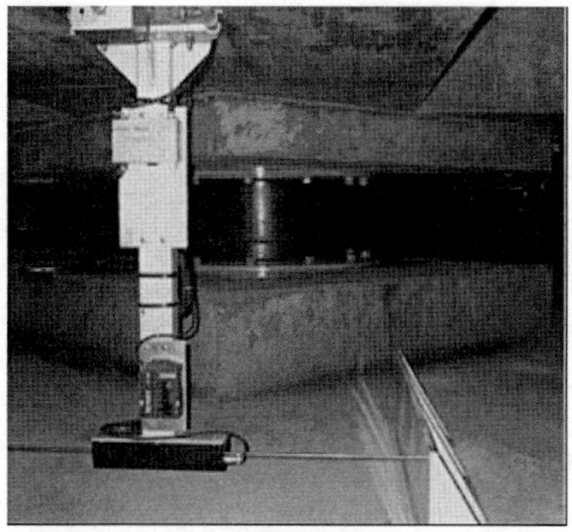

그림 5.15 레이저 변위계와 최대치 기억 센서

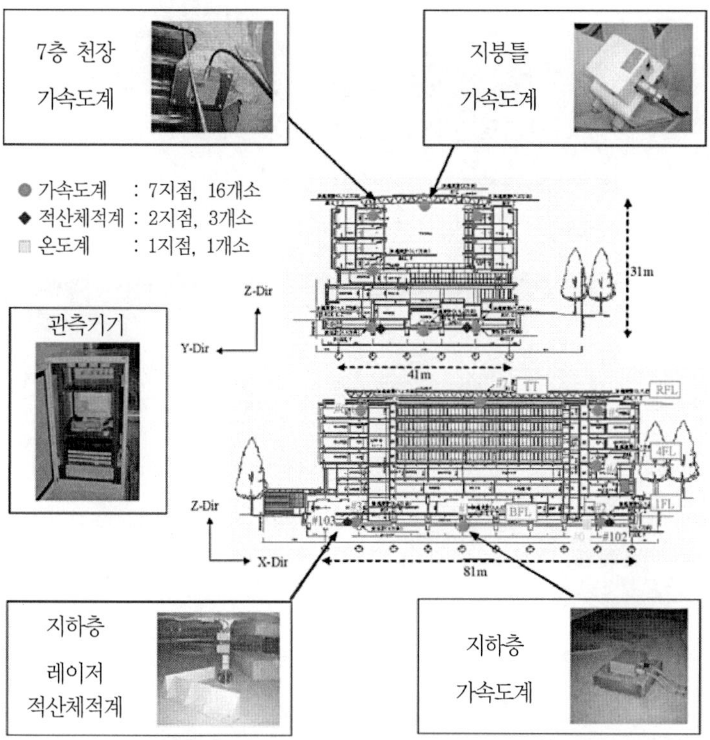

그림 5.16 라이오우사의 관측 장치 설치 상황

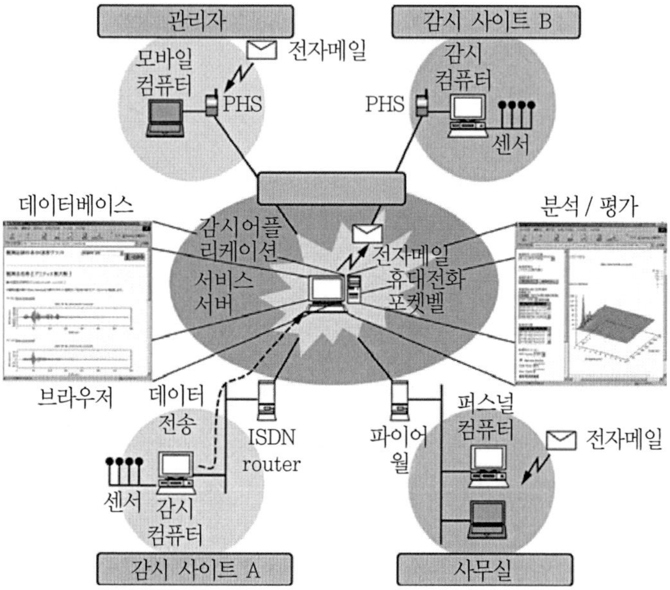

그림 5.17 인터넷을 이용한 관측 평가 시스템

5.3 무선 센서 네트워크의 응용 시스템

5.3.1 무선 센서 네트워크 시스템의 개요

무선 센서 네트워크는 제2장과 제3장에서 기술한 것처럼, 1990년대 중반경에 UC 버클리 대학교에서 개시된 "스마트 더스트(Smart Dust) 계획 [5.9, 5.10]"을 통해 주목 받았으며, 그 이후에 많은 대학이나 기업에서 연구가 발전해 온 기술이다.

스마트 더스트, 즉 "똑똑한 먼지"라는 이름에서도 알 수 있듯이 무선 센서 네트워크를 구성하는 센서 노드들은 크기가 매우 작고 복수 개의 센서 모듈과 프로세서, 통신부 및 배터리를 갖추고 있다. 2005년 현재 약 5mm^2 크기까지 소형화가 성공되었고 [5.11], 다운사이징은 계속해서 진행될 것으로 예상된다. 또한 1개당 수백 달러가 요구되는 현재의 제조비용에 대해서도 수년 이내에 수 달러 단위로 낮아 질 것이라는 기업도 나타나고 있다 [5.12]. 또한 센서 노드들사이의 통신 방식도 블루투스(Bluetooth) [5.13], IEEE 802.15.4 [5.14]. ZigBee [5.15] 등의 통일된 규격들이 제안/제작되고 있으며, 이후에 상위 프로토콜의 규격화가 진행됨에 따라 시스템의 실용화 정도도 한꺼번에 높아질 것으로 기대된다.

무선 센서 네트워크의 최대 약점은 각 센서 노드들이 소형화되어 있어야 하기 때문에 유지할 수 있는 배터리의 용량이 매우 작다. 그래서 전력 소비량을 절감시키는 스케줄링 방식들(상세하게는 제3장을 참조)이나 쿼리 처리 방식들 [5.16]이 제안되고 있다. 또한 네트워크 아키텍처에 대해서도 센서의 기능에 따른 계층화를 통해 센서 노드들의 물리적인 크기에 따른 태스크 분산 방식을 선호하고 있다 [5.17]. 구체적으로 그림 5.18과 같이 최하층의 센서 노드들은 초소형이면서 한정된 센서 유닛을 가지도록 하고, 최소한의 데이터 처리나 통신 처리를 수행할 수 있게 해서 전력 소비량을 최소화하고 상위계층으로 가면 갈수록 더 큰 크기의 노드와 더 복잡한 태스크를 담당하게 함으로써 전력 소비량의 증가에 대응할 수 있도록 하고 있다. 그리고 최하층을 마이크로 센서 노드(micro sensor node), 제2층을 매크로 센서 노드(macro sensor node)라고 하는 것들도 있다 [5.18].

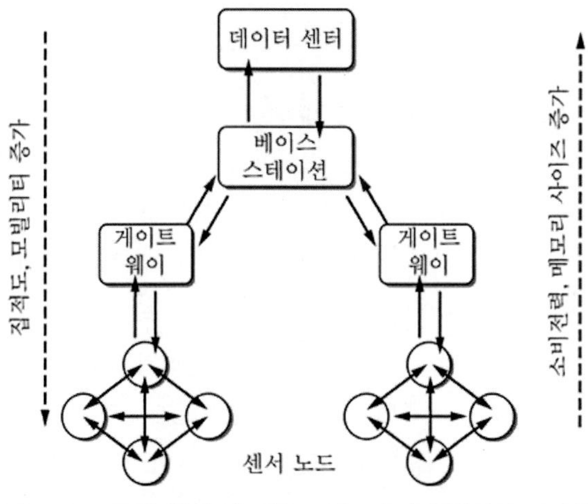

그림 5.18 무선 센서 네트워크 시스템의 일반적인 아키텍처

5.3.2 실제사회를 위한 응용 시스템에 대해

무선 센서 네트워크 시스템의 실용화를 위해 몇 년동안 많은 실험적인 응용 시스템들이 제안/평가되어 센서 네트워크에 기반한 기술 개발의 원동력이 되고 있다. 그 중에서도 환경 또는 특정 대상물에 대한 관측을 목적으로 하는 계측 시스템이 그 중심이 되고 있다. 구체적으로는 생태계 조사, 농업 생산 지원, 헬스케어 지원, 컨테이너 운송 관리, 물류 관리(supply chain management) 등에 적용되고 있으며, 그 해당 영역마다 현실 세계에 대응한 다양한 지식이나 요구들이 생겨나고 있다.

5.3.3 환경 모니터링

2005년 현재, 센서 네트워크의 응용분야중에 가장 활발하게 연구가 진행되고 있는 것은 환경 모니터링 분야이다. 저렴한 비용으로 지금까지 실현되지 않았던 고정밀도로 광역적인 관측이 가능하게 될 것이기 때문이다.

한편 환경 모니터링을 한마디로 정의하려고 해도 그 구체적인 연구 대상은 폭넓기 때문에 여기에서는 생태계 조사, 농업 생산 지원에 대해 대표적인 연구 사례만을 소개한다.

(1) 생태계 조사

우리가 살고 있는 지구의 생태계는 매우 복잡하며 아직까지 알려지지 않은 것들이 더 많다. 가끔 새로운 생물체가 발견되는 것 등은 그 증거라고 할 수 있다. 또한 생식이 확인되어 있는 생물이라 하여도 그 생태에 대한 것을 충분히 설명할 수 없는 것들이 더 많이 있다. 이렇게 된 한가지 요인은 지금까지의 관측 기술에서 그 해답을 얻을 수 있다. 이전의 관측 기술은 사람이 직접 관찰 기록하거나 매우 적은 관측 지점들에서의 센서 데이터에 기반을 둔 것들이었다. 둘 중에 어느 쪽의 방법이라 할지라도 관측 가능한 샘플은 매우 적은 수에 지나지 않고, 수집할 수 있는 데이터의 변량도 제한적이어서 생물체의 고유 특징을 추출하는데 있어서도 엄연한 한계가 있었다.

이러한 상황에서 무선 센서 네트워크 시스템은 적은 비용으로 면밀한 관측 지점의 제공을 가능하게 한다. 또한 관찰 목적에 따른 다양한 센서를 각 노드에 장착하여 폭넓은 변량에 대한 계측을 가능하게 한다.

생태계 조사에 있어서 더욱 중요하게 고려되는 것이 微氣候(micro climate)라 하는 것이다. 미기후란 관측 대상이 되는 생물체가 살고 있는 환경에 있어서 생물체가 주요한 활동을 하는 매우 적은 범위의 기후를 의미한다. 대체로 생물체는 개체의 크기에 비례하여 환경변화에 대한 민감도의 변동을 동반한다. 특히 소형 생물체에 대한 생태 조사를 하는 경우에는 미기후의 변화가 중요한 관측 대상이 되기 때문이다. 예를 들어 어떤 침엽수 종자에 대한 발아를 생각해 보자. 침엽수는 매우 많은 종자들을 생산하여 뿌려진다. 하지만 이들 중에 발아되는 것은 매우 적고 게다가 그 중에서도 매우 적은 수의 발아된 뿌리(發芽株)가 성장하여 큰 수목으로 자라나게 된다. 발아, 성장, 도태라는 프로세스에서 지표 및 땅속의 온도나 습도, 토양의 성질, 삼림의 밀도, 삼림을 구성하는 나무들의 구성 비율, 지표 부근으로의 햇빛 일조/일사량, 경사 등과 같이 그 결정 요인은 다양하게 존재한다. 이러한 것들에 대한 계측은 정밀도가 높으면서도 세세한 것까지 계측 가능한 시스템이 있어야 비로소 실현 가능한 것이다. 또한 생태계에 새로운 성장 저해 인자가 발생하지 않도록 하기 위해서도 비침습성(非侵襲性)이 높은 시스템일 필요가 있다. 이 때문에 무선 센서 네트워크의 적용이 더더욱 유망하다고 할 수 있다.

• 바다제비에 대한 생태 조사

UC 버클리대학교, 애틀랜틱 대학교, 인텔 리서치 버클리(Intel Research Berkeley) 연구소는 2002년부터 공동으로 미국 메인주(Maine) 연안 바다의 무인도인 그레이트 덕(Great Duck) 섬에서 무선 센서 네트워크를 이용하여 바다제비 둥지 내의 행동에 대한 관측을 하는 연구 프로젝트를 진행해 왔다 [5.18, 5.19, 5.20, 5.21, 5.22].

그레이트 덕 섬은 바다제비의 산란지로 생물학자들 사이에서는 잘 알려진 장소이다. 바다제비는 연안에 생식하는 바닷새로 경계심이 강해 생태 관측이 극히 어려운 생물체 중 하나이다. 바다제비는 여름동안 지하에 구멍을 파서 둥지를 만들며 그곳에 산란하고 부화시켜 새끼를 키운다. 바다제비의 둥지 입구는 특정 장소에 밀집되어 있으며 지금까지 연구에 의하면 왜 그 장소를 선택하고 사는지가 명확하게 밝혀지지 않은 상태이다.

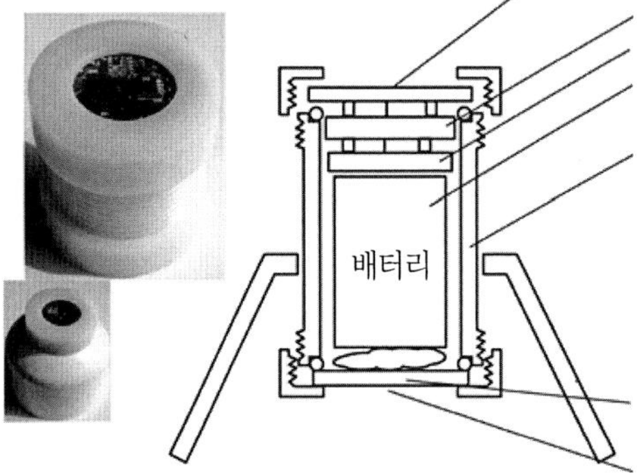

그림 5.19 실험에서 사용된 센서 노드

이 프로젝트에서는 바다제비의 보금자리에 소형 센서 노드 즉, MOTE라 하는 것으로 수 센티미터의 소형 사각상자 내에 여러 개의 센서 유닛, 프로세서, 메모리, 통신부를 갖추고 있다. 그림 5.19를 둥지 입구의 안과 밖에 설치해 두고 온도, 습도, 기압, 밝기, 바람세기 등을 측정하였다. 이러한 센서 노드들로부터 받아낸 데이터를 분석하여 둥지 내외부의 환경 변화와 산란율과의 관계나 환경 변화에 대한 부모 새들의 습성 등을 알 수 있게 되었다.

2002년 실험에서는 50개의 MOTE로 구성된 싱글 홉 무선 네트워크를 2003년도에는 100개의 MOTE로 구성된 멀티 홉 무선 네트워크 및 MOTE를 통하지 않고 독립적으로 네트워크에 접속되는 적외선 카메라 1대를 이용하였다. 적외선 카메라는 둥지 전체를 관측하고 MOTE로부터 데이터의 신뢰성을 검증하기 위한 것이다. 2003년에 실험한 시스템의 구성은 그림 5.20에 나타내었다.

각 센서 노드들은 특정 샘플링의 빈도로 수집한 데이터를 패킷에 담아 정기적으로 게이트웨이로 송신한다. 게이트웨이는 수백 미터 떨어진 베이스 스테이션과 무선으로 통신하여 모아 논 데이터를 순차적으로 전송한다. 베이스 스테이션은 등대 안에 설치되어 있는 PC이며 그 속에는 관계형 데이터베이스가 설치되어 있다. 게이트웨이로부터 전달받은 데이터는 일단 베이스 스테이션

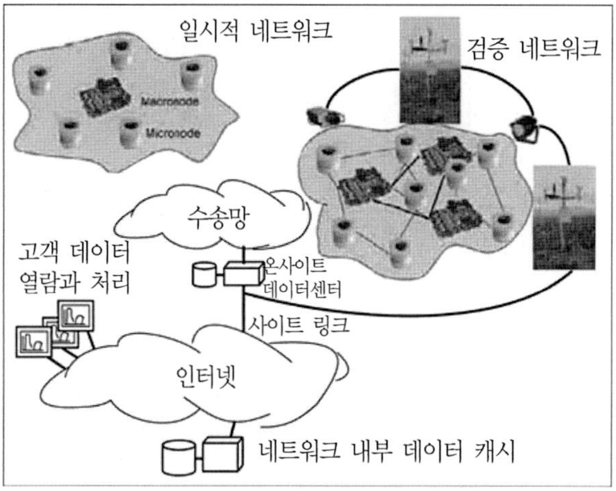

그림 5.20 그레이트 덕 섬의 바다제비의 생태 조사 시스템 구성도

상의 데이터베이스에 저장되고 위성 통신 시스템을 통해 버클리에 있는 인터내셔널 리서치(International Research)의 데이터 센터(Data Center)와 동기화되도록 되어 있다. 이러한 데이터들은 인터넷상에 공개되어 둥지에서 멀리 떨어진 곳에서 바로 직전까지의 데이터를 살펴보거나 과거 데이터를 이용한 분석을 가능하게 하고 있다. 또한 샘플링 빈도의 변경, 직전의 상태(status) 보고(report), 센서 유닛의 캘리브레이션(calibration) 프로시저의 개시 등과 같이 적은 수로 제한된 MOTE들로의 명령(command) 전송은 데이터 송신의 역순으로 수행된다. 그림 5.21은 인터넷상에 공개된 프로젝트의 사이트에 대한 그림으로 이곳을 통해 수집된 데이터의 검색과 간단한 분석이 가능하게 되어 있다.

이러한 프로젝트를 통해 지금까지 알 수 없었던 바다제비의 상세한 생태가 명확해지고 생물학자들에게는 귀중한 연구의 초석이 되었다. 또한 실제 구현 시스템에 관해서도 라우팅, 태스크 사이클링, 각 센서 노드의 원격 진단 등의 요소 기술에 대해 필드 테스트를 통한 평가가 많은 개선의 실마리를 가져 올 수 있었던 것도 중요하다. 이러한 결과들은 라우팅 [5.23, 5.24]이나 태스크 사이클링 등의 센서 네트워크의 요소 기술, 시스템 개발 환경 [5.25]의 개량에도 피드백(feedback)되어 유효하게 활용되고 있다.

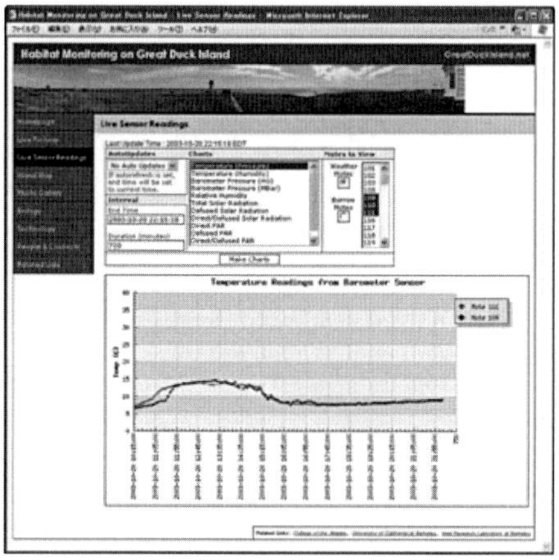

그림 5.21 바다제비 생태 조사 프로젝트 사이트

• 자연보호림의 생태조사

UCLA 대학교와 UC 리버사이드 대학교는 2002년부터 캘리포니아주 남부, 산 자킨토 산맥(San Jacinto Mountains)의 제임스 자연보호구역(James Reserve)에서 센서 네트워크를 이용한 삼림의 생태조사 프로젝트를 수행하고 있다[5.26].

제임스 자연 보호구역은 펄모어 호수(Lake Fulmor)로부터 흘러나오는 강가의 급경사지에 위치하고 있으며 침엽수림, 활엽수림, 관목지, 초원 및 다양하고 풍부한 식물들과 많은 동물들이 생식하고 있는 지역이다. 이 프로젝트에서는 제임스 자연 보호 구역의 특징, 즉 일정 지역(area)에서의 변화무쌍한 환경이 존재한다는 점을 잘 살려서 다양한 관측 대상을 위해 여러 개의 서브 프로젝트로 편성하여 조사를 진행하고 있다. 또한 각 서브 프로젝트들이 공동의 인프라를 이용함으로써 프로젝트 전체의 생산성을 높이고 있는 것도 특징 중 하나이다. 2003년에 실시되거나 계획된 실험은 “새 둥지와 번식행동의 관찰”, “이끼류의 생태조사”, “횡단표본지(橫斷標本地)에서의 미기후 변화에 대한 관측” 등의 3가지였다(그림 5.22). 그 중에 3번째 서브 프로젝트는 2004년 4월 시점에서는 계획 단계이었다.

새의 둥지와 번식 행동에 대한 관찰은 사이트 중심(site-oriented)의 조사 방법으로 수행되었다. 즉 미리 다른 위치에 설치한 여러 개의 나무로 만든 둥지 상자들에 센서 노드를 설치해 두고 각각의 환경에 따라 어떤 둥지 상자가

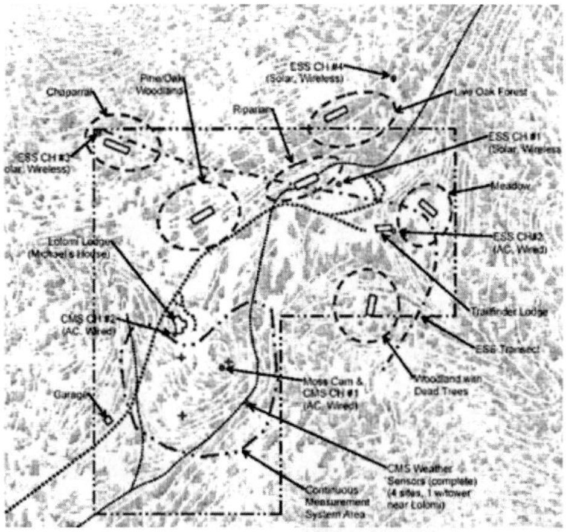

그림 5.22 제임스 자연 보호구역의 조사 구역 필드 그림

이용되고 미기후의 변화에 따라 산란이나 병아리의 발육이 어떻게 변화하는지를 조사하는 프로젝트이다.

둥지상자에 설치된 센서들은 상자 외부의 온도와 습도, 상자 내부의 온도와 습도, 지붕의 일사량, 둥지상자 바로 아래의 흙에 포함되어 있는 수분량, 배터리 잔량에 대해 각각 계측하는 것들이다. 또 상자 내부에는 움직임 센서(Motion Sensor)가 설치되어 있어 둥지상자 내에서 어떤 움직임이 발생한 경우에는 그에 대한 인식을 트리거로 이용하여 비디오카메라를 기동시키는 메커니즘을 이용하고 있다(그림 5.23, 그림 5.24, 그림 5.25). 그리고 수집한 데이터는 무선 LAN을 통해 실험본부 시설 내에 설치된 서버에 송신되었다.

조사용 둥지상자는 12개가 준비되었고 설치하려는 식물의 종류에 따라 각각 배치되었다. 이 상자들 중에 어떤 둥지상자에서는 녹색제비(violet-green swallow)의 둥지 틀기, 산란, 부화가 관찰되었다. 부화 후에는 보통보다 낮은 기온이 계속되었고 5일후에는 병아리가 사망한 것을 확인할 수 있었다. 그 기간 동안 기록된 비디오 데이터를 분석해 보면 둥지 내의 온도가 낮았기 때문에 어미 새가 먹이를 위해 둥지를 떠날 수 없었고 그 결과로 굶어 죽게 되었다는 것을 알 수 있었다. 실제 삼림에서 이와같은 상세한 관찰 조사는 지금까지 거의 없었으며 앞으로도 지속적인 조사를 통해 지금까지 잘 알려지지 않았던 야생 조류가 둥지를 만들기 전의 변화에 대한 관찰을 할 수 있을 것으로 기대가 모아지고 있다.

그림 5.23 둥지 상자 관찰용 센서 노드 1 **그림 5.24** 둥지 상자 관찰용 센서 노드 2

그림 5.25 둥지 상자 관찰용 센서 노드

이끼류의 생태 조사는 질소나 인 등의 흙에 포함되어 있는 양분의 변동, 흙 내의 수분, 흙의 호흡량(CO_2 배출량을 이용)등에 기반을 두고 관측이 가능하다. 이것을 가능하게 하는 장치로 CO_2 센서, 수분 센서와 함께 흙 내부를 관찰할 수 있는 소형의 관찰 카메라가 개발되어 그것을 조사하려는 필드에 설치해 두었는데 이러한 관찰 카메라는 길이가 1m, 폭이 10cm의 크기이며 각각 15개를 서로 가깝게 설치하였다. 수집된 데이터는 둥지상자에서의 관찰 시스템과 비슷하게 무선 LAN을 통해 서버에 송신된다. 이러한 데이터들은 이끼류뿐만 아니라 곰팡이류나 지중생물의 생태조사에도 유효하며 앞으로도 폭넓은 활용이 기대되고 있으며 특히 농업 생산 지원을 위한 데이터의 수집에 기반한 시스템으로서도 높은 가치를 가지고 있다고 기대된다.

횡단표본지의 미기후 변화에 대한 관측은 무선 센서 네트워크에 대한 실증 실험으로서 프로젝트들 중에서도 가장 규모가 크다. 실험 지역으로는 침엽수림, 혼합수림, 강가의 급경사지, 초원, 고목림(枯木林) 등이 존재하고 이러한 것들을 연결하여 횡단표본지의 설정이 가능하다. 약 600m의 횡단 선상에 40개, 식물에 따른 5가지의 표본 지역에는 20개 정도의 무선 센서 노드를 설치해 두고 횡단 선상의 센서 노드들이 멀티홉 통신을 수행하여 게이트웨이 기능을 가진 마이크로 서버에 데이터를 송신하도록 한다. 각 센서 노드들은 Crossbow사가 제조한 MICA1 MOTE이다 [5.27]. 표본 지역 내의 센서 노드들은 계층형 네트워크 아키텍처를 가지고 있으며 클러스터 헤더로 불리는 센서에서 데이터를 집약하여 마이크로 서버로 데이터를 전송한다 [5.28]. 마이크로 서버는 무선 LAN을 통해 실험 본부에 있는 서버에 액세스하여 관계형 데이터베이스 시스템에 수집한 데이터들을 기록한다.

• 니시노미야시에서의 환경정보 수집 실험예

효고현 니시노미야시에서는 여러 대의 센서를 네트워크화 하여 환경 정보를 구해내는 실험을 수행하고 있다. 이 실험은 총무성 긴키 종합통신국의 센서 네트 타운(sensor net town)에 관한 조사 검토와 실증 실험으로서 수행된 것이다 [5.29].

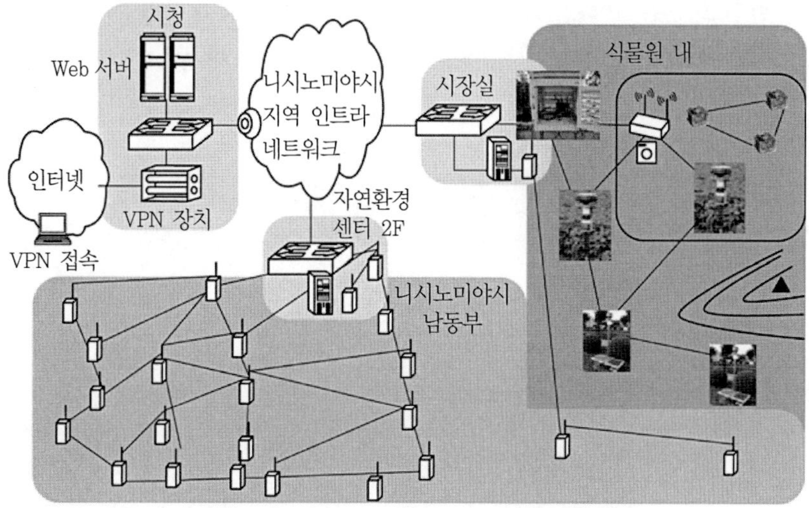

그림 5.26 실험 시스템 전체 네트워크 구성도

전체 시스템은 그림 5.26과 같이 되어 있다. 크게 나눠서 2가지 계통의 시스템을 실험하려고 하였기 때문에 그 주요 설치 장소에 따라 “공중 센서 네트”, “녹지 센서 네트”라고 명명하였다.

니시노미야시의 지역 인트라 네트워크를 사용하여 코우시엔 바닷가 주변(공중 센서 네트) 및 키타야마 녹화식물원내(녹지 센서 네트)에 설치된 센서를 시청에서 IP 네트워크를 이용하여 모니터할 수 있다. 그림 5.27은 인터넷상에서 작성된 홈페이지를 나타내며 등록된 사용자들은 이러한 센서 데이터를 인터넷상에서 그래픽컬 하게 살펴볼 수 있다.

NEC사가 만든 429MHz대를 사용하는 特定 小電力 무선기기와 센서를 공중 센서 네트워크로 구성하여 빌딩 옥상, 전주, 수문 등 여러 장소에 설치하고 풍속, 풍향, 온도, 습도, 일사량, 수위, 수온 데이터들을 획득하고 있다. 이러한 기기에는 총 4개 채널의 센서를 접속할 수 있으며 수백 미터의 거리를 무선으로 송신할 수 있다. 또한 멀티홉 전송 기능도 가지고 있어 여러 무선기기를 경유하여 통신할 수 있다. 이러한 기기들은 코우시엔 바닷가 주변에 16개소, 키타야마 녹화 식물원에도 2개소에 설치되어 운용되고 있다.

녹지 센서 네트워크에 일본 농업/생물계의 특정 산업 기술 연구소에서 개발한 필드 서버(Field Server)라는 센서 로봇을 식물원 내에 4개소를 설치하고 온도, 습도, 토양, 수분, 일사량의 데이터를 확보하고 있다. 이 필드 서버는 시판되고 있는 IP 대응 기기를 조합하여 만든 것으로 다양한 연구를 통해 내환경성 능력도 고려되어 있다. 필드 서버에는 형태나 기능이 다른 다양한 타입들이 있는데 이미 일본내외에서 합계 600대 정도의 판매 실적을 올리고 있다.

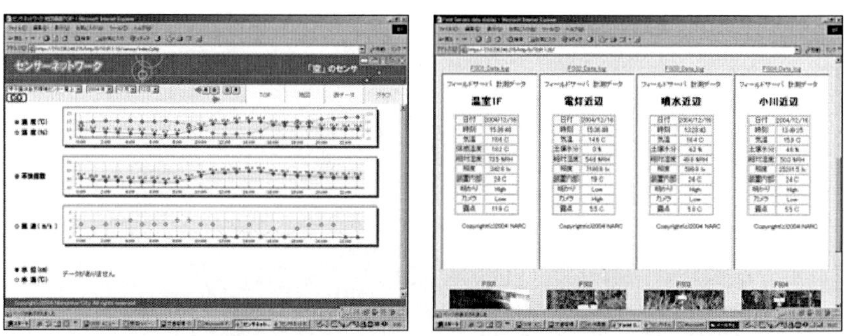

(a) 공중 센서 네트워크　　(b) 녹지 센서 네트워크

그림 5.27 센서 정보의 Web 홈페이지

이 실험에서 이러한 필드 서버에 애드혹 무선 LAN 통신 기능이 갖춰지도록 한 것은 매우 흥미로운 것이다. 이것은 필드 서버 끼리 애드혹으로 통신을 수행하여 패킷을 수신측으로 최적의 루트를 따라 멀티홉으로 전송할 수 있도록 하는 기능이다. 무선 LAN 환경이 갖춰져 있지 않은 곳에서도 1대의 필드 서버를 통해 모든 필드 서버의 데이터를 획득할 수 있는 장점이 있다. 이 기능은 Ad hoc On-Demand Distance Vector(AODV) Routing Protocol(RFC 3561)을 이용하여 구현되어 있다. 구체적으로는 Cisco Systems사의 라우터(Linksys WRT54G)상에서 ThinkTube사의 소프트웨어 기술이 이용되고 있다. AODV가 실제적으로 구현되어 있다는 점에서는 달리 필적할만한 것을 찾아내기 힘들 것이다.

또한, 식물원내의 온도는 센서 네트워크로서 Crossbow사의 MICA MOTE를 설치하여 온도, 습도, 빛에 대한 데이터를 확보하고 있다(그림 5.28).

녹지 센서 네트워크에서는 필드 서버에 의해 식물원 내에 무선 LAN 환경이 갖춰지기 때문에 무선 LAN을 사용하여 제어하는 로봇들도 작동시킬 수 있다. 실제 실험에서 사용된 로봇은 PC에 카메라와 바퀴가 장착된 매우 간단한 형태이었지만 정원 순회 로봇으로서의 발전이 기대되고 있다. 자율적으로 움직이는 로봇에는 계층형 통신방식보다 이러한 애드혹 멀티홉 전송을 하는 통신이 적합하다고 할 수 있다.

(a) 무선 센서 (b) 필드 서버 (c) MICA MOTE

그림 5.28 녹지 센서 네트워크

(2) 농업 생산 지원(精細농법과 무선 센서 네트워크)

세계 총인구는 2050년까지 현재의 60억에서 90억 명으로 증가할 것이라고들 한다 [5.30]. 인구가 증가함에 따라 다양한 사회 문제가 발생할 것으로 예상되지만 그 중에서도 가장 중요한 문제는 식료품의 생산이 인구 증가에 미치지 못하고 있다는 점이다. 원시적인 농법이 지구의 사막화에 박차를 가하는 한편, 비료나 농약, 관개시설을 이용한 근대 농법에 의해 토지는 피폐해져 가고 있고 단위 면적당 생산성은 해마다 줄어들고 있다고 알려져 있다. 이러한 진퇴양난의 상황에 대해 유망한 해결책을 제시하고 있는 것이 "精細 농법" [5.31, 5.32]이다.

정세 농법은 무선 센서 네트워크를 기반으로 하여 세밀하게 구분된 영역에서 전달받은 상세한 데이터에 근대 농법에 의해 쌓아진(근대 농법을 통해 알아낸) 지식을 적용하여 분석함으로써 최소한의 비료, 농약 살포, 관개를 지원하는 농법이다. 이러한 농법을 적용하여 농작물이 사람의 건강에 미치는 리스크를 저하시킬 뿐만 아니라 토지의 피폐를 줄이고 경작지의 생산성을 높은 수준으로 유지할 수 있도록 한다.

2002년부터 Intel Research사는 미국 오리건 주의 포도밭에서 정세 농법을 실현하기 위한 실험 프로젝트를 시작하였다 [5.33, 5.34]. 이 프로젝트에서는 점차적으로 농약 살포, 관개를 자동화하고 상세한 생산성의 문제를 생산자에게 적절히 보고하는 시스템 구축을 목표로 하고 있다. 2002년의 실험에서는 포도 곰팡이에 의한 피해를 미연에 방지하기 위한 센서 네트워크 시스템을 18개의 MOTE를 이용하여 구현하였다. 각각의 MOTE는 바깥 기온을 계측하고 멀티홉 통신을 수행하여 데이터를 전송한다. 수집된 데이터로부터 MOTE의 위치마다 하루의 최고 기온, 최저 기온을 알아 낼 수 있으며 이러한 것들을 시계열 패턴으로 지금까지의 포도 생산을 통해 습득한 지식으로부터 구해 낸 생산 모델과 대조시켜 보고 곰팡이에 의한 피해가 발생할 것 같은 지점을 발견해 내도록 한다. 그림 5.29는 포도밭의 관리자용으로 구현된 곰팡이에 의한 피해 리스크를 가시화 하는 소프트웨어의 사용자 인터페이스를 나타낸다. 곰팡이에 의한 피해 발생 리스크가 높은 영역, 곰팡이 발생 방지를 위해 농약이 살포된 영역 등에 색을 달리 표시하여 가시화 하고 있으며 이를 통해 데이터의 열람성을 높이고 있다.

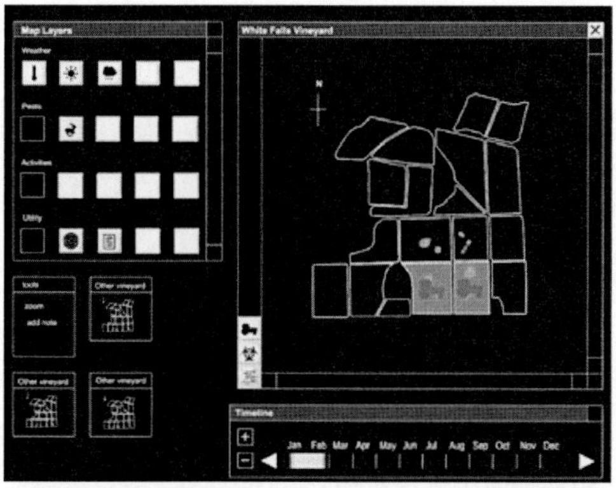

그림 5.29 포도밭 관리자용 사용자 인터페이스

현재까지는 농약 살포나 비료주기에 대해서 GUI 기반의 입력을 이용하고 있지만 앞으로는 삽(shovel)이나 농약살포기 등의 도구에 MOTE를 내장(data mule이라고 칭하여지고 있음)시켜, 그러한 MOTE와 경작지내의 MOTE가 데이터 교환을 하여 서로 다른 형태의 무선 네트워크지만 강건한 데이터 수집이 가능하도록 하는 계획이 검토되고 있다.

5.3.4 헬스케어 지원

건강하게 장수하는 것은 사람의 기본적인 욕망 중 하나임과 동시에 이후의 사회적인 쟁점으로서 그 중요성이 높아지고 있는 이슈들 중에 하나이다. 그 이유는 앞으로 수십 년 동안 선진국들을 중심으로 고령 인구가 큰 폭으로 증가할 것으로 예상되고 있으며 [5.35] 의료 보험 제도, 간호 보험제도 등의 사회 복지 정책, 더욱이 의료 시스템 그 자체의 품질 유지 및 향상을 위해 고령자의 의료비 절감은 간과할 수 없는 것이기 때문이다. 고령자가 건강을 유지하기 위해서는 질환을 미연에 방지하고 또 질환이 발생한 뒤에라도 스스로 생활할 수 있게 함으로써 정신적/육체적으로 쇠약해지는 것을 억제할 필요가 있다. 여기에서는 이 2가지 문제, 즉 질환의 예방과 자립형 간호 지원의 2가지 방향으로 센서 네트워크 기술이 이바지할 수 있는 대표적인 연구 사례를 살펴봄으로써 앞으로의 연구 방향성을 제시한다.

(1) 질환 예방

건강을 유지하기 위한 가장 효과적인 방법은 질환을 예방하는 것이다. 건강진단이나 입원하여 실시하는 종합검진을 정기적으로 받아 검진 결과를 바탕으로 생활개선을 시도하는 것은 질환 예방의 첫걸음일 것이다. 하지만 이러한 진단을 통해 수집되고 분석되는 데이터는 사용자의 생체정보의 극히 일부분일 뿐이며 생활하는 동안의 방대한 시간들 중에서 한 시점에 지나지 않는다. 따라서 모든 질환의 리스크를 건강진단이나 종합검진을 통하여 알아내는 것은 현실적으로 불가능하다.

센서 네트워크는 이러한 상황에 대해 시간적으로 세밀한 생체 데이터의 수집과 분석을 위한 환경을 제공함으로써 유용한 예방 의료 기회를 부여해 준다. 생체 데이터는 사용자의 집에 설치된 각종 센서 노드들이나 휴대전화 등의 모바일/웨어러블 기기에 내장된 센서 노드들에 의해 수집할 수 있다. 수집된 데이터들은 통계처리나 기계 학습에 의한 모델화 등이 가해져 건강상태의 중요한 변화를 사용자 본인 또는 담당의사 등이 좀 더 빨리 알아낼 수가 있다.

• 헬스웨어를 통한 질환 예방

MIT에서 진행되고 있는 헬스웨어 연구는 지금까지 살펴본 무선 센서 네트워크의 아키텍처와 달리 사용자가 일상적으로 센서 노드를 몸에 지니고 다니면서 생체 데이터를 수집하는 웨어러블 센싱 방식을 채용하고 있다. MIThril이라 하는 헬스웨어 시스템은 웨어러블형의 센서 노드(그림 5.30), 통신용 미들웨어, 데이터 분석 엔진, 어플리케이션으로 구성되어 있으며 센서 노드들에서 수집된 데이터를 실시간으로 이용할 수 있게 하는 것을 목표로 하고 있다 [5.36, 5.37].

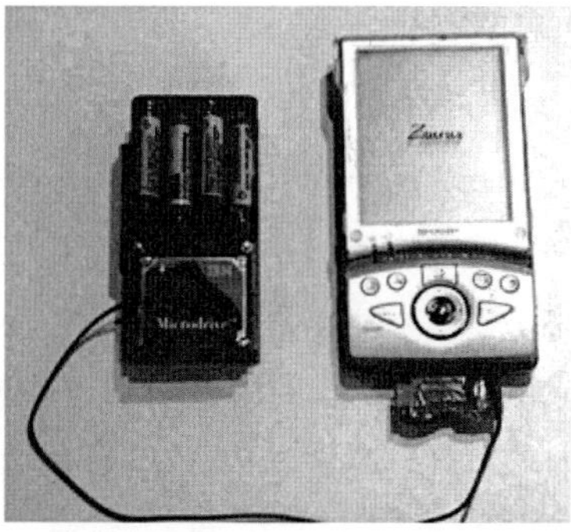

그림 5.30 MIThril의 센서 노드

센서 노드에는 가속도 센서, 적외선 액티브 태그 리더, 근접 센서, 배터리 모니터, GPS, 심전 센서, 근전도(EMG)센서, 전류 피부 반응 센서, 피부온도 센서, 음성 입출력이 내장되어 있으며 RS-232C 인터페이스를 통해 뇌파나 호흡량 등에 대한 센서들을 추가할 수 있도록 되어 있다. 센서 노드는 독자적(Stand-alone)으로도 기능하지만 PDA나 휴대 전화와의 인터페이스로 MIThril body bus가 구비되어 있어 이것을 이용하면 데이터의 입출력과 센서로의 전원 공급이 가능하다.

각 센서에서 수집된 데이터는 데이터 해석 엔진에서 A/D 변환되어 통계처리를 통해 특징량(特徵量)의 추출이 행해진다. 그런 뒤 기계 학습 방법을 적용한 모델화가 수행되어 사용자의 행위, 위치, 발화(發話), 정신상태 등이 분석된다. 또한 모델의 시퀀스를 추적해 봄으로써 이상 상태를 발견해 낼 수 있다.

이러한 시스템을 질환 예방에 적용한 예들 중에 하나가 정신질환의 징후 발견에 대한 실험이다. 지금까지의 정신질환에 대한 연구들에 의해 사용자의 발화나 몸의 동작을 살펴봄으로써 조울증 또는 정신분열증의 징후를 발견할 수 있다고 한다. 이 실험에서는 23명의 피실험자에 MIThril 센서 노드를 장착하고 가족, 친구, 모르는 사람 등과의 대화를 1700시간 동안 수집하였다.

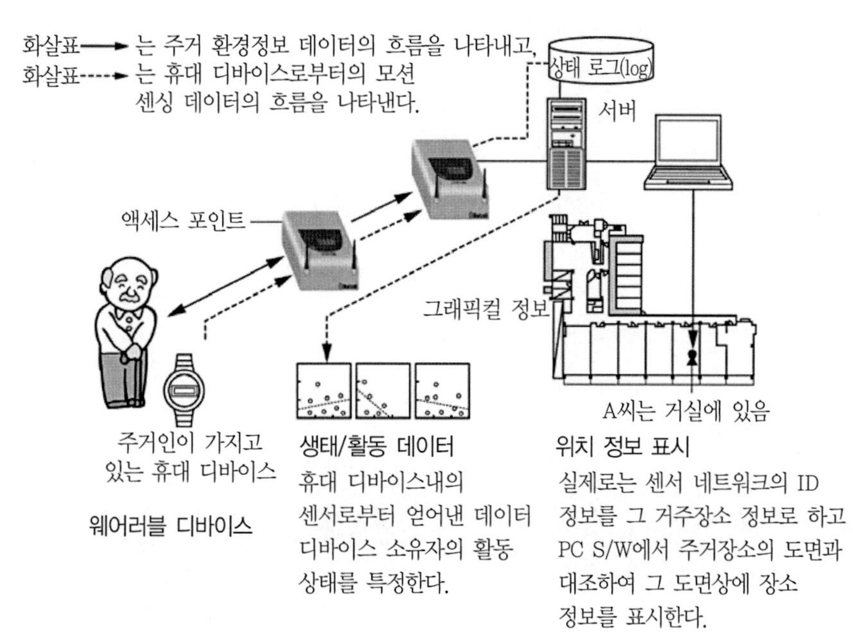

그림 5.31 무선 센서 네트워크에 의한 의료/간호 시스템

이것을 해석엔진에서 처리시킨 결과 85%의 데이터에 대해 모델화가 성공되었고 징후 발견에 연결될 수 있는 유력한 실마리를 얻을 수 있었다고 한다.

또 하버드 대학교에서는 CodeBlue라는 프로젝트가 실시되고 있다 [5.38]. CodeBlue는 건강신호(Vital Sign) 센서 노드와 각종 무선 디바이스를 복합해서 긴급 의료를 지원하는 인프라이다. 건강신호 센서 노드는 UC버클리대학교에서 개발한 MICA2 MOTE에 펄스형 산소 농도계와 심전도 센서를 조합시킨 것이다. 이 건강신호 센서 노드를 통해 장착한 사람의 경피적(經皮的) 동맥혈 산소 포화도와 맥박을 센싱해서 전송할 수 있다. 건강신호 센서 노드들로부터 송신된 정보는 PDA를 이용하여 열람해 볼 수 있도록 되어 있다. 그 외에 CodeBlue에는 MOTE Track이라는 위치 특정 메커니즘을 갖추고 있다. 이것은 이동하는 MICA2 MOTE가 여러 개의 고정된 비컨 노드들로부터 브로드캐스트 된 참조정보와 수신 전파 강도를 이용하여 위치를 분석하는 것이다.

일본 내에서는 마쯔시타 전기산업에 의해 센서 네트워크를 이용한 재택 헬스케어 지원 시스템 [5.39]이 개발되어 있다. 이것은 가정에 거주하고 있는 고령 환자의 건강 상태를 전자 현경(縣境) 모니터로 취득하여 거주 중인 집으로부터 휴대 전화망 등의 무선 인프라를 통해 의료기관으로 전송하여 의사로부터의 진료 서비스를 받을 수 있도록 한 것이다. 또 도야마현 다카오카시에는 웰페어 테크노 하우스 다카오카(Welfare Techno House Takaoka)라는 시설이 건설되어 무의식 생체 계측 기술을 이용한 욕조에서의 심전도, 침대에서의 심전도나 체온 계측, 또는 화장실 내에서의 체중, 배설량, 배뇨속도 계측 등의 실제 실험들이 다수 수행되고 있다.

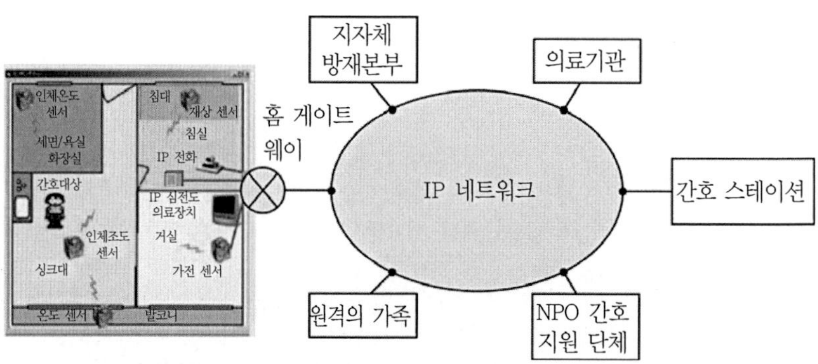

그림 5.32 네트워크를 경유한 원격 의료/간호 시스템

(2) 자립형 간호 지원

질환 또는 시력, 체력의 쇠약 등으로 인해 도우미가 필요하게 된 사람들에게 간호시설로 생활 거처를 옮기게 할 것인지 자기 집에서 생활을 계속해 나가게 할 것인지는 중대한 선택 사항이 된다. 이것은 오랫동안 꾸려온 생활 기반을 남에게 팔아 버릴 것인지 아닌지와 같은 정서적인 의사 결정도 해야 하며, 동시에 간호 비용을 포함한 생활비를 어떻게 마련해 나갈 것인지에 대한 경제적인 문제에 대한 결단을 포함하고 있다. 영국의 연구자에 의한 계산에 따르면 간호시설에 입소하여 그 곳에서 생활을 하는 비용을 100으로 가정하면 자신의 집에서 간호를 받으면서 생활하는 비용은 평균적으로 55정도가 필요하다고 한다 [5.40].

한편 독신 생활자 또는 고령자들만이 생활하면서 간호가 필요한 세대들에 대해 고려해 보면 본인뿐만 아니라 자식들이나 형제, 친구들에게도 비상사태가 발생한 경우의 대응에 대해 매우 불안한 마음을 떨칠 수가 없다. 이러한 상황에 있어서도 센서 네트워크는 유효한 역할을 할 수 있다. 실제로 많은 센서 네트워크의 응용 시스템으로 간호 대상자의 질환 악화, 사고(Accident) 등을 판별하여 가족들이나 담당 의사 등에게 통보하는 시스템이 제안되고 있다 [5.41, 5.42]. 또한 체력적 또는 인지적인 손상을 입어 안전하게 자립적으로 생활을 하기 어려운 사람들에게도 센서 네트워크는 유용하게 이용될 수 있다.

• 알츠하이머 환자의 생활 자립 지원

알츠하이머병은 특히 고령자에게 많이 발생하는 認知的 질환 중 하나이다. 치매라고도 하는 기억 장애 중에서 약 60%가 알츠하이머병이라는 보고도 있다 [5.43]. 일본에서 알츠하이머병 환자들은 향후 20년 이내에 배로 증가할 것으로 예상되고 있다 [5.44]. 미국에서도 현재 환자수가 약 400만 명이던 것이 2050년까지 1400만 명으로 증가할 것으로 전망되고 있다.

알츠하이머병 환자들이 자신의 집에서 생활하고자 하는 경우에 중요한 과제는 간호할 사람이 없는 상황에서도 환자가 최소한으로 필요한 일상 행위들을 자율적으로 수행할 수 있도록 하는 것이다. 예를 들어 알츠하이머 환자가 자주 직면하는 문제는 식사시간을 잊어버리는 것이 있다. 불행하게도 이러한 일이 계속되면 환자는 탈수증상이나 영양실조에 빠져버리는 경우가 발생한다. 이러한 문제를 미연에 방지하기 위해서도 시스템은 사용자의 상태를 지속적으로 파악하여 필요한 행동들에 대한 지원을 능동적으로 수행할 필요가 있다. Intel Research사가 현재 진행하고 있는 프로젝트에는 알츠하이머 환자를 대상으로 능동적 시스템 지원을 목표로 하는 연구들이 진행되고 있다[5.43].

사람이 정기적으로 차를 끓여 마시도록 지원하는 어플리케이션으로는 포트(pot), 티컵(teacup) 등에 MOTE를 내장하고 지자기 데이터의 변화를 이용하여 그것들이 작동된 후 인지 아닌지를 판별함으로써 섭취 상황을 자동적으로 추정할 수 있는 것들이 있다. 일정 시간이 지난 후에도 사람이 차를 끓여 먹지 않았음을 알게 된 경우 시스템은 방에 설치된 텔레비전에 마실 차에 대한 광고를 보게 하는 등 사람이 차에 대한 흥미를 불러일으킬 수 있게 메시지를 보낸다. 그런 후 일정 시간이 지나서도 반응이 없다면 보다 직접적으로 텔레비전 화면상에 차를 마실 것을 권하는 메시지를 표시한다. 알츠하이머 환자는 차를 마시기 위해 이동하던 중에도 그 목적을 잊어버릴 수 있다. 주방의 캐비닛이나 서랍, 그 이외 다양한 물건들에 부착된 MOTE로부터의 데이터를 바탕으로 시스템은 환자의 행동을 추적하고 그 목적에 맞는 행동을 하지 못한다고 판단되면 주방내의 텔레비전 화면에 도와주는 메시지를 표시한다. 환자가 이것을 받아들인 경우 시스템은 환자의 행동을 감시하면서 티백(tea bag)이나 컵이 있는 위치, 온수를 컵에 붓는 방법, 설탕의 양 등에 대해서 환자가 실패하였다고 여겨지는 행위만을 화면상에 표시하고 이 부분들에 대하여 조심해서 할 수 있도록 한다.

또 다른 어플리케이션으로는 환자가 거실에서 취하고 있는 행동을 감시하여 이상 사태가 발생한 경우에는 간호인에게 통지하는 기능을 제공하고 있다. 알츠하이머 환자들은 배회하다가 길을 잃어버리거나 할 수 있기 때문에 한번 이러한 사태가 발생하면 간호인은 많은 고생을 하게 된다. 따라서 침대나 소파, 마루 등에 MOTE를 내장하여 "사용자가 외출하려고 한다.", "의자에서 떨어지려고 한다." 등과 같은 상태를 간호인에게 통지하여 위험을 미연에 방지할 수 있도록 설계되어 있다.

5.3.5 교육 지원

이제까지의 교육 행정에 있어서 "여유 있는 교육"이라는 표어나 초등학교의 수업에 반영시켜오고 있는 "종합적 학습" 등에서도 살펴볼 수 있듯이 앞으로 교육 시스템이 나가야 할 방향으로 학생들 개개인의 자질이나 관심을 중시하는 다양성 있는 커리큘럼이 필요하다. 하지만 여러 명의 학생을 한 사람의 교사가 지도하는 현재 교육 시스템의 연장선상에서 볼 때 이러한 시도들을 성공시킨다는 것은 매우 어려우며, 또한 교사에게는 지금까지의 지도 요령에 따른 커리큘럼을 작성하고 실시하던 것에서 개별적이고 적절한 지도를 수행하는 무거운 부담이 더해져서 부과되기 때문이다.

이러한 상황에 있어서도 센서 네트워크는 유효한 지원을 가능하게 해 줄 수 있다. 센서 네트워크에 의해 개별 학생들의 학습 진도, 학생들 간의 의사소통, 관심대상 등이 명확하게 되어 이러한 데이터를 바탕으로 한 구체적인 지도 방침을 얻어 낼 수 있게 된다.

• 유치원에서의 실험

UCLA에서는 유치원 아이들의 학습이나 의사소통을 추적하여 상태(status)를 보고하고 그와 함께 아동의 행위에 적응적으로 대응하는 학습 환경을 구축하는 것을 목적으로 하는 Smart Kindergarten이라 하는 프로젝트를 2001년부터 시작하고 있다 [5.45].

이 프로젝트에서는 아동들에게 iBadge [5.46](그림 5.33)이라 하는 무선 센서 노드를 착용시켜 개별적으로 데이터 수집을 수행한다. iBadge는 초음파와 전파를 혼용한 실내의 위치 측정 기구, 지자기 센서, 기울기 센서, 온도 센서, 습도 센서, 빛 센서, 기압 센서, 배터리 잔량계, 음성 입출력 등의 기능을

그림 5.33 iBadge의 시제품

가지고, 실내에 부착된 비디오카메라의 데이터와 더불어 Sylph라 불리는 미들웨어에서 통합적으로 처리를 행한다.

iBadge는 놀이 도구 등에도 부착해 각각의 아이들이 놀이 도구를 어떻게 다루고 얼마나 오랫동안 손에 쥐고 있는가를 명확하게 알 수 있다. 또한 아이들끼리 회화를 Sylph로 분석하여 어떻게 그룹이 형성되고 어떠한 관계성이 구축되고 있는가, 그룹 내에서는 어떠한 언어가 사용되어 어떻게 의사소통이 되고 있는지 등과 같은 것들을 알아 낼 수 있다. 실제로 iBadge를 이용하여 숫자가 표시되어 있는 블록(block)을 늘어놓고 숫자의 순서를 배우거나 어떠한 법칙들을 발견해 내는 방식들을 추적하여 아이들마다 학습 진도나 자질을 파악하는 시도가 진행되고 있다 [5.47].

5.3.6 비즈니스 지원

근래 몇 년 동안 무선 IC 태그의 실용화가 패키지 제조사, 운송업계, 소매업계를 중심으로 많은 화제가 되고 있다. 세계 최대 소매업자인 월마트사(Wal-Mart Stores Inc.)나 독일 최대 소매업자인 메트로사(Metro AG.)에서는 거래처에 대해 출하 팰릿(pallet)에 무선 IC 태그 장치를 의무적으로 부착하도록 하는 방침을 내세우고 있으며 우선 물류 관리(Supply Chain Management)로부터 본격적인 보급이 진행되어 나갈 것으로 전망되고 있다. 또한 소비자를 위한 서비스로서 농산물의 출하원 정보, 생산관리 정보 등의 추적성(traceability)정보를 제공하는 실험이 수행되고 있다 [5.48]. 원저자들이 수행하고 있는 연구에서는 액티브형 무선 IC 태그를 이용하여 검출한 소비자의 상점내의 위치와 과거의 구매 이력 등을 바탕으로 개별 소비자에 유용한 정보를 추정하고 상점내에 내비게이션 등을 제공하는 시스템 개발 등을 수행하고 있다 [5.49].

무선 IC 태그가 비즈니스계에 큰 영향을 주고 있는 요인 중 하나는 무선 통신에 의한 데이터 처리의 자동화이다. 그에 대한 실현으로 상품의 입출하 또는 점포 앞마당이나 뒤뜰(backyard)에 있는 상품 재고의 관리가 비약적으로 효율화할 수 있고 소매업자에게는 적은 비용으로 점포 운영이 가능하게 되기 때문이다. 센서 네트워크, 그 중에서도 무선 센서 네트워크가 앞으로 주목 받게 될 것으로 보는 것은 IC 태그가 관리하는 비교적 정적(static)인 정보를 대신해서 센서가 기록하는 다이내믹한 정보를 물류단계에서부터 관리하는 형태로 무선 IC 태그 비즈니스의 흐름 중에 중요한 위치를 차지하게 될 것이기 때문이다.

• 화물 관리 지원

야채, 육류, 어류 등의 신선하게 관리해야 하는 식품들이나 치즈, 햄 등의 가공식품, 그리고 와인 등은 운송관리나 재고관리 방법에 의해 품질이 크게 변화하는 상품들이다. 예를 들어 배로 와인을 운송하는 도중에 풍랑을 만나 오랫동안 요동치는 상황에 놓이거나, 컨테이너의 공조기가 고장 나서 고온/다습한 상황에 대처하지 못한다던지 하면 소비자나 소매업자가 요구하는 품질을 보장할 수 없는 사태가 발생하게 된다. 이러한 경우에 운송관리 또는 재고 관리의 과정에서 온도, 습도, 가속도 등을 기록하여 손상된 상품을 파악해 낼 수 있다면 소비자와 소매업자 사이의 신뢰가 깨지는 리스크를 줄이고 또한 소매업자들에게 있어서 손쉽지 않았던 품질 체크를 효율화하여 물류비용을 줄일 수 있게 된다. 실제로 운송관리에 무선 센서 네트워크 기술을 이용한 예로 항만 운영 회사인 PSA Cooperation, 허치슨 왐포아, 피앤오 포츠(P&O Ports)의 대기업 3사가 공동으로 개발한 시스템이 있다 [5.50].

이러한 시스템 개발의 또 다른 목적은 테러 대책이다. 방사선이나 화학 물질, 바이오 성분 등을 검출하는 센서 노드를 각 컨테이너에 내장시켜 미연에 위험한 적재물을 발견하는 시도를 하고 있다. 현재 운송 중에 허가 없이 컨테이너가 열린 경우를 검출해 낼 수 있도록 구현되어 있지만 앞으로는 위에서 기술한 센서 및 품질관리를 목적으로 하는 센서들을 내장시킴으로써 해상운송 뿐만 아니라 육상운송, 창고보관 등을 비롯하여 컨테이너 운송의 모든 경로 상에서 적재물 관리가 가능해 질 전망이다.

[참고문헌]

[5.1] 吉村淳也, 脇嶋政博, 浦野幸次, 和田英彦, 藤井靖之, 鬼村邦治「フィールドインフォメーションサーバ」横河技報, Vol.47, No.2, pp.57-62, 2003

[5.2] 田代亨, 市川商二郎「Fisによる環境計測とコンテンツ」横河技報, Vol.47, No.2, pp.63-66, 2003

[5.3] 山口高志「新しい洪水流量観測手法」WEATHAC Winter, pp.6-9, 2004

[5.4] 木村 他「電波流速計・流量観測システム」WEATHAC Winter, pp.10-12, 2004

[5.5] 金田安弘 「道路と気象の関わり－新時代へ向けてー」 WEATHAC Spring, pp.9-14, 2004

[5.6] 岡本 他「新しい路面凍結予測システムの開発」WEATHAC Spring, pp.15-17, 2004

[5.7] 岩城英朗, 岡田敬一, 白石理人, 柴慶治, 三田彰, 武田展雄「制震・免震構造物へのヘルスモニタリングシステムの適用」JCOSSAR2003論文集, pp.583-590, 2003

[5.8] K. Okada, M. Shiraishi, H. Iwaki, and K. Shiba, "Internet-based Structural Response Monitoring System", In Proceedings of the International Workshop on Advanced Sensors, Structural Health Monitoring, and Structures, 2003

[5.9] J. M. Kahn, etl al., "Next century challenges: mobile networking for Smart Dust", In Proceedings of the 5th Annual International Conference on Mobile Computing and Networking (MobiCom'99), pp. 271-278, 1999

[5.10] B. Warneke, et. al., "Smart Dust: Communicating with a Cubic-Millimeter Computer", Computer, Vol.34, No.1, pp.44-51, 2001

[5.11] B.A. Warneke and K.S.J. Pister, "An Ultra-Low Energy Microcontroller for Smart Dust Wireless Sensor Networks", In Proceedings of the International Solid-State Circuits Conference 2004 (ISCC2004), 2004

[5.12] Intel Research, "The Promise of Wireless Sensor Networks", Intel,

2004, http://www.intel.com/research/exploratory/wireless_promise.htm
[5.13] http://www.bluetooth.com/
[5.14] http://www.ieee802.org/15/pub/TG4.html
[5.15] http://www.zigbee.org/
[5.16] J. Gehrke and S. Madden, "Query Processing in Sensor Networks", IEEE Pervasive Computing, Vol.3, No.1, pp.46-55, 2004
[5.17] Hill, et al., "The Platforms Enabling Wireless Sensor Networks", Communications of the ACM, Vol.47, No.6, pp.41-46, 2004
[5.18] R. Szewczyk et al, "Habitat Monitoring with Sensor Networks," Communications of the ACM, Vol.47, No.6, pp.34-40, 2004
[5.19] R. Szewczyk, et. al., "An Analysis of a Large Scale Habitat Monitoring Application", Proceedings of the 2nd ACM Conferece on Embedded Networked Sensor Systems (Sensys'04), pp. 214--226, 2004
[5.20] A. Cerpa et al., "Habitat Monitoring: Application Driver for Wireless Communications Technology", In Proceedings of the ACM SIGCOMM Workshop on Data Communications in Latin America and the Caribbean, pp.20-41, 2001
[5.21] A. Mainwaring et al., "Wireless Sensor Networks for Habitat Monitoring", Proceedings of the 1st ACM International Workshop on Wireless Sensor Networks and Applications, pp.88-97, 2002
[5.22] R. Szewczyk, et al., "Lessons from a Sensor Network Expedition", Proceedings of the 1st European Workshop Wireless Sensor Networks and Applications, pp. 307-322, 2004
[5.23] J. Heiderman, et. al., "Matching Data Dissemination Algorithms to Application Requirements", Proceedings of the 1st International Conference on Embedded Networked Sensor Systems (SenSys'03), pp.219-229, 2003
[5.24] E. Osterweil and D. Estrin, "Tiny Diffusion in the Extensible Sensing System at the James Reserve", http://www.cens.ucla.edu/~eoster/tinydiff/, 2003

[5.25] W. Hong, et. al., "TASK: Tiny Application Sensor Kit", http://berkeley.intel-research.net/task/, 2004

[5.26] Center for Embedded Networked Sensing, "Annual Progress Report",http://deerhound.ats.ucla.edu:7777/pls/portal/docs/PAGE/CENS_MAIN/PUBLIC_HOME/ANNULAL_REPORT_COMPLET_04PUB.PDF, 2004

[5.27] http://www.xbow.com/

[5.28] http://www.t-engine.org/japanese.html

[5.29] 総務省近畿総合通信局「センサネットタウンに関する調査検討会報告書」2005

[5.30] http://www.census.gov/ipc/world.html

[5.31] Committee on Networked Systems of Embedded Computers (CNSEC), National Research Council, "Embedded Everywhere : A Research Agenda for Networked Systems of Embedded Computers", National Academy Press, 2001

[5.32] Board on Agriculture and Natural Resources (BANR), National Research Council, "Precision Agriculture in the 21st Century: Geospatial and Information Technologies in Crop Management", National Academy Press, 1998

[5.33] J. Burrell, et. al., "Vineyard Computing: Sensor Networks in Agricultural Production", Pervasive Computing, Vol.3, No.1, pp.38-45, 2004

[5.34] http://www.aiga.org/resources/content/9/7/8/documents/brooke.pdf

[5.35] W.C. Mann, "The Aging Population and Its Needs", Pervasive Computing, Vol.3, No.2, pp.12-14, 2004

[5.36] A. Pentland, "Healthwear: Medical Technology Becomes Wearable", Computer, Vol.37, No.5, pp.42-49, 2004

[5.37] R. DeVaul, et.al., "MIThril 2003: Applications and. Architecture", In Proceedings of the 7th International Symposium on Wearable Computers (ISWC'03), pp.4-11, 2003

[5.38] K. Lorincz et al, "Sensor Network for Emergency Response:

Challenges and Opportunities", IEEE Pervasive Computing magazine, pp.16–23, 2004

[5.39] http://Panasonic.co.jp/healthcare/products/health/he_0003.html

[5.40] P. Tang and T. Venables, "Smart homes and telecare for independent living", Journal of Telemedicine and Telecare, Vol.6, No.1, pp.8–14, 2000

[5.41] A. Sixsmith, N. Johnson, "A Smart Sensor to Detect the Falls of the Elderly", Pervasive Computing, Vol.3, No.2, pp.42–47, 2004

[5.42] U. Varshney, "Pervasive Healthcare", Computer, Vol.36, No.12, pp.138–140, 2003

[5.43] E. Dishman, "Inventing Wellness Systems for Aging in Place", Computer, Vol.37, No.5, pp.34–41, 2004

[5.44] http://www.mhlw.go.jp/topics/kaigo/kentou/15kourei/3c.html

[5.45] M. Srivastava, et al., "Smart Kindergarten: Sensor-based Wireless Networks for Smart Developmental Problem-solving Environments", In Proceedings of the 7th Annual International Conference on Mobile Computing and Networking (Mobicom'010, pp.132–138, 2001

[5.46] S. Park, et al., "Design of a Wearable Sensor Badge for Smart Kindergarten", In Proceedings of the 6th International Symposium on Wearable Computers(ISWC'02), pp.231–238, 2002

[5.47] P. Steurer and M.B. Srivastava, "System design of Smart Table", In Proceedings of IEEE International Conference on Pervasive Computing and Communications (PerCom'03), pp.473- 480, 2003

[5.48] http://www.t-engine.org/news/pdf/TEP040623e.pdf

[5.49] http://www.hakuhodo.co.jp/news/pdf/20040629.pdf (in Japanese)

[5.50] R. Want, "RFID: A Key to Automating Everything", Scientific American, Vol.290, No.1, pp.56–65, 2004

06

국내에서 무선 센서 네트워크의 연구 및 적용

Sensor Network Technology

센서 네트워크의 궁극적인 목적은 모든 사물에 컴퓨팅 능력 및 무선통신 능력을 부여하여 '언제', '어디서나' 사물들 끼리 통신할 수 있는 유비쿼터스 컴퓨팅 환경을 구현하는 것이다.

센서 네트워크는 유비쿼터스 환경을 구성하는 초소형, 저가격, 초저전력 센서소자의 무선통신 네트워크 기술을 말한다. 기본적으로 센서 필드안에 있는 센서노드는 감지된 정보를 베이스 스테이션(기지국)으로 전달하고, 베이스 스테이션은 인터넷과 같은 기존의 네트워크를 통해 사용자에게 해당 정보를 제공하게 된다.

센서 네트워크 응용을 위한 하드웨어인 센서노드는 아직까지 표준화되지 않고 있다. 현재까지는 미 국방성의 DARPA 프로젝트의 스폰서를 받아 개발된 미국 버클리대학교의 MOTE 시리즈가 미국정부와 관련대학, 그리고 기업의 노력으로 미국에서 가장 널리 사용되는 하드웨어 플랫폼으로 자리 잡았다. 이러한 배경에는 Mote 플랫폼이 하드웨어뿐만 아니라 TinyOS라는 초소형 운영체제와 TinyDB, NecC, 시뮬레이터 등의 개발환경과 함께 공개 하드웨어 및 소프트웨어로 제공되기 때문이다. 이러한 Mote 시리즈는 1999년에 처음으로 'WeC'라는 플랫폼을 개발한 이후 매년 Rene, dot, Mica, Mica2, MicaZ과 같은 센서노드 하드웨어를 개발하면서 공개되고 있다. 이들 하드웨어 플랫폼은 버클리대학교 졸업생이 만든 벤처회사인 미국의 Crossbow라는 회사가 시장에 공급하면서 상업화되었다. 그 외에도 TinyOS를 지원하는 호환 하드웨어 플랫폼으로 인텔이 iMote를, ETH는 btNode를, Moteiv는 Telos를 개발했다.

국내에서는 2004년과 2005년을 전후하여 (주)맥스포, (주)옥타컴, (주)한백전자, (주)휴인스, 하이버스(주)에서 경쟁적으로 교육용 또는 개발용 센서노드를 출시하여 본격적으로 상업용 센서노드 및 솔류션을 출시하였다. 특히 (주)옥타콤은 2005년 한국전자통신연구원 임베디드 소프트웨어연구단에서 개발한 초소형 OS인 '나노 큐플러스'를 탑재한 센서노드를 출시하기도 하였다. 이러한 4~5개 사의 상업화 경쟁은 다른 나라에서는 찾아볼 수 없는 무선 센서 네트워크에 대한 개발 열기와 관련이 있기도 하였다. TinyOS Alliance Working Group의 자료에 따르면 2005년 현재 TinyOS의 다운로드 비율이 미국이 전체의 37.3%를 차지하고 있고 그 뒤를 한국인 11.2%, 중국 5.7%, 독일 5.4% 순으로 우리나라가 얼마나 무선 센서 네트워크 분야의 연구개발에 관심이 많은지를 상징적으로 나타내고 있음을 알 수 있다 [6.1].

본장에서는 국내에서의 무선 센서 네트워크의 응용연구, 실증연구, 실용화 연구 등의 연구 및 실용화 동향을 살펴보고 이러한 개발현황과 세계적인 연구 경향과의 비교를 통해 우리나라의 장래를 예견해보고자 한다.

6.1 유비쿼터스 도시

6.1.1 유비쿼터스 도시의 정의

정보통신부는 전국적으로 진행될 u-City(유비쿼터스 도시) 건설이 RFID/USN의 본격 확산을 위한 계기가 될 것으로 보고, 도시 설계 단계부터 첨단 정보통신 인프라를 구축하여 종합적인 IT서비스를 제공하는 미래형 신도시 "u-City"를 구현하기 위한 민·관의 공동 노력을 본격화할 예정이다. 이를 위해 2005년 5월, 한국 u-City 포럼'을 출범하였으며 2006년 8월에는 사단법인 한국 u-City 협회로 발전하게 되었다 [6.2].

한국 u-City 협회는 u-City 구현에 필요한 인프라를 조성하기 위하여 정부 및 민간의 전문가들이 모여 전략을 도출하는 일종의 싱크탱크 역할을 하고 있다. 즉, u-City를 구현하기 위해서는 각 도시에 맞는 모델과 u-City를 구현하기 위해 필요한 기반기술, 도시별 서비스 모델 및 법·제도적인 뒷받침이 필요하다. 한국 u-City 협회는 이와 같은 작업을 민·관 공동으로 시작하자는 의미를 담고 있다. 무엇보다 이는 협회에서는 현재 지자체 단위에서 추진하고 있는 각종 u-City의 구현 움직임을 바탕으로 표준모델을 만들어, 향후 지자체들이 자기 지역 현황에 맞는 표준모델을 기반으로 도시를 설계할 수 있도록 일종의 가이드라인을 제시할 계획이다. 현재 지자체별로 u-City 추진 계획이 경쟁적으로 나오고 있으며, 도시 설계 초기부터 IT인프라를 적용하는 방안을 함께 제시하고 공공 및 상용 서비스가 체계적으로 제공될 수 있도록 표준모델을 제시할 필요가 있기 때문이다.

u-City 협회 홈페이지에서는 u-City의 정의로 "유비쿼터스 정보기술과 도시건설을 융합하여 주민에게 편리하고 안전한 서비스를 제공하는 지능형 도시"라고 하였다. 이를 위해 민, 관, 학, 연이 협동하여 서비스 모델, 인프라, 기술 등의 표준화를 꾸준히 추진하고, 당시의 건설교통부, 정보통신부와 함께 'u-City 건설지원법' 추진을 통해 국내 u-City를 발전시키기 위해 노력하는 것을 목표로 하고 있다.

한편 한국전산원(현, 정보사회진흥원)에서 2005년 12월에 펴낸 '유비쿼터스 사회, 새로운 희망과 도전'이라는 책에서는 u-City를 '첨단 정보통신 인프라와 정보 서비스가 도구가 아닌 환경으로서 공간에 융합된 지능형 미래도시'라고 비슷하게 정의하고 있다 [6.3]. 즉, u-City는 언제, 어디서나 통신이 가능한 유비쿼터스 기술과 도로, 건물, 시설물 등 도시 인프라가 상호 융합된 지능형 인프라로 구성되며, 기술적으로는 유비쿼터스 네트워크, RFID, 상황인지, 자율대처 등 u-IT 기술을 활용하여 노동, 교육, 교통, 환경 등 다양한 도시 서비스가 지능화된 형태로 시민들에게 제공되는 도시라 정의될 수 있다(그림 6.1).

해외에서 u-City의 사례로는 말레이시아의 MSC(Multimedia Super Corridor)가 자주 그 예로 사용되는데, 말레이시아 정부는 17억 달러를 투입하여 IT 거점도시인 Cybercity를 건설하고 오는 2020년까지 선진국 진입을 시도하는 'Vision 2020' 프로젝트를 진행 중이다. 또한 미국, 일본, 싱가폴의 RF테그를 이용한 논스톱 차량자동요금징수시스템 등의 부분적인 적용을 예로 들기도 하고, 스웨덴의 시스타 사이언스시티나 핀란드 오울루시의 오울루 테크노폴리스 등을 예로 들기도 하지만 엄밀한 의미에서 도시전역을 통합하는 개념의 u-City라기 보다는 특정 USN 또는 RFID기술을 적용한 국지적인 선진 IT기술의 도입에 불과하다.

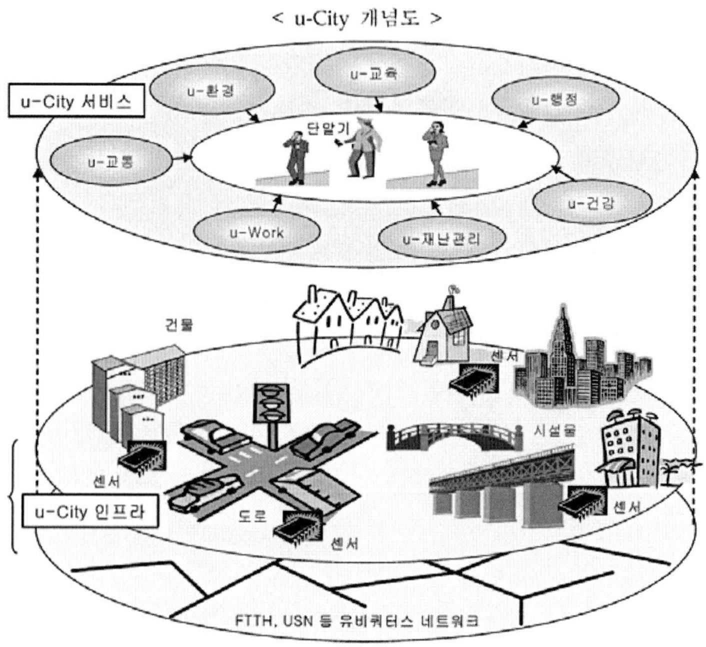

그림 6.1 u-City 개념도 [6.4]

실제 구글 검색사이트에서 u-City라는 단어로 검색하면 대부분의 참조사이트들이 한국 또는 한국과 관련된 자료임을 알 수 있다. 그만큼 도시 전체의 통합서비스 개념에서 '유비쿼터스 컴퓨팅'기술과 네트워크기술이 접목되는 개념은 한국에서 가장 먼저 그 개념이 도입되어 있다고 보아도 무방할 것 같다.

6.1.2 u-City 추진현황

한국정보사회진흥원에서 2008년 1월과 2월 사이에 조사한 바에 따르면 서울특별시와 전국의 광역시 6곳 전체에서 u-City를 추진하고 있으며, 강원, 경북, 충북, 충남 등 4곳의 광역지자체와 제주, 파주, 화성, 강릉, 경산 등 27곳의 기초자치단체에서는 이미 u-City 서비스를 추진하고 있으며 여타의 광역시 및 기초자치단체에서도 곧 추진예정이라고 답하고 있다 [6.4].

유형별로 표 6.1과 같이 크게 2가지로 분류가 가능한데 즉, 도시생활 서비스의 지능화를 목적으로 한 u-City와 도시 특화산업 육성을 병행한 u-City로 구분이 가능하다.

표 6.1 유형별 국내 u-City 추진현황 [6.4]

유형	u-City	특화 산업	주요 u-City 서비스
도시 생활	u-강남(2004-2007)	-	자녀안심, 장애인도우미, u-민원행정
	u-동탄 신도시 (2003-2007)	-	u-home, u-교통, 원격검침, 지능형빌딩
	u-수원(2004-2007)	-	u-행정, u-관광, u-안전관리
	u-흥덕(2004-2007)	-	u-시설물관리, u-교통, 원격검침, u-생활안전
특화 산업 육성 중심	u-제주(2004-2007)	관광산업	u-교통, u-관광
	u-송도신도시 (2004-2008)	IT · BT · NT 산업 클러스터	u-교통, u-home, u-환경, u-재해방지, u-의료
	u-부산(2004-2010)	해양조선, 국제자유도시	u-port, u-교통, u-convention
	u-전주(2005-2008)	영상산업, 기술 클러스터	u-문화, u-의료
	u-광주(2005-2010)	문화산업	u-문화, u-home
	상암(DMC) (2003-2007)	모바일 비즈니스 테스트버드	u-교통, u-환경, u-쇼핑, 유지관리/보수
	u-광교(2003-2010)	BT, NT R&D 클러스터	u-시설물관리, u-home, u-환경, u-교통

이 중에서 수도권을 중심으로 하는 신도시에 건설되고 있는 u-City 계획은 좀 더 그 계획이 구체적이고 그 실천이 용이 한 점이 있다. 삼성경제연구소의 보고서에 따르면 2006년 현재 7개의 신도시가 u-City 조성을 수행하고 있다 [6.5, 6.6, 6.7].

표 6.2 u-City 조성계획이 수립된 신도시현황 (단위: 만명, 만평)

구분	개발기간	수용인구	면적
행정중심복합도시	2005~2030	50	2,212
화성 동탄신도시	2001~2007	12.1	273.4
성남 판교신도시	2003~2009	8	281.5
파주 운정신도시	2003~2009	12.5	284.6
수원 광교신도시	2005~2010	6	341.2
용인 흥덕신도시	2004~2008	2.9	65
인천 송도신도시	2004~2013	18	535

자료 : 건설교통부, 한국토지공사, 대한주택공사, 경기지방공사, 인천경제자유구역청 홈페이지

한편 건설교통부와 정보통신부도 2006년 2월 u-City 건설 양해각서를 체결하고 법 · 제도 정비와 표준화된 u-City 모델개발 등을 본격적으로 추진하고 있다. 또한 신도시개발의 사업시행자는 한국토지공사, 대한주택공사 등이어서 신도시를 개발하면서 남는 막대한 재정적 이익을 u-City를 위한 인프라 구축에 사용할 수 있어서 기존도시의 u-City화 보다 진척이 훨씬 빠른 것으로 나타나고 있다.

유비쿼터스 센서 네트워크는 유비쿼터스 컴퓨팅의 핵심기술이지만 구조물의 제난방지 등 일부분야를 제외하고는 u-City에는 아직 RFID 중심의 인식기능 위주로 적용이 계획되고 있다. 향후 기술발달에 따라 USN을 도입하게 되면 각종 도시시설관리, 물류 등의 서비스 자동화를 통한 비용절감 및 업무효율을 기대할 수 있을 것이다.

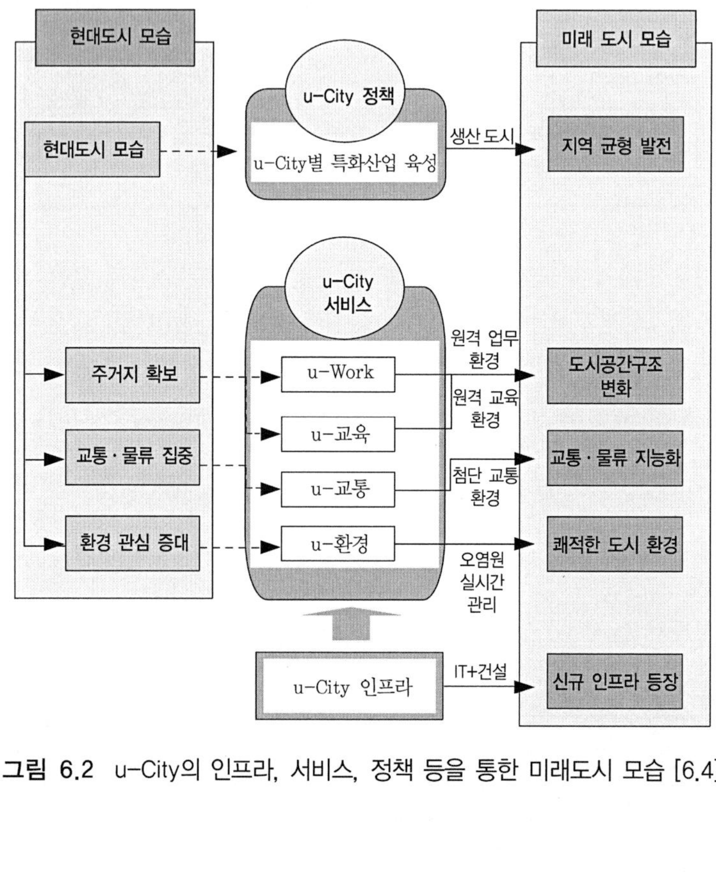

그림 6.2 u-City의 인프라, 서비스, 정책 등을 통한 미래도시 모습 [6.4]

6.1.3 u-City 주요 내용

'u-City는 첨단 정보통신망을 도시의 기본 인프라로 채택하고 이를 바탕으로 다양한 유비쿼터스 서비스를 제공하는 도시'로서 유・무선인터넷은 물론 공공부문의 도시관리 및 정보서비스, 민간부문의 u-홈네트워크, u-헬스, u-교육, u-work 등의 다양한 부가서비스를 그 대상으로 포함하고 있다.

6.2 USN 활용서비스

국내의 USN 분야는 국책연구소, 학교, 기업 등을 중심으로 무선통신소자, 전지, 운영체제, 미들웨어 등 USN 핵심기술에 대한 기반연구가 진행 중이며, 응용서비스는 도입 초기 단계에 머무르고 있다. 구체적인 응용서비스 사례로는 2005년 및 2006년 추진된 정보통신부 현장시험 수준이다 [6.6, 6.8, 6.9].

표 6.3 2005년 USN 현장시험

사업명	관련기관	세부내용
USN 기반의 제주 연안 해양환경 정보수집 시스템	시스네트, 제주지식정보진흥원	제주연안의 해양환경 정보를 실시간으로 수집・가공・분석하기 위해 용존산소량, 온도, pH 센서를 설치하여 가상변화에 따른 해양 생태환경 변화 모니터링
USN 기반의 콘크리트 구조물 양생 이력관리 시스템	KMI, 건설기술연구원	콘트리트 양생과정 및 구조물의 변형정도를 모니터링하기 위해 온도(콘크리트 거푸집내 설치), 습도, 병형율 센서를 설치하고 콘크리크 양생환경 정보수집 및 양생환경 제어
USN 기반의 농작물 재배환경 관리 시스템	동부정보기술, 동부한농육종연구소	최적의 농작물 재배환경 관리를 위해 온도, 습도, 조도 센서를 이용하여 농작물 생장에 필요한 데이터 수집 및 재배환경 제어
USN 기반의 혈액 및 항암제 관리 시스템	연세대학교 산학협력단	혈액팩의 온도 및 항암제 보관실의 습도 모니터링을 위해 온도센서 부착 RFID 및 습도센서를 이용하여 혈액・항암제 보관상태 실시간 모니터링

표 6.4 2006년 현장시험

사업명	관련기관	세부내용
USN 기반의 식수원관리를 위한 수질 모니터링 시스템	현대정보기술, 인제군청	식수원 수질관리를 위해 암모늄, 용존산소량, 온도센서 등을 이용하여 실시간 하천오염 발생 여부를 모니터링
USN 기반의 도시 기반시설 관제시스템	KT, 인천경제자유구역청	도로노면관리, 상·하수도 누수관리를 위해 도로노면의 온·습도, 압력, 수질센서를 이용하여, 결빙, 우천 등으로 인한 교통사고 예방 및 상·하수도 누수 실시간 모니터링
USN 기반의 기상/해양 관측시스템	KT미래기술연구소, 기상청, 해양조사원	제주도 성산지역의 기온, 기압, 습도, 풍향, 강우량 등 실시간 기상정보 수집을 위해 다양한 기상센서 및 센서 노드를 이용하여 기상정보 모니터링
USN 기반의 교량 안전 모니터링 시스템	KMI, 부산시	노후화된 교량의 위험관리를 위해 가속도(진동), 변형율, 풍향·풍속, 거리측정 센서 등을 이용하여 교량 안전정보를 실시간 모니터링
USN 기반의 문화재 관리시스템	에스원, 불국사	산불예방과 문화재 주변환경정보 모니터링을 위해 불꽃감지(산불모니터링), 온·습도 센서를 이용하여 실시간 산불발생 여부 감시 및 문화재 환경정보 모니터링

6.3 USN 기반의 교량 모니터링 시스템

6.3절부터 6.6절 사이의 내용은 정보사회진흥원의 '2006년도 USN 현장시험 결과보고서'(NIA Ⅲ-PER-07002)의 내용에서 발취한 내용이다 [6.9].

교량시설물의 안전한 사용과 품질향상을 위해 교량의 유지관리를 위한 모니터링 시스템에 관한 현장연구 및 테스트가 2006년 5월부터 2007년 2월 까지 부산광역시 소재의 구포대교에서 이루어졌다. 구포대교는 상행선과 하행선이 같은 높이로 평행하게 붙어있는 형태의 구조를 가지고 있으며 낙동강 건너인 부산과 김해를 연결하는 대교이다. 이 프로젝트는 (주)케이엠아이 주관기관이었으며, 부산광역시 방재과 등이 참여기관으로 참여하였다.

교량의 유지관리 모니터링시스템은 교량의 손상을 초기에 파악하여, 교량의 안정성과 사용성을 확보하고 유지관리비용을 최적화하는데 그 주요 목적이 있다. 교량에서 측정된 주요자료들은 초기 설계 및 계측자료들과 비교하여 교량의 현 상태를 파악하여 필요시 잔존수명을 예측하고, 보수의 시기를 판단하는데 이용되며, 아울러 교량의 거동에 이상이 발견되면 경보를 발하여 교량의 이상을 유지관리하기 위한 감시수단으로서 필요하다. 또한 계측시스템에서 확보된 자료를 바탕으로 구조시방 보완 및 설계 기준에 대한 정보를 제공하게 된다.

현장 테스트에 사용된 센서로는 진동센서 8개, 변형률센서 8개, 온습도센서 10개, 거리측정센서 1개, 풍향풍속센서 1개 등 총 28개 센서가 사용되었고 센서데이터의 무선전송을 위해 지그비기반의 28개 센서노드가 사용되었다. 가속도센서는 교량외부에 설치되어 교량 상판의 수평방향과 수직방향의 진동을 측정하며, 변형률센서도 교량외부에 설치되어 교량상판의 변형 정도를 측정하고, 온도센서는 교량외부의 대기온도를 측정한다. 거리측정센서는 교량의 상행선 상판과 하행선 상판사이의 간격을 측정하며 풍향풍속계는 교량외부의 상행선도로와 하행선도로 사이에 설치되어 각 중심부분의 풍향풍속을 측정한다.

또한 외부 서버로의 데이터 전달을 위해 2개의 CDMA 싱크노드가 설치되어 있다.

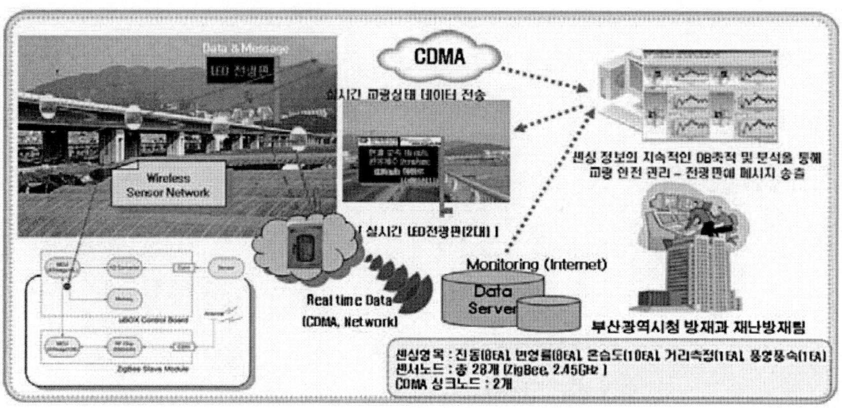

그림 6.3 USN 기반 교량 모니터링 시스템 개념도.

각각의 센서유닛은 각 위치에서 측정하여 취득한 데이터를 일정시간 간격으로 주제어장치로 전송한다. 주제어장치는 전송된 데이터를 취합하여 데이터 서버로 전송하게 된다. 데이터 서버에서는 애플리케이션 소프트웨어에 의해 적당히 데이터를 가공하여 PC, PDA 폰으로 데이터서버에 접속하여 현장의 데이터를 확인하며 이를 분석하여 교량의 진행성 거동을 파악하였다.

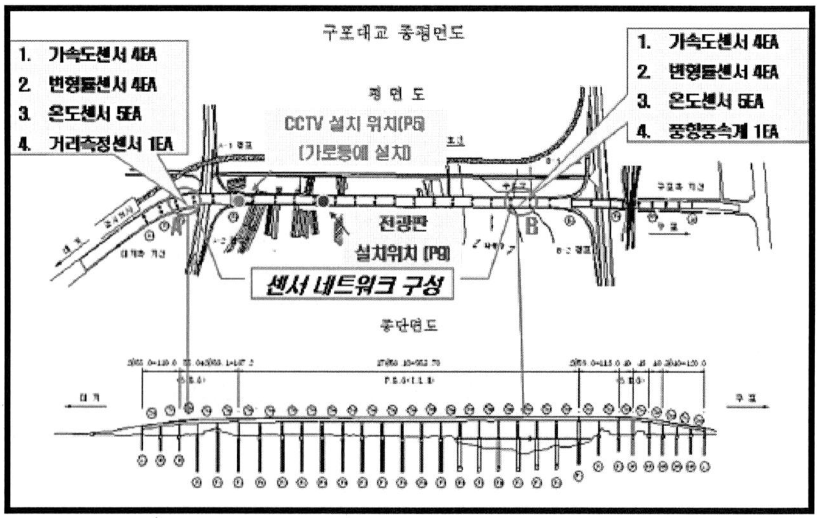

그림 6.4 구포대교 전체 평면도에서 각종 센서 및 센서노드의 설치위치도

그림 6.5 센서노드의 설치

6.4 USN 기반의 식수원 관리시스템

2006년 1월에 수도권 식수원인 강원도 인제군 인북천 40km에 걸쳐 1급수 어종 수천마리가 집단 폐사하는 사건발생으로 청정지역의 수질오염에 대한 실시간 오염여부 감지 및 관리의 필요성이 높아졌다. 이러한 요구사항을 반영하여 현대정보기술(주) 주관으로 2006년 6월부터 12월 사이에 수도권 상수원인 소양강 상류인 강원도 인제군 인북천 일대의 식수원의 수질오염 모니터링 시스템을 구축하여 테스트하였다.

수질 모니터링 시스템은 실시간으로 수질 오염여부의 식별이 가능하고, 관리업무의 효율성과 생산성을 높여 수역의 지역민이나 수도권의 시민들이 안심하고 마실 수 있는 식수원 보장에 그 목적이 있다.

식수원의 수온, 암모늄이온농도, 용존산소량, pH 및 전도도 등의 수질오염 정보를 실시간으로 수집하여 지속적으로 관리하는 u-센서 네트워크 시스템을 설치하였다.

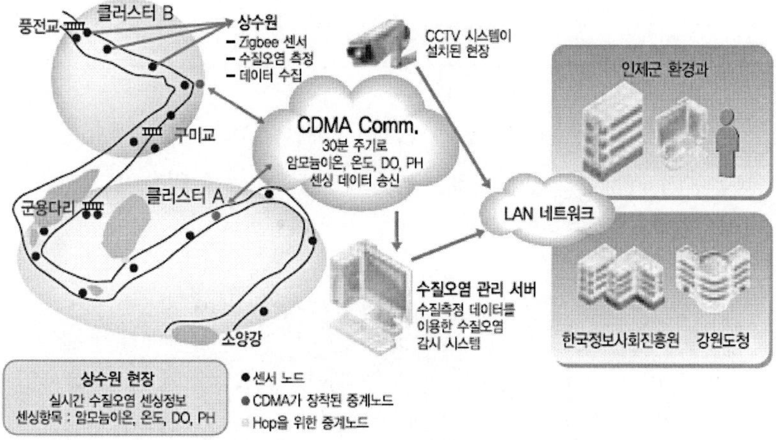

그림 6.6 USN 기반 식수원 관리를 위한 수질 모니터링 시스템 개념도

표 6.5 시스템에 사용된 센서, 무선센서노드 및 배터리 형태

(단위: 만명, 만평)

서비스명	주파수	센서	센서노드	배터리	기타
종합수질 모니터링	2.405+5(k-11)MHz	암모늄, DO, PH, 전도도, 온도, 탁도 3식	설칙구조물 센서노드 3식	태양전지 3식 풍력발전기 3식	
DO 모니터링	2.405+5(k-11)MHz	DO 센서 2식	설치구조물 센서노드 2식	태양전지 2식	
PH 모니터링	2.405+5(k-11)MHz	PH 센서 2식	설치구조물 센서노드 2식	태양전지 2식	
전도도 모니터링	2.405+5(k-11)MHz	전도도 센서 2식	설치구조물 센서노드 2식	태양전지 2식	
CDMA Node	2.405+5(k-11)MHz CDMA	-	-	상전	
중계 Node	2.405+5(k-11)MHz	-	-	태양전지 8식	
계		센서 9식,	설치구조물 5식 센서노드 9식	·	CCTV 1식, CDMA노드 2식. 중계노드6식
관제시스템	·	·	·		서버 1식

사용된 센서는 종합수질센서 3개(암모늄, DO, pH, 전도도, 온도, 탁도), DO 센서 2개, pH 센서 2개, 전도도센서 2개 등이었으며 지그비 무선센서모듈을 사용하였다.

그림 6.7 센서노드(a, b) 및 중계노드(c) 설치

2.4GHz 대역의 지그비 통신모듈과 수질센서를 이용하여 소양강 상류의 교량 3곳(구미교, 풍전교, 양지교)과 근처 뚝방에 센서를 설치하고 이를 근거리

무선통신과 CDMA통신을 이용하여 원격지의 데이터서버에 저장하고, 웹기반의 애플리케이션 소프트웨어를 이용하여 실시간으로 확인할 수 있게 하였다.

인북천에 설치된 센서노드간의 최대거리는 200m 이내로 하였는데 실험에서 지그비 통신모듈의 최대 인식거리가 200m 로 나타났었다. 거리가 멀어 생기는 통신불능에 대한 데이터는 중계노드를 이용해 수집노드인 CDMA 노드로 데이터를 전달할 수 있도록 하였다.

6.5 USN 기반의 문화재 관리시스템

유네스코가 지정한 세계 문화유산의 하나인 불국사 및 불국사 소장 국보급 문화재 관리에 필요한 정보를 USN기반의 센서 네트워크로 수집하여 화재예방 및 문화재 손상(부식, 균열)을 예방하고자 실시간으로 문화재를 관리하는 시스템을 구축하여 테스트하였다.

이 사업은 (주)에스원 주관으로 2006년 9월부터 2007년 3월까지 진행되었다.

그림 6.8 USN 기반의 문화재 관리시스템 개념도

불국사 주위에는 화재 감지를 위해 온도, 습도, 기압, 불꽃 감지센서, CO 센서로 구성되는 무선센서노드 24개, 베이스 스테이션 2개, 랩탑 컴퓨터 2대로서 900MHz 센서 네트워크를 구성하였다. 이때 각 센서노드사이의 간격은 25~30m로 불국사 경외를 둘러싸는 형태로 배치하였다.

경내 대웅전 안쪽에 온도 · 습도 · 조도 · 기압센서를 가진 2개의 무선센서노드를 설치하였으며 다양한 환경요소를 측정하고, 측정한 데이터를 베이스 스테이션을 통해 서버로 전송하도록 하였다. 경내에서는 2.4GHz 지그비 무선 네트워크가 가능하도록 하였다.

센서 네트워크에서 올라오는 모든 데이터는 베이스 스테이션의 CDMA 모듈을 거쳐서 원격 서버로 전송하게 되어있다. 센서 네트워크는 경내 1개의 네트워크와 경외 2개의 네트워크 등 모두 3개의 네트워크 클러스터로 구성되어 있으며 각각의 베이스 스테이션을 통해서 원격지에 있는 서버에 데이터를 전달한다.

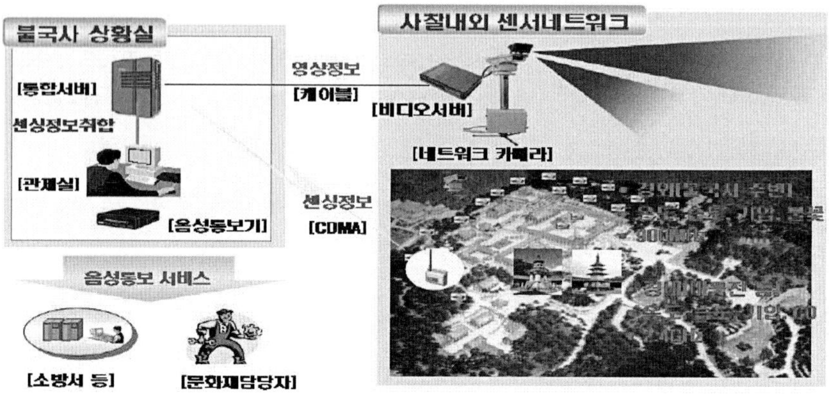

그림 6.9 문화재 관리시스템 구성도

그림 6.10 센서모니터링 화면(a) 및 센서 & 카메라 설정 및 테스트 화면(b)

6.6 USN 기반의 도시기반시설 관제시스템

도시기반시설인 도로, 전기, 전화, 주택, 상하수도 등은 도시민의 안락하고 편리한 생활을 위해 적절한 관리가 요구된다. 기존의 도시기반시설 관제시스템은 유선방식의 센서를 이용함으로써 관리범위가 국한적이며 설치비용이 많이 들고 추가 확장에 어려움이 있었다.

또한 시설에 따라 개별 시스템을 도입, 관리함으로써 중복투자, 비효율, 재난·재해에 따른 신속하고 일원화된 대응, 대처 능력부족의 문제점을 갖고 있었다.

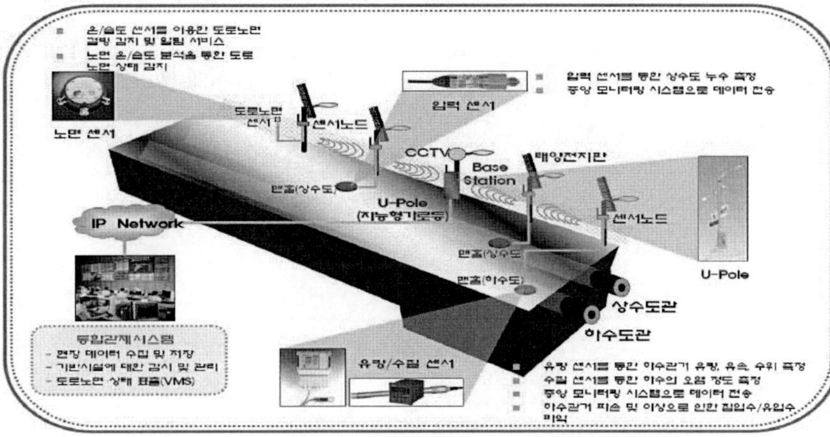

그림 6.11 USN을 이용한 도시기반시설 관제시스템 개념도

이러한 기존 시스템의 문제점을 보완하기 위해 유비쿼터스 센서 네트워크 기술을 활용하여, 실시간 관리가 가능하고 비용절감 및 추가확장이 용이한 도시기반시설 관제시스템을 구축하였다.

이 사업은 2006년 6월부터 12월까지 (주)KT 인프라연구소가 주관으로 수행되었으며 인천경제자유구역(IFEZA) 송도지구내 해양경찰청과 송도2교 구간에서 설치되었다.

사용된 센서를 표 6.7에 요약하였다.

표 6.6 주요 제공 서비스

구분	세부관리 대상	주요 관리기능
지하 매설물	상하수도 관리	하수도관에 유량·유속센서를 설치하여, 유속변화 측정을 통해 침입수, 유입수의 여부를 파악하는 하수도 관리 및 알람 서비스
		하수도관에 수질센서를 설치하여, 수질 변화 측정을 통해 하수의 오염정도를 파악하는 하수도 관리 및 알람 서비스
		상수도관에 압력센서를 설치하여, 압력변화 측정을 통해 누수여부를 파악하는 상수도 관리 및 알람 서비스
도로	도로 노면관리	도로에 도로노면 센서를 설치하여, 도로 노면정보를 수집하여 VMS를 통해 운전자에게 실시간 제공
방범	도로, 주변시설물, 현장상황	지능형 가로등(u-pole)에 설치된 CCTV를 이용한 현장상황 모니터링, 스피커를 통한 음성방송, 비상벨을 통한 보행자와 영상/음성 통화

표 6.7 사용된 센서

항 목	설치대수
압력센서	3
유량센서	1
수질센서	1
온·습도센서	2
도로노면센서	2
베이스 스테이션	2
센서노드	9
태양전지판	8
서버	1
u-pole, CCTV	2
가변정보표지판	1

압력/유량/수질센서를 설치하여 상수도 누수 및 하수관거 침입수/유입수를 모니터링하고, 도로에 도로노면센서를 설치하여 도로기상환경 및 도로노면상태를 모니터링한다.

ZigBee 센서노드 ZigBee 릴레이노드 U-Pole

그림 6.12 지그비 데이터 전송 센서노드 설치도

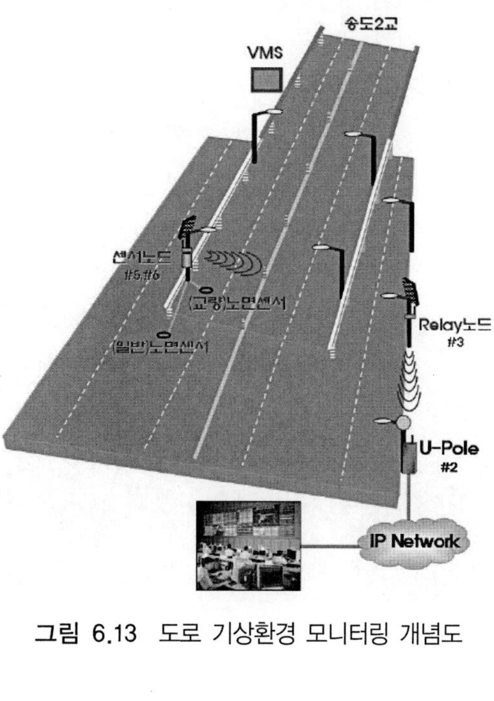

그림 6.13 도로 기상환경 모니터링 개념도

압력센서는 상수도관의 압력을 유량/수질센서로 하수관거의 수위, 유속, 유량, pH수질 데이터를 측정한다. 측정 데이터는 가로등주에 설치된 센서노드를 통해 u-pole(지능형 가로등) 내의 베이스 스테이션으로 전송되고 이를 IP 네트워크 장비를 사용하여 관제시스템에 전달, 저장된다.

관제시스템은 실시간으로 도로노면상태를 웹에 표출하여 이상 발생시 VMS(가변정보 표지판)를 통하여 운전자의 안전운행을 유도한다.

사용된 지그비 통신모듈은 방해물이 없는 공간에서 약 900m의 유효거리를 가지는 모듈을 사용하였으며, 본 현장시험의 경우에는 센서노드와 u-pole 사이에 방해물이 없으면 200m이내에서 바로 통신이 되도록 하였으며, 장애물이 있을 경우에는 25m 마다 놓여있는 가로등주에 다른 센서노드를 설치하여 여러 노드를 거쳐 u-pole에 전송되도록 하였다.

본 시설은 도시기반시설에 대하여 다음과 같은 서비스를 제공한다.

첫째, 관제센터는 시설 데이터를 분석하고 이상 발생으로 판단될 시, 그 사실을 시설관리자에게 전화 또는 휴대폰 문자메시지를 이용하여 알린다.

둘째, 웹을 통하여 CCTV 영상을 제공한다. u-pole 주변에서 상황발생시(교통사고, 교통정체, 보행자 위급상황, 주변시설물 이상발생 등), 관제센터의 관리자 뿐만아니라 각 상황에 따른 관리자가 웹에 접속, CCTV로 영상을 확인하고 보다 정확한 판단을 함으로써 적절한 조치를 취할 수 있게 한다.

셋째, VMS를 통해 운전자에게 도로환경정보를 제공한다. VMS는 평상시에는 온도 및 습도 정보를 보여주고, 만약 결빙과 같은 위험이 판단되면 바로 "노면 결빙주의" 정보를 운전자에게 제공한다. 관제센터에서 수행하던 작업을 u-pole이 자체판단, VMS에 도로 노면정보를 표시한다.

그림 6.14 u-pole의 VMS 사진

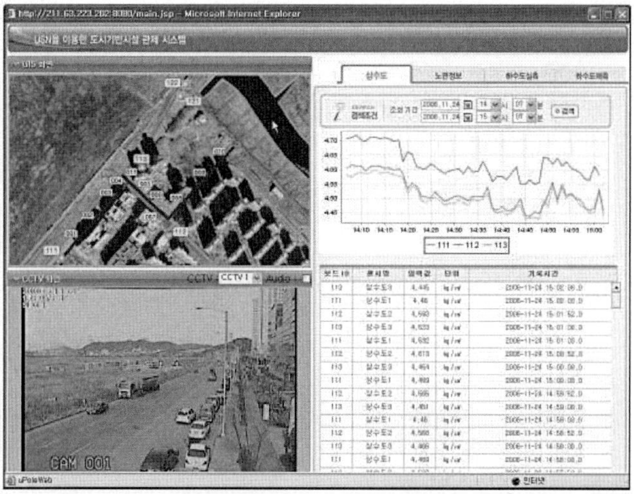

그림 6.15 웹 서비스 화면

6.7 국내 USN 시장동향

한국전자통신연구원의 분산센서 네트워크팀에 의한 36명의 산업전문가를 설문하여 얻은 국내시장에 적합한 USN 응용서비스를 요약하면 표 6.8과 같다 [6.10].

표 6.8 국내시장에 적합한 USN 응용서비스

분류	주요 서비스
설비·교통	건설 관리, 지상/지하 시설물 관리, 시설물 안전관리, 시설 안내 서비스, 교통정보, 교통안전, 교통제어, 교통 서비스 전자결제
유통·물류	유통·물류 관리 서비스, 수하물 관리, 식품인증·이력 추적 서비스, 자원/자산 추적·관리
환경	단위 오염관리, 환경 오염 감시·단속, 환경시설물 관리, 재난·재해 관리
자동화·안전	건물 자동화, 건물 보안, 원격 검침, 주차장 자동관리 서비스 및 주차위반 단속, 자동화 업무 환경지원
생활·문화	관광정보·문화행사 안내, 문화재 관리, 관광지원, 생활편이 서비스, 교육환경 지원, 노약자·독거노인 안전확인, 장애인 복지시설 관리, 응급구조, 건강관리, 지능형 광고

정부에서는 u-인프라 구축 정책 비전 실현을 위하여 초고속 유·무선 인터넷 인프라를 기반으로 2007년 까지 USN 구축을 위한 기반조성을 완료하고 USN 본격활용을 위한 기술개발을 추진할 계획이다. 2010년 까지 세계 1위의 u-라이프를 실현하고 세계 USN 시장의 7%를 점유하기 위해 서비스 활성화 및 USN 인프라구축을 적극적으로 추진하고 있다.

USN의 기술은 크게 요소기술(칩/모듈, 센서, 배터리, 임베디드 소프트웨어)과 센서노드(싱크노드 포함) 기술, 미들웨어 등 소프트웨어기술, SI기술로 분류할 수 있다 [6.11, 6.12].

그림 6.16 USN의 기술들

무선통신분야 전문 리서치기관인 On World의 연구보고서인 “Wireless Sensor Networks: Growing Markets, Accelerating” 자료에 따르면, 세계 USN 센서노드 배치 수량은 보수적인 측면에서 보았을 때도 2006년 254만개에서 2010년 1억2680만개로 성장할 것으로 예상된다. 국내 USN 센서노드 시장(USN 센서노드 배치수량, 금액)을 세계 경제규모에서 국내 경제규모가 차지하는 비중인 2.4%를 적용하여 수량측면과 금액측면으로 나누어 도출하였다.

국내 USN 센서노드 배치 수량은 2006년 6만개에서 2010년 3백4만개로 성장할 것으로 전망되며 년평균 152%의 성장을 보일 것으로 예측된다.

표 6.9 국내 USN 센서노드 시장전망(수량)

(단위 : 천개)

구분	2006	2007	2008	2009	2010	CAGR
보수적	61	157	424	1,166	3,043	166%
낙관적	73	196	550	1,581	4,434	179%

주 1) 게이트웨이 이외의 USN 네트워킹 소프트웨어 및 하드웨어를 포함
2) 세계 경제규모(상위 13개국의 경제규모를 합산) 중 국내 경제규모가 차지하는 비중 적용
자료 : On World(www.onworld.com), “Wireless Sensor Networks : Growing Markets, Accelerating Demand”, 2005.7, IMF, “세계 경제 보고서”

다음으로 금액측면에서 보았을 때, 보수적인 예측으로 2005년 4백93만 달러에서 년평균 120%의 성장률을 보이면서 2010년 2억 8,822만 달러 가치의 USN 센서노드 시장이 형성될 것으로 전망하고 있다.

표 6.10 국내 USN 센서노드 시장전망(금액)

(단위 : 천 달러)

구분	2006	2007	2008	2009	2010	CAGR
보수적	8,000	16,595	44,304	84,350	200,140	124%
낙관적	9,491	20,528	47,861	112,253	288,224	135%

주 1) 게이트웨이 이외의 USN 네트워킹 소프트웨어 및 하드웨어를 포함
2) 세계 경제규모(상위 13개국의 경제규모를 합산) 중 국내 경제규모가 차지하는 비중 적용
자료 : On World(www.onworld.com), "Wireless Sensor Networks : Growing Markets, Accelerating Demand", 2005.7, IMF, "세계 경제 보고서"

한편 보고서에 따르면 국내 USN의 요소기술과 센서노드, 미들웨어, SI의 벨류체인별로 주요업체들은 다음과 같이 요약될 수 있다 [6.10].

표 6.11 국내 USN 관련업체의 벨류체인

주요기술		관련 업체
요소기술	칩/모듈	레디오펄스, 이누딕스, 삼영전자, 한국무선네트워크, 삼성종합기술원 등
	센서	아이센스, 삼성바이오, 바이오프로테크, 하기소닉, 한국광통신 등
	배터리	로케트전기, 백셀 등
	임베디드 S/W	한국전자통신연구원, 한국정보통신대학교, 그라또, 유비스티, 태광이엔시, 현대유엔아이, 케이엠아이 등
센서노드 (싱크노드 포함)		전자부품연구원, 맥스포, 옥타컴, 휴인스, 한백전자, 하이버스, 시스메이트 등
미들웨어 등 S/W		현대 제이콤, 유비테크놀로지스, SEMS, 아시아나 IDT, 코리아 컴퓨터 등
SI		삼성SDS, LG CNS, 누리텔레콤, SK C&C, 포스데이터, 시스네트, 에이티맥스 등

[참고문헌]

[6.1] TinyOS Alliance Working Group, http://www.tinyos.net/scoop/special/tinyos_alliance

[6.2] u-City 협회 홈페이지, http://www.ucta.or.kr/

[6.3] '유비쿼터스 사회, 새로운 희망과 도전', 한국전산원(현, 정보사회진흥원), 2005.12.30

[6.4] 한국형 u-City 모델 제안, 한국전산원, 2005.9

[6.5] 전영옥, u-City의 성공적인 개발모델과 시사점, 삼성경제연구소 연구보고서, 2006.6.23

[6.6] 2006 정보통신백서, 정보통신부, 2007년 6월간

[6.7] 곽진, 고웅, 이동범, u-City 서비스 기술 및 국내외 추진현황, 주간기술동향 통권 1351호, pp.14-21, 정보통신연구진흥원, 2008.6.18

[6.8] 2005년도 USN 현장시험 결과보고서(NCA Ⅴ-PER-05148), 한국전산원, 2006.4

[6.9] 2006년도 USN 현장시험 결과보고서(NIA Ⅲ-PER-07002)의 내용에서 발취한 내용이다

[6.10] USN 응용서비스 동향, 전자통신동향분석 제22권 제3호, pp.58-66, 전자통신연구원, 2007년 6월

[6.11] 2006년도 국내외 USN 산업동향분석연구(NIA Ⅲ-PER-06045), 한국정보사회진흥원, 2006.9.30

[6.12] USN기반 핵심 응용 서비스 기술개발, 한국전자통신연구원, 2006.2.28

07 센서 네트워크의 과제 및 발전방향

Sensor Network Technology

7.1 센서 액추에이터 네트워크

센서 네트워크의 연구에서는 고정된 센서 노드에 의한 수동적인 데이터 획득을 전제로 한 논의들이 많이 이루어지고 있다. 하지만 획득한 데이터에 따라 액추에이터를 이용하여 외부로부터 능동적으로 데이터를 획득하는 것도 센서 네트워크의 중요한 응용 예제로 인식되고 있다. 센싱 및 통신 기능에 액추에이터를 갖춘 센서 노드를 포함한 네트워크를 "센서 액추에이터 네트워크"라 한다. 예를 들면 센서 노드 자체에 이동 능력을 갖추도록 하여 센싱 지역이나 네트워크 구성을 통신이나 센싱 상태, 주위 환경에 맞춰 물리적으로 변경하는 것도 가능하다. 이러한 관점에서 통신 기능을 가진 로봇은 센서와 액추에이터를 갖춘 통신 노드로 볼 수가 있기 때문에 센서 네트워크의 이동 노드로서 로봇을 사용하는 연구가 주목 받고 있다.

한편 로봇의 연구 분야에서 종래에는 로봇 자체의 지능화에 대한 연구가 주로 수행되어 왔지만, 분산 지능 로봇에 대한 연구가 발전함에 따라 1999년대부터는 로봇뿐만 아니라 주변의 환경을 지능화하는 시도가 늘어나고 있다. 이것은 유비쿼터스 컴퓨팅 개념과 연결되어 그 실현 수단의 하나로 센서 네트워크는 로봇 연구자들에게도 흥미 깊은 존재가 되고 있다.

이러한 센서 액추에이터 네트워크는 센서 네트워크, 로보틱스 두 분야의 연구로부터 주목 받기 시작하여 다양한 연구가 진행되고 있다. 이와 관련된 연구들은 여러 방향으로 다양하게 존재하지만,

① 애드혹 네트워크 구축과 노드, 정보의 관리
② 센서 네트워크를 이용한 로봇의 제어나 서비스 제공

의 2가지 방향으로 크게 분류하여 생각할 수 있다. ①은 노드의 이동을 적극적으로 데이터 배송수단으로 이용하는 연구의 연장선으로 진행되고 있으며 [7.1, 7.2, 7.3], 구체적인 사례로는 Robomote가 있다 [7.4]. 이동 노드에 의해 애드혹 네트워크를 구축하고, 노드나 정보 관리를 수행하는 [7.5, 7.6. 7.7] 사례 외에 소비 에너지의 최소화를 고려하여 네트워크를 구축하는 WISER [7.8]와 같은 시스템들이 보고되고 있다. ②의 연구예로, Smart Room [7.9]이나 Robotic Room [7.10]으로 대표되는 환경형 지능 로봇 시스템이나 지적 통신 디바이스 개발 [5.11]을 바탕으로 하여 작업 배분 [7.12], 내비게이션 [7.13, 7.14, 7.15, 7.16], 구조(rescue) [7.17, 7.18] 등의 로봇 제어, 지식이나 통신 수단으로서의 센서 네트워크의 이용 등 다양한 어플리케이션이 제안되고 있다.

센서 액추에이터 네트워크는 지형이나 장애물의 배치 상태와 같은 환경 형태, 조명이나 대기의 상태, 통신상황과 같은 환경 조건 등에 적응하여 센싱 지역이나 통신 네트워크를 자율적으로 구축하고 그 구축된 네트워크와 정보를 이용하여 이동 노드의 역할도 겸하고 있는 로봇들이 지능적으로 동작하는 시스템을 실현한다. 이를 위해서는 센서 네트워크와 로보틱스의 상보적인 기술 융합이 필요하고 장차 이에 대한 발전이 기대되고 있다.

7.2 휴먼 인터페이스

사람과 컴퓨터 사이의 인터랙션에 관한 연구 영역인 HCI(Human Computer Interaction)에 있어서의 센서 기술은 오래 전부터 이용되고 있다. 예를 들면 Tangible Bit [7.19]는 전자 정보(비트)의 조작을 물리적인 물체(atom)로 수행하게 하여 사람과의 친화성이 높은 인터페이스를 구현하기위한 새로운 개념이다. 이러한 물체의 움직임을 감시하는 역할, 즉 비트와 물체의 연결고리가 되는 기술이 센서이다. 앞으로 매우 작은 무선 센서가 구현됨으로 인해 사람에게 센서를 부착시켜 그 사람의 동작이나 감성 등을 높은 정밀도로 획득할 수 있게 될 것이다. 이러한 기술들을 통해 제스처 [7.20]나 생각 [7.21] 등을 이용하여 컴퓨터를 제어할 수 있게 될 것이다.

이와 연관하여 센서로부터 획득된 측정치를 바탕으로 사람 자신이나 사람이 처해 있는 상황을 인식하기 위한 기술(Context Awareness)도 중요한 기술 과제이다. 현재는 주로 유비쿼터스 컴퓨팅 분야의 연구자들이 중심이 되어 다양한 실험적인 연구를 통해 상황 인식 방법을 모색하고 있는 단계이다 [7.22, 7.23]. 그리고 나중에 설명하겠지만 상황정보는 프라이버시(privacy)와 밀접한 관계가 있으며, 그 정보를 네트워크상에서 어떻게 전송시킬 것인지에 대한 문제나, 개인에 관한 상황정보가 네트워크상에서 홀로 돌아다니지 않도록 하는 방법에 관한 논의 등이 활발하게 수행되고 있다. 현시점에서는 상황의 인식 기술이나 프라이버시 보호에 있어서의 결정적인 기술은 아직 발표되지 않고 있지만 앞으로 센서 네트워크가 사회 인프라로 보급되고 비즈니스와 연결되는 상황이 온다고 하면 이러한 기술들은 반드시 확립해 두어야 하는 불가피한 과제들이 될 것이다.

7.3 구현과 관리

센서 노드의 궁극의 목표로 MEMS 기술을 이용한 스마트 더스트 [5.10]가 주목받고 있다. MEMS 기술을 통한 센서 노드의 소형화는 실현되어 있지만 센서 네트워크에 의한 지능화 (intelligence)를 목적으로 하면 대상이 되는 시스템에 따라 대상 어플리케이션의 요구만을 만족시키는 성능을 가진 노드를 선택하는 것도 중요하다. 센서 노드는 현시점에서는 다음과 같이 분류할 수 있다.

(1) 범용 컴퓨터

PC/104와 같은 내장 PC, Sensoria WINS [7.24], μ(마이크로) T-Engine [5.28]과 같은 커스텀 PC 등이 이 분류에 속한다. 이러한 하드웨어들은 풍부한 리소스를 가지고 있기 때문에 WinCE, Linux나 실시간 OS(RTOS) 등을 이용하여 Bluetooth나 IEEE 802.11과 같은 표준적인 무선 통신 기술들을 이용할 수 있다. 또한 기존의 통신 프로토콜이나 다양한 개발 언어, 미들웨어, 어플리케이션 소프트웨어를 이용할 수 있기 때문에 매우 매력적인 플랫폼이다. 하지만 일반적으로 소비 전력을 많이 필요로 하기 때문에 전력이 문제가 되지 않은 환경에서만 이용될 수 있다.

(2) 내장 센서 노드

UCB MOTE, UCLA Medusa [7.25], Ember [7.26], n(나노) T-Engine와 p(피코) T-Engine 등이 이 분류에 해당한다. 이러한 하드웨어들은 시판되고 있는 부품 세트에 내장되어 있다. 전력 용량이 제한적이기 때문에 하드웨어, 소프트웨어의 처리에 있어서 소비 전력의 최소화가 중요시된다. 그 중에서도 UCB MOTE에는 오픈소스 소프트웨어 개발 환경이 제공되고 있으며 일찍부터 Crossbow사로부터 제조 시판되고 있다. 이 때문에 센서 네트워크의 연구 커뮤니티를 중심으로 널리 이용되고 있다.

(3) 시스템 LSI 센서 노드

UCB의 스마트 더스트, BWRC PicoRADIO [7.27] 등이 이 분류에 포함된다. 시스템 LSI를 사용하면 내장 센서 노드를 이용한 설계에 비해 배선을 단순하게 할 수 있다. 또한 LSI의 점유 면적도 적기 때문에 장비의 소형화가 손쉽게 될 수 있다. 이를 위해 CMOS 기술, MEMS 기술, RF 기술을 새로운 메커니즘으로 융합시킬 필요가 있다. 대다수의 플랫폼들이 연구 단계에 있으며 시판되고 있는 것은 없는 상태이다.

지금까지는 범용 컴퓨터 또는 내장 센서 노드를 이용하는 것을 전제로 하여 응용 시스템의 개발을 모색하여 왔지만, 앞으로는 시스템 LSI 센서 노드의 실용화를 통해 그 응용 분야가 확대될 것으로 기대하고 있다.

또한 종래의 인터넷 환경에서 한사람이 관리하는 컴퓨터 수는 대규모 시스템의 관리자라고 해도 수십 대 정도일 것이다. 한편 센서 네트워크에서는 수백에서 수천 대의 규모로 노드들을 관리해야 하는 경우도 발생한다. 이러한 네트워크에서는 종래와 같은 방식으로 각 노드에 어플리케이션을 설치한다거나 프로그램의 업데이트를 하는 것은 현실적이지 않다.

방대한 수의 노드를 평면적으로 관리하는 것이 아니라 그룹화 하여 노드의 관리를 효율적으로 하거나 네트워크의 장애를 검출해 내어 장애 노드를 지정하거나하는 새로운 메커니즘들이 필요하게 된다.

7.4 비용 및 오픈화

5장과 6장에서 소개한 것과 같은 사례들을 포함하여 센서 네트워크와 관련되어 기대되는 응용 예들은 많이 있다. 하지만 연구 단계에 머물러 있는 것들이 많고 적용 레벨에서의 응용 예들은 그렇게 많이 진전되지 못한 상태이다. 이와 같이 진전하지 못하도록 방해하는 주요한 원인은 센서 네트워크의 개발 비용이다. 센서 네트워크는 지금까지의 네트워크와는 다르고 실제 공간에 대한 정보를 대상으로 하는 네트워크이기 때문에 반드시 하드웨어와 함께 개발되어야 필요가 있다. 하지만 하드웨어의 개발에는 막대한 비용이 들뿐만 아니라 하드웨어 자체를 양산하여 판매하는 경우 더욱 많은 리스크가 발생될 수 있다. 제2장에서 기술한 것과 같은 실험적인 하드웨어를 설계하는 경우에 하드웨어만으로도 약 1억 원 규모의 개발비가 필요하게 된다. 그에 덧붙여, 노드에 탑재된 오퍼레이팅 시스템이나 어플리케이션의 개발 도구 등 다양한 어플리케이션에 대응할 수 있는 범용 센서 네트워크 시스템을 개발하려고 한다면 더욱더 막대한 비용이 들게 된다.

이러한 상황을 해결하기 위한 방책으로는 대학교 등이 중심이 되어 범용적이면서도 값싼 하드웨어/소프트웨어 플랫폼을 공개적으로 제공하고 어플리케이션 개발을 적극적으로 촉진해 나가는 것이 제시될 수 있다. 센서 네트워크의 감춰진 가능성을 확대하기 위해서는 저비용, 오픈소스, 표준화, 연구 커뮤니티들의 협조가 절실히 필요한 상황이다.

7.5 프라이버시

센서 네트워크에서 응용 시스템의 실용화를 검토할 때 충분하게 고려해야 할 사항은 개인의 프라이버시를 어떻게 다룰 것인가에 대한 것이다. 예를 들면 5.3절에서 다뤘던 헬스케어 지원 등은 사람의 생체 정보, 행동 정보 등 매우 민감한 프라이버시를 포함한 정보들을 다루고 있다.

프라이버시를 포함한 정보를 다룰 때에 우선 검토해야 하는 것은 프라이버시 보호에 리스크를 주는 문제가 보안 기술을 통해 해소할 수 있는 것인가 아니면 그렇지 않은가에 대한 것이다. 후자에 해당하는 것들로서 예를 들면 사람의 생체에 대한 정보는 통원하는 병원에서 누구든지 액세스가 가능하기 때문에 누설에 대한 리스크가 높은 데이터 관리상의 문제에 해당하는 것들이 있다. 이러한 문제에 대해서는 법제도에 기반을 두어 해결하는 것이 실질적인 효과를 볼 수 있는 방법이다. 그리고 센서 네트워크의 기술적인 취약성을 뚫고 들어와 가져가는 정보 도난 등에 대해서도 기술적으로 확실한 방지책을 연구해 둘 필요가 있다.

[참고문헌]

[7.1] R. Shah, S. Roy, S. Jain, and W. Brunette, "Data MULEs: Modeling a Three-tier Architecture for Sparse Sensor Networks", SNPA2003, 2003

[7.2] K. Fall, "A Delay-Tolerant Network Architecture for Challenged Internets", ACM SIGCOMM'03, 2003

[7.3] W. Zhao, M. Ammar, and E. Zegura, "A Message Ferrying Approach for Data Delivery in Sparse Mobile Ad Hoc Networks", ACM Mobihoc2004, 2004

[7.4] K. Dantu, M. Rahimi, H. Shah, S. Babel, A. Dhariwal, and G. S. Sukhatme, "Robomote: Enabling Mobility in Sensor Networks", ACM Journal Name, Vol.1, No.1, 2004

[7.5] Y. Tang, et al., "Planning Mobile Sensor Net Deployment for Navigationally-Challenged Sensor Nodes", ICRA04, 2004

[7.6] L. E. Parker, et al., "Heterogeneous Mobile Sensor Net Deployment using Robot Herding and Line-of-sight Formations", IROS'03, 2003

[7.7] K.H. Low, et al., "Reactive, Distributed Layered Architecture for Resource-Bounded Multi-Robot Cooperation : Application to Mobile Sensor Network Coverage", ICRA04, 2004

[7.8] 鈴木亮平, 澤井圭, 牧村和慶, 金花賢一郎, 斉藤裕樹, 鈴木剛, 戸辺義人「WISER:ロボットアドホックネットワーク」電子情報通信学会, 第1回アドホックネットワーク・ワークショップ, 2005

[7.9] A. Pentland, "Smart Rooms", Scienticif American, pp.54-62, April, 1996

[7.10] T. Sato, Y. Nishida, and H. Mizoguchi, "Robotic Room: Symbiosis with Human through Behavior Media", Robotics and Autonomous Systems 18 International Workshop on Biorobotics: Human-Robot Symbiosis, ELSEVIER, pp.185-194, 1996

[7.11] H. Asama, T. Fuji, H. Kaetsu, I. Endo, T. Fujita, "Distributed Task Processing by a Multiple Autonomous Robot System Using An

Intelligent Data Carrier System", in Robotic and Manufacturing Systems, Vol.3(M. Jamshidi and F. Pin, Eds.), TSI Press, Albuquerque, pp.23-28, 1996

[7.12] M. Batalin, et al., "Sensor network-based multi-robot task allocation", IROS03, 2003

[7.13] D. Rus, et al., "Distributed Algorithms for Guiding Navigation across a Sensor Network", Mobicom03, 2003

[7.14] L.E. Parker, et al., "Indoor Target Intercept Using an Acoustic Sensor Network and Dual Wavefront Path Planning", IROS03, 2003

[7.15] T. Nakamura, M. Oohara, T. Ogasawara, and H. Ishiguro, "Fast Self-Localization Method for Mobile Robots using Multiple Omni-direction", Machine Vision and Applications Journal, Vol.14, No.2, 2003

[7.16] Y. Arai, T. Fujii, H. Asama, T. Fujita, H. Kaetsu, I. Endo, "Self-Localization of Autonomous Mobile Robots Using Intelligent Data Carriers", in Distributed Autonomous Robotic Systems 2 (H. Asama, T. Fukuda, T. Arai and I. Endo, Eds.), Springer-Verlag, Tokyo, pp. 401-410, 1996

[7.17] A. Das, et al., "Distributed Search and Rescue with Robot and Sensor Teams", FSR-03, pp.327-332, 2003

[7.18] S. Miyama, et al., "Rescue Robot under Disaster Situation: Position Acquisition with Omni-directional Sensor", IROS 2003, Vol.4, pp.3132-3137, 2003

[7.19] H. Ishii and B. Ullmer, "Tangible Bits: Towards Seamless Interfaces between People, Bits, and Atoms", in Proc. of Conf. on Human Factors in Computing Systems(CHI97), pp.234-241, 1997

[7.20] J.K. Perng, B. Fisher, S. Hollar, and K.S.J. Pister, "Acceleration Sensing Glove", in Proc. of IEEE International Symposium on Wearable Computers, 1999

[7.21] The Brain-Computer Interface Project, http://www.ece.ubs.ca/~garyb/BCI.htm

[7.22] A. Dey, M. Futakawa, D. Salber, and G. Abowd, "The Conference Assistant: Combining Context-Awareness with Wearable Computing", in Proc. of the 3rd Int. Symposium on Wearable Computers, pp. 21-28, 1999

[7.23] S.N. Patel and G.D. Abowd, "The ContextCam: Automated Point of Capture Video Annotation", In Proc. of Ubicomp2004, 2004

[7.24] G. Asada, M. Dong, T. S. Lin, F. Newberg, G. Pottie, H.O. Marcy, and W. J. Kaiser, "Wireless Integrated Network Sensors: Low Power Systems on a Chip", in Proc. of the 1998 European Solid State Circuits Conference, 1998

[7.25] A. Savvides and M.B. Srivastava, "A Distributed Computation Platform for Wireless Embedded Sensing", in the Proc. of ICCD2002, 2002

[7.26] http://www.ember.com/

[7.27] J. Chou, D. Petrovic, and K. Ramchandran, "A Distributed and Adaptive Signal Processing Approach to Reducing Energy Consumption in Sensor Networks", in the Proc. of IEEE INFOCOM 2003

찾 아 보 기

G

H

I

J

L

M

N

O

P

편역자 약력

| 정완영 |

1998년 5월 일본 규슈대학 총합이공학연구과 공학박사
1999년 3월 - 2008년 8월 동서대학교 컴퓨터정보공학부 조교수, 부교수
2003년 7월 - 2004년 9월 산자부지원 '유비쿼터스 컴퓨터그래픽스응용' 기술혁신센터 소장
2004년 7월 - 2007년 6월 교육부지원 '유비쿼터스 IT 전문인력양성' 누리사업단 단장
2006년 3월 - 2008년 8월 BK21 '무선 센서 네트워크기반 u-헬스케어기술개발' 핵심사업팀 팀장
2008년 9월 - 현재 부경대학교 전자컴퓨터정보통신공학부 교수

| 김종율 |

2000년 3월 일본 아시카가공업대학 공학연구과 공학박사
2000년 6월 - 2001년 7월 (주)정보지식연구소 사원
2001년 8월 - 2004년 6월 (주)비트웹 한국아카데미공학연구소 책임연구원
2004년 7월 - 2005년 5월 KAIST 테크노경영연구소 통신경영연구실 연수연구원
2005년 6월 - 2006년 2월 동서대학교 첨단기술연구센터 연수연구원
2006년 3월 - 현재 동서대학교 컴퓨터정보공학부 전임강사

정가 19,000원

센서 네트워크 기술
- 유비쿼터스 정보환경의 구축을 향해

2009년 8월 15일 초판 인쇄
2009년 8월 25일 초판 발행

저 자 : 安藤 繁 · 田村陽介 · 戸辺義人 · 南 正輝
편역자 : 정 완 영 · 김 종 율
발행자 : 우 명 찬 · 송 준
발행처 : 홍릉과학출판사
주 소 : ㉾ 142-885 서울시 강북구 인수동 455-60
등 록 : 1976년 10월 21일 제5-66호
전 화 : 999-2274~5, 996-8341, 903-7037
팩 스 : 905-6729
ISBN : 978-89-7283-755-8

저자와의 협의하에 인지생략

hongpub@hongpub.co.kr
www.hongpub.co.kr